Inhaltsverzeichnis

Einleitung 5
   Sterne und Sternbilder 5
   Sternhaufen und Nebel 8
   Bezeichnung von Sternen, Sternhaufen und Nebeln 9
   Veränderliche Sterne 10
      Bedeckungsveränderliche 10
      Physikalisch-veränderliche Sterne 11
   Astronomische Koordinatensysteme und Sternzeit 11
   Uhrzeit 13
   Helligkeit 13
   Konjunktion und Opposition 13
   Sonnenuntergang und Dämmerung 14
   Mond 14
      Sternbedeckungen durch den Mond 15
   Finsternisse 15
   Planeten 15
      Identifizierung der Planeten 17
   Asteroiden und Zwergplaneten 17
   Monde anderer Planeten 18
   Astronomische Ereignisse 18
   Ephemeriden 19
   Benutzung der Monatssternkarten 19
   Planetenkarte 21
   Jahreszeitensternkarten 21
   Korrektur der Auf- und Untergangszeiten 21
   Meteorströme 21
Der Sternenhimmel im Lauf des Jahres 2019 23
   Januar 23
      Sternenhimmel 23
      Astronomische Ereignisse 26
      Planeten 28
      Klein- und Zwergplaneten 31
      Periodische Sternschnuppenströme 32
      Sonnenuntergang und Dämmerung 32
      Mondlauf 33
      Finsternisse 34
      Jupitermond-Ereignisse 35
   Februar 36
      Sternenhimmel 36
      Astronomische Ereignisse 38
      Planeten 40
      Klein- und Zwergplaneten 44
      Periodische Sternschnuppenströme 44
      Sonnenuntergang und Dämmerung 44

- Mondlauf ... 45
- Jupitermond-Ereignisse ... 46
- März ... 47
  - Sternenhimmel ... 47
  - Astronomische Ereignisse ... 48
  - Planeten ... 50
  - Klein- und Zwergplaneten ... 52
  - Periodische Sternschnuppenströme ... 52
  - Sonnenuntergang und Dämmerung ... 52
  - Mondlauf ... 53
  - Jupitermond-Ereignisse ... 54
- April ... 56
  - Sternenhimmel ... 56
  - Astronomische Ereignisse ... 58
  - Planeten ... 60
  - Klein- und Zwergplaneten ... 62
  - Periodische Sternschnuppenströme ... 64
  - Sonnenuntergang und Dämmerung ... 64
  - Mondlauf ... 65
  - Jupitermond-Ereignisse ... 66
- Mai ... 67
  - Sternenhimmel ... 67
  - Astronomische Ereignisse ... 68
  - Planeten ... 70
  - Klein- und Zwergplaneten ... 71
  - Periodische Sternschnuppenströme ... 72
  - Sonnenuntergang und Dämmerung ... 73
  - Mondlauf ... 73
  - Jupitermond-Ereignisse ... 75
- Juni ... 76
  - Sternenhimmel ... 76
  - Astronomische Ereignisse ... 77
  - Planeten ... 79
  - Klein- und Zwergplaneten ... 82
  - Periodische Sternschnuppenströme ... 83
  - Sonnenuntergang und Dämmerung ... 83
  - Mondlauf ... 84
  - Jupitermond-Ereignisse ... 84
- Juli ... 86
  - Sternenhimmel ... 86
  - Astronomische Ereignisse ... 88
  - Planeten ... 91
  - Klein- und Zwergplaneten ... 93
  - Periodische Sternschnuppenströme ... 94
  - Sonnenuntergang und Dämmerung ... 94
  - Mondlauf ... 95

- Finsternisse 96
- Jupitermond-Ereignisse 98
- August 99
  - Sternenhimmel 99
  - Astronomische Ereignisse 100
  - Planeten 102
  - Klein- und Zwergplaneten 105
  - Periodische Sternschnuppenströme 105
  - Sonnenuntergang und Dämmerung 105
  - Mondlauf 106
  - Jupitermond-Ereignisse 107
- September 108
  - Sternenhimmel 108
  - Astronomische Ereignisse 109
  - Planeten 111
  - Klein- und Zwergplaneten 113
  - Periodische Sternschnuppenströme 114
  - Sonnenuntergang und Dämmerung 114
  - Mondlauf 115
  - Jupitermond-Ereignisse 116
- Oktober 117
  - Sternenhimmel 117
  - Astronomische Ereignisse 119
  - Planeten 121
  - Klein- und Zwergplaneten 123
  - Periodische Sternschnuppenströme 124
  - Sonnenuntergang und Dämmerung 125
  - Mondlauf 126
  - Jupitermond-Ereignisse 126
- November 128
  - Sternenhimmel 128
  - Astronomische Ereignisse im November 129
  - Planeten 131
  - Klein- und Zwergplaneten 134
  - Periodische Sternschnuppenströme 135
  - Sonnenuntergang und Dämmerung 136
  - Mondlauf 136
  - Jupitermond-Ereignisse 137
  - Merkurdurchgang 137
  - Die sichere Sonnenbeobachtung 139
- Dezember 141
  - Sternenhimmel 141
  - Astronomische Ereignisse 142
  - Planeten 144
  - Klein- und Zwergplaneten 146
  - Periodische Sternschnuppenströme 148

  Sonnenuntergang und Dämmerung 148
  Mondlauf 149
  Finsternisse 150
Anhang 151
 Liste der Sternbedeckungen durch den Mond 151
 Position von Merkur und Venus relativ zur Sonne 194
 Helligkeiten und Scheibchendurchmesser der Planeten 2019 195
 Ephemeriden 196
  Sonne 196
  Merkur 198
  Venus 199
  Mars 201
  Jupiter 203
  Saturn 204
  Uranus 206
  Neptun 207
  Pluto 208
  Ceres 209
  Pallas 211
  Juno 212
  Vesta 214
 Saturnmonde 216
 Sternzeit für 0 Uhr MEZ und 9° östlicher Länge 227
 Mittelmeridiane 227
  Jupiter, System I 227
  Jupiter, System II 228
  Neigung der Jupiterachse zur Erde 229
 Korrektur der Auf- und Untergangszeiten 230
 Veränderliche Sterne 232
  Algol 232
  β (Beta) Lyrae 233
  δ (Delta) Cephei 235
  Mira 236
  χ (Chi) Cygni 237
  R Hydrae 238
  R Leonis 238

Wichtige Sternkarten

Zirkumpolarsterne 22
Wintersternbilder 25
Scheinbare Bahn des Planeten Venus (Januar - März) 29
Aufsuchkarte für Pallas (Januar - März) 31
Aufsuchkarte für Juno (Januar - März) 32
Scheinbare Bahn des Planeten Merkur (Februar - April) 41

Frühlingssternbilder 58
Aufsuchkarte für Pallas (März - September) 63
Aufsuchkarte für Juno (März - Mai) 63
Aufsuchkarte für Ceres (Januar - September) 72
Scheinbare Bahn des Planeten Jupiter 81
Sommersternbilder 88
Scheinbare Bahn des Planeten Saturn 92
Aufsuchkarte für Pluto 94
Scheinbare Bahn des Planeten Merkur (Juni - August) 103
Aufsuchkarte für Neptun 113
Herbststernbilder 119
Aufsuchkarte für Uranus 123
Aufsuchkarte für Pallas (September - Dezember) 124
Scheinbare Bahn des Planeten Merkur (Oktober - Dezember) 132
Aufsuchkarte für Vesta (Juni - Dezember) 135
Aufsuchkarte für Pallas (November, Dezember) 147
Aufsuchkarte für Juno (Oktober - Dezember) 148

Einleitung

Die folgenden Kapitel sind für den Neuling der Astronomie bestimmt. Wer schon über einschlägige Kenntnisse verfügt, kann diese Kapitel überblättern. Die in diesen Kapiteln beschriebenen und im folgenden Werk benutzten Einstellungen werden kurz zusammengefaßt:

Verwendetes Äquinoktium in Ephemeriden: aktuell
Äquinoktium in Sternkarten: 2000
Konjunktionen zwischen Mond, Planeten, Asteroiden und Fixsternen: Wert in Rektaszension
Konjunktionen zwischen Planeten und Asteroiden mit der Sonne: Wert in ekliptikaler Länge

Alle Angaben in diesem Werk wurden mit größtmöglicher Sorgfalt zusammen gestellt, doch können fehlerhafte Angaben niemals gänzlich ausgeschlossen werden. Der Autor übernimmt keine Haftung für Personen- oder Sachschäden, insbesondere nicht durch solche, die durch unvorsichtige Sonnenbeobachtung entstehen.

Sterne und Sternbilder

In einer klaren Nacht kann man etwa 2000 – 3000 Sterne sehen. Um in diese Vielzahl von Sternen Ordnung zu bringen, hat man markanten Gruppen von Sternen Namen gegeben, die man als Sternbilder bezeichnet. Jeder Kulturkreis hat im Laufe der Geschichte eigene Sternbilder kreiert. Heutzutage verwendet man 88

Sternbilder. Die meisten, der in Mitteleuropa sichtbaren Sternbilder gehen auf die griechische Sagenwelt zurück, in der die Beteiligten oft am Ende in den Himmel versetzt wurden. Es gibt aber – nicht nur am südlichsten Teil des Himmels, der den antiken Griechen unbekannt war – auch zahlreiche Sternbilder, die erst in der Neuzeit geschaffen wurden.
Die heute verwendeten 88 Sternbilder decken den kompletten Himmel ab und haben eindeutig definierte Grenzen. Die Sterne der Sternbilder bilden in der Regel keine echten Sterngruppen und befinden sich oft in unterschiedlicher Entfernung zur Erde. In den Sternkarten dieses Buches sind die Sternbilder als durch Linien verbundene Sterngruppen dargestellt. Diese Form der Darstellung ermöglicht eine relativ leichte Identifizierung. Natürlich existieren diese Linien am Himmel nicht. Diese Darstellungsform ist nicht genormt. Man kann auch Sternkarten finden, in denen die Sterne der Sternbilder auf andere Weise, wie in diesem Buch, mit Linien verbunden sind.

Liste der Sternbilder

Name des Sternbildes	Lateinischer Name	Genitiv des lateinischen Namens	Abkürzung
Adler	Aquila	Aquilae	Aql
Altar	Ara	Arae	Ara
Andromeda	Andromeda	Andromedae	And
Bärenhüter	Bootes	Bootis	Boo
Becher	Crater	Crateris	Crt
Bildhauer	Sculptor	Sculptoris	Scl
Chamäleon	Chamaeleon	Chamaeleontis	Cha
Chemischer Ofen	Fornax	Fornacis	For
Delphin	Delphinus	Delphini	Del
Drache	Draco	Draconis	Dra
Dreieck	Triangulum	Trianguli	Tri
Eidechse	Lacerta	Lacertae	Lac
Einhorn	Monoceros	Monocerotis	Mon
Eridanus	Eridanus	Eridani	Eri
Fische	Pisces	Piscium	Psc
Fliege	Musca	Muscae	Mus
Fliegender Fisch	Volans	Volantis	Vol
Fuchs	Vulpecula	Vulpeculae	Vul
Fuhrmann	Auriga	Aurigae	Aur
Füllen	Equuleus	Equulei	Equ
Giraffe	Camelopardalis	Camelopardalis	Cam
Grabstichel	Caelum	Caeli	Cae
Großer Bär	Ursa Major	Ursae Majoris	UMa
Großer Hund	Canis Major	Canis Majoris	CMa
Haar der Berenike	Coma Berenices	Comae Berenices	Com

Name des Sternbildes	Lateinischer Name	Genitiv des lateinischen Namens	Abkürzung
Hase	Lepus	Leporis	Lep
Herkules	Hercules	Herculis	Her
Inder	Indus	Indi	Ind
Jagdhunde	Canes Venatici	Canum Venaticorum	CVn
Jungfrau	Virgo	Virginis	Vir
Kassiopeia	Cassiopeia	Cassiopeiae	Cas
Kepheus	Cepheus	Cephei	Cep
Kleine Wasserschlange	Hydrus	Hydri	Hyi
Kleiner Bär	Ursa Minor	Ursae Minoris	UMi
Kleiner Hund	Canis Minor	Canis Minoris	CMi
Kleiner Löwe	Leo Minor	Leonis Minoris	LMi
Kompass	Pyxis	Pyxidis	Pyx
Kranich	Grus	Gruis	Gru
Krebs	Cancer	Cancri	Cnc
Kreuz des Südens	Crux	Crucis	Cru
Leier	Lyra	Lyrae	Lyr
Löwe	Leo	Leonis	Leo
Luchs	Lynx	Lyncis	Lyn
Luftpumpe	Antlia	Antliae	Ant
Maler	Pictor	Pictoris	Pic
Mikroskop	Microscopium	Microscopii	Mic
Netz	Reticulum	Reticuli	Ret
Nördliche Krone	Corona Borealis	Coronae Borealis	CrB
Oktant	Octans	Octantis	Oct
Orion	Orion	Orionis	Ori
Paradiesvogel	Apus	Apodis	Aps
Pegasus	Pegasus	Pegasi	Peg
Pendeluhr	Horologium	Horologii	Hor
Perseus	Perseus	Persei	Per
Pfau	Pavo	Pavonis	Pav
Pfeil	Sagitta	Sagittae	Sge
Phönix	Phönix	Phoenicis	Phe
Rabe	Corvus	Corvi	Crv
Schiffsheck	Puppis	Puppis	Pup
Schiffskiel	Carina	Carinae	Car
Schild	Scutum	Scuti	Sct
Schlange	Serpens	Serpentis	Ser
Schlangenträger	Ophiuchus	Ophiuchi	Oph
Schütze	Sagittarius	Sagittarii	Sgr
Schwan	Cygnus	Cygni	Cyg
Schwertfisch	Dorado	Doradus	Dor

Name des Sternbildes	Lateinischer Name	Genitiv des lateinischen Namens	Abkürzung
Segel	Vela	Velorum	Vel
Sextant	Sextans	Sextantis	Sex
Skorpion	Scorpius	Scorpii	Sco
Steinbock	Capricornus	Capricorni	Cap
Stier	Taurus	Tauri	Tau
Südliche Krone	Corona Australis	Coronae Australis	CrA
Südlicher Fisch	Piscis Austrinus	Piscis Austrini	PsA
Südliches Dreieck	Triangulum Australe	Trianguli Australis	TrA
Tafelberg	Mensa	Mensae	Men
Taube	Columba	Columbae	Col
Teleskop	Telescopium	Telescopii	Tel
Tukan	Tucana	Tucanae	Tuc
Waage	Libra	Librae	Lib
Walfisch	Cetus	Ceti	Cet
Wassermann	Aquarius	Aquarii	Aqr
Wasserschlange	Hydra	Hydrae	Hya
Widder	Aries	Arietis	Ari
Winkelmaß	Norma	Normae	Nor
Wolf	Lupus	Lupi	Lup
Zentaur	Centaurus	Centauri	Cen
Zirkel	Circinus	Circini	Cir
Zwillinge	Gemini	Geminorum	Gem

Sternhaufen und Nebel

Neben den Sternen gibt es auch noch nebelhaft erscheinende Objekte am Himmel. Diese sind zum Teil Sternhaufen, die nicht aufgelöst werden können, Gaswolken im Kosmos, aus denen sich entweder neue Sterne bilden oder die beim Tod von Sternen entstanden sind oder auch andere Galaxien, also Sternsysteme ähnlich der Milchstraße. Im Unterschied zu Sternbildern sind Sternhaufen echte Gruppierungen von Sternen. Es gibt 2 Typen von Sternhaufen: offene Sternhaufen und Kugelsternhaufen. Letztere sind dichter gepackt und erscheinen, wie der Name sagt, kugelförmig.

Bezeichnung von Sternen, Sternhaufen und Nebeln

Die hellsten Sterne eines Sternbildes werden, seitdem Johannes Bayer im Jahr 1603 den Sternatlas „Uranometria" herausbrachte, im Regelfall mit einem kleinen Buchstaben des griechischen Alphabets bezeichnet, den man dem Genitiv des lateinischen Sternbildnamens (siehe Liste auf Seite 6) anhängt. Hierbei trägt meist, aber nicht immer, der hellste Stern eines Sternbildes den Buchstaben α (Alpha), der zweithellste den Buchstaben β (Beta), der dritthellste den Buchstaben γ (Gamma), usw.

Die Kleinbuchstaben des griechischen Alphabets

α	Alpha
β	Beta
γ	Gamma
δ	Delta
ε	Epsilon
ζ	Zeta
η	Eta
θ	Theta
ι	Iota
κ	Kappa
λ	Lambda
μ	My
ν	Ny
ξ	Xi
ο	Omikron
π	Pi
ρ	Rho
σ	Sigma
τ	Tau
υ	Ypsilon
φ	Phi
χ	Chi
ψ	Psi
ω	Omega

Natürlich reichen die 24 Buchstaben des griechischen Alphabets nicht aus, um alle Sterne eines Sternbildes zu bezeichnen, weshalb der Astronom John Flamsteed im Jahr 1712 die Sterne der Sternbilder durchnummerierte, wobei auch die Sterne, die schon mit einem griechischen Buchstaben bezeichnet wurden, mitgezählt wurden. Noch heute wird dieses Nummerierungssystem genutzt, wobei die Sternennummer in Verbindung mit dem lateinischen Genitiv des Sternbildnamens verwendet wird.

Jedes Sternbild hat zudem noch eine Abkürzung, die aus 3 Buchstaben des lateinischen Sternbildnamens besteht.
Selbstverständlich reichte auch dies noch nicht aus und so wurden in den folgenden Jahrhunderten zahlreiche weitere Sternverzeichnisse, sogenannte Sternkataloge, geschaffen. In diesen erfolgt meist die Bezeichnung ohne Angabe des Sternbildes mit fortlaufender Nummerierung, wie HD 128974, welches den Stern mit der Nummer 128974 im Henry-Draper-Katalog bezeichnet.
Helligkeitsveränderliche Sterne werden, sofern sie nicht mit einem Buchstaben des griechischen Alphabets versehen sind, mit einem oder zwei lateinischen Großbuchstaben zwischen R und Z in Verbindung mit dem lateinischen Genitiv des Sternbildes gekennzeichnet.
Die hellsten Sterne und auch einige lichtschwächere Sterne an markanten Positionen besitzen zudem noch Eigennamen, die meist aus dem Arabischen stammen. Typische Beispiele hierfür sind Sirius für α Canum Majoris oder Pollux für β Geminorum.
Nebel, Galaxien und Sternhaufen werden unabhängig von ihrer Natur mit einer fortlaufenden Nummer aus einem entsprechenden Verzeichnis bezeichnet. Die am häufigsten verwendeten Verzeichnisse, sind der „Messier-Katalog" in dem Objekte mit einem M und der fortlaufenden Nummer bezeichnet werden, der „New General Catalogue", dessen Objekte mit „NGC" und der fortlaufenden Nummer benannt werden und der „Index Catalogue" (Objektbezeichnung: „IC" + fortlaufende Nummer).

Veränderliche Sterne

Manche Sterne zeigen eine mehr oder minder große Schwankung ihrer Helligkeit. Ursache hierfür können gegenseitige Bedeckungen von Sternen in Doppelsternsystemen (Bedeckungsveränderliche), die Rotation deformierter oder ungleichmäßig beschaffener Sternkörper (Rotationsveränderliche) oder physikalische Veränderungen des Sterns sein. Rotationsveränderliche zeigen meist nur geringe Helligkeitsschwankungen und sind deshalb für die meisten Amateurbeobachter uninteressant, weshalb sie in diesem Werk nicht näher behandelt werden.

Bedeckungsveränderliche

Bedeckungsveränderliche sind Doppelsterne, bei denen sich die beiden Komponenten während eines Umlaufs gegenseitig bedecken, wobei die Helligkeit des Sternsystems abnimmt, da jeweils nur das Licht einer Komponente die Erde erreicht.
Während eines Umlaufs treten zwei Minima auf, diese fallen je nachdem, wie groß der Unterschied zwischen beiden Sternen ist, verschieden stark aus.
Zwischen den Minima ist bei Bedeckungsveränderlichen mit nicht deformierten Sternen die Helligkeit mehr oder minder konstant, während sie bei Systemen, deren

Komponenten durch ihre gegenseitige Schwerkraft deformiert ist, in Folge der
Eigenrotation der Sternkomponenten schwanken kann. Ein
Bedeckungsveränderlicher der ersten Sorte ist Algol, einer der letzten ist β Lyrae.

Physikalisch-veränderliche Sterne

Physikalisch-veränderliche Sterne sind Sterne, deren
Helligkeit aufgrund physikalischer Veränderungen des Sterns schwanken. Hierbei
gibt es zwei Grundtypen: eruptive Veränderliche und Pulsationsveränderliche. Der
Helligkeitsverlauf eruptiv-veränderlicher Sterne kann nicht vorausberechnet werden,
weshalb auf sie nicht näher eingegangen wird.
Die für Amateurbeobachter wichtigsten Typen von Pulsationsveränderlichen sind
die Cepheiden und die Mirasterne. Cepheiden zeigen einen streng periodischen
Lichtwechsel mit einer Periode von wenigen Tagen und einer Helligkeitsschwankung
von 0,5 mag bis 1 mag. Mirasterne haben eine Periode von 80 bis 1000 Tagen, die
nicht immer streng eingehalten wird. Die Amplitude ihres Lichtwechsels ist
beträchtlich und kann bei einigen Objekten mehr als 10 mag betragen.

Ab Seite 232 werden einige gut beobachtbare veränderliche Sterne mit Angaben zu
den Zeitpunkten ihrer Helligkeitsmaxima oder Helligkeitsminima vorgestellt.

Astronomische Koordinatensysteme und Sternzeit

Um die Position eines Objekts am Himmel festzulegen, ist die Angabe des
Sternbildes häufig zu ungenau. Es muß ein Koordinatensystem her. Da der Himmel
von der Erde aus wie das Innere einer Kugel erscheint, kommt man mit zwei
Winkelkoordinaten aus, die man wie üblich in Grad, abgekürzt mit ° angibt. Für sehr
kleine Werte unterteilt man das Grad in 60 Bogenminuten (abgekürzt: ') und diese
wieder in 60 Bogensekunden (abgekürzt: "). Der naheliegendste Gedanke für ein
derartiges System ist das Horizontsystem, bei dem der Horizont als Bezugsebene
dient und man die Position des Objekts
durch seine Höhe über dem Horizont und dem Winkel zwischen Südlinie und der
Linie zwischen Objekt und Scheitelpunkt des Himmelgewölbes, den sogenannten
Azimut bestimmt. Dieses System hat den Nachteil, daß sich wegen der Erdrotation
alle Koordinaten rasch ändern.
Ein Koordinatensystem, welches dieses Problem überwindet, ist das äquatoriale
Koordinatensystem. Bei ihn dient der Himmelsäquator als Bezugsebene und als
Koordinaten dienen die Winkel des Objekts zwischen dem Objekt und dem
Himmelsäquator und dem Objekt und dem Frühlingspunkt. Der Frühlingspunkt ist die
Stelle, an der sich die Sonne aufhält, wenn sie den Himmelsäquator in nördlicher
Richtung passiert und mit dessen Sonnenpassage der astronomische Frühling
beginnt.
Es ist üblich, den Winkel zwischen Objekt und Frühlingspunkt, den sogenannten
Rektaszensionswinkel in Stunden, Minuten und Sekunden anzugeben. Hierbei

entsprechen 1 Stunde 60 Minuten, 1 Minute 60 Sekunden und 24 Stunden einen kompletten Umlauf um den Himmel. Im üblichen Winkelmaß ausgedrückt, entspricht somit 1 Stunde einen Winkel von 15°, 1 Minute einen Winkel von 15' und 1 Sekunde einen Winkel von 15".

Diese Bezeichnung rührt daher, weil in 24 Stunden sich die Erde einmal um sich selbst gedreht hat, so daß dann wieder der gleiche Punkt seinen höchsten Stand am Himmel erreicht.

Allerdings darf man hierzu nicht unsere normalen Stunden nehmen, denn diese sind von dem im Alltag gebräuchliche Tag abgeleitet, welcher als zeitliche Differenz zwischen zwei Höchstständen der Sonne definiert ist. Da die Erde um die Sonne wandert, hat sich die Sonne nach einem Tag am Himmel etwas in Richtung höherer Rektaszensionswerte verschoben, so daß sich dann etwas mehr als der komplette Himmel scheinbar um die Erde gedreht hat.

Man muß deshalb eine andere Tagesdefinition verwenden, den sogenannten Sterntag, der die zeitliche Differenz zwischen zwei Höchstständen des Frühlingspunkts darstellt. Er ist mit einer Länge von 23h56m4s etwas kürzer.

Von diesen können analog zum Sonnentag Stunden, Minuten und Sekunden abgeleitet werden, die um den Faktor 0,997268, ungefähr 365/366 mal kürzer sind als die im Alltagsgebrauch üblichen entsprechenden Zeiteinheiten.

Wenn an einen bestimmten Tag der Frühlingspunkt um 21.30 Uhr kulminiert, das heißt seinen höchsten Stand im Süden erreicht, dann kulminiert ein Objekt mit der Rektaszension 1h30m 1h29m45s später, also um 22h59m45s.

Die Deklination hingegen wird – wie allgemein üblich – in° (°), Bogenminute (') und Bogensekunden (") angegeben.

Ein korrekt aufgestelltes, parallaktisch montiertes Fernrohr, dessen Achsen mit Teilkreisen ausgestattet sind, kann mit Hilfe der Sternzeit blind auf ein Himmelsobjekt bekannter Rektaszension und Deklination eingestellt werden. Hierzu muß vom Rektaszensionswert der zur Beobachtungszeit gültige Sternzeitwert subtrahiert werden. Der erhaltene Winkel, der sogenannte Stundenwinkel ist an der Polachse und an der Deklinationsachse der Deklinationswert einzustellen.

Wenn die Montierung korrekt ausgerichtet ist, sieht man jetzt das Objekt im Fernrohr. Zur Bestimmung der Sternzeit gibt es auf der Seite 227 eine Tabelle mit der Sternzeit für jeden Tag des Jahres 2019.

Leider ist auch der Himmelspol nicht fest am Himmel, sondern beschreibt durch die Kreiselbewegung der Erde, die sogenannte Präzession im Zeitraum von 25800 Jahren einen Kreis mit 47° Durchmesser am Himmel.

Dies mag auf den ersten Blick vernachlässigbar klein erscheinen, wenn man Zeiträume von wenigen Jahren und Jahrzehnten betrachtet, ist es aber nicht, weil man oft Koordinatenangaben mit hoher Genauigkeit im Bogensekundenbereich in der Astronomie macht. Deshalb muß man bei äquatorialen Koordinaten stets angeben, für welchen Zeitpunkt, den man als Epoche bezeichnet, die Position des Frühlingspunktes angibt. In diesem Werk wird für Sternkarten die Epoche 2000 verwendet, während in den Ephemeriden, das sind die Listen mit den Positionen der Himmelsobjekte die aktuelle Epoche verwendet.

Ein weiteres astronomisches Koordinatensystem ist das ekliptikale System. Es verwendet die Erdbahnebene als Bezugsebene mit dem Frühlingspunkt als Nullpunkt.
Es wird in diesem Werk nicht verwendet, wie auch das galaktische System, welches die Ebene unseres Milchstraßensystems als Bezugsebene mit dem Zentrum der Milchstraße als Nullpunkt verwendet.

Uhrzeit

Alle Uhrzeiten in diesem Buch sind, sofern nicht anders angegeben, als Mitteleuropäische Zeit (MEZ) angegeben. Herrscht Sommerzeit (MESZ) so ist zu diesen Angaben 1 Stunde zu addieren, wobei sich für Zeitangaben zwischen 23 Uhr und 24 Uhr MEZ, auch das Datum des Ereignisses auf den nächsten Tag verschiebt. Sind in der Liste der Sternbedeckungen durch den Mond bei einem Ereignis für manche Orte Zeitangaben mit Werten vor 24 Uhr zugeordnet und bei anderen welche mit Werten nach 0 Uhr zu finden so heißt dies das in letzteren Orten das Ereignis kurz nach Mitternacht am folgenden Tag stattfindet.

Helligkeit

Die Helligkeit von Himmelsobjekten wird in Größenklassen angegeben, wobei es üblich ist für ein Objekt mit der Helligkeit der Größenklasse 2,1 2,1 mag zu schreiben.
Je größer der Wert der Helligkeit eines Objektes ist, um so lichtschwächer ist es. Mit bloßem Auge kann man Objekte beobachten, deren Größenklassenwert kleiner gleich 6 ist, mit einem Feldstecher kommt man bis zur 9. Größe und einem 6 Zentimeter Fernrohr bis zu 11 mag.
Großteleskope können Objekte bis zu 28 mag detektieren.
Die Größenwerte sehr heller Objekte sind kleiner als 0. So hat Sirius, der hellste Fixstern, eine Helligkeit von –1,47 mag, die Venus eine von etwa – 4 mag, der Vollmond von –12,7 mag und die Sonne von –26,7 mag.
Die Größenklassenskala ist eine logarithmische Skala: ein Objekt, dessen Größenklassenwert um 5 Werte niedriger ist, als die eines anderen ist 100 mal heller als dieses, folglich ist ein Objekt, welches um 1 Größenklasse heller ist als ein anderes um den Faktor der 5. Wurzel aus 100 (ungefähr: 2,512 mal) heller als dieses.

Konjunktion und Opposition

Wenn von der Erde aus betrachtet, zwei Himmelskörper in der gleichen Richtung zu sehen sind, dann sagt man, sie sind in Konjunktion zueinander.

Das präzisere Kriterium für gleiche Richtung ist der gleiche Rektaszensionswert (Konjunktion in Rektaszension) oder der gleiche Wert der ekliptikalen Länge (Konjunktion in Länge).
Für Konjunktionen zwischen Mond, Planeten und Fixsternen werden in diesem Buch in der Liste „Astronomische Ereignisse" stets die Werte der Konjunktion in Rektaszension angegeben, während bei Konjunktionen mit der Sonne immer der Wert der Konjunktion in ekliptikaler Länge angegeben ist.
Zum Zeitpunkt der Konjunktion erreichen zwei Himmelskörper ihren kleinsten gegenseitigen Winkelabstand. Es ist möglich, daß dieser Winkelabstand so klein ist, daß der eine Körper den anderen bedeckt oder vor diesen vorbeizieht. Da die Himmelskörper hierbei sehr unterschiedlich weit von der Erde entfernt sein können, ist es möglich, daß ein solches Ereignis nicht überall dort sichtbar ist, wo beide Himmelskörper zum fraglichen Zeitpunkt über dem Horizont stehen.
Stehen am Himmel zwei Objekte einander gegenüber, so stehen sie in Opposition zueinander. Dies ist insbesondere in Bezug auf die Sonne von großer Bedeutung, weil dann ein Objekt am besten beobachtet werden kann. Als Zeitpunkt wird hierbei stets der Zeitpunkt der Opposition in ekliptikaler Länge angegeben.

Sonnenuntergang und Dämmerung

In dieser Tabelle sind für jeden Tag des Jahres der Zeitpunkt des Sonnenaufgangs, des Sonnenuntergangs, des höchsten Standes der Sonne, des Anfangs und des Endes der Dämmerung sowie der Wert der Zeitgleichung angegeben. Es wird hierbei zwischen 3 Arten der Dämmerung unterschieden:
- bürgerliche Dämmerung: Sonne 6° unter dem Horizont. Die hellsten Sterne sind sichtbar und man kann nicht mehr ohne künstliche Beleuchtung lesen
- nautische Dämmerung: Sonne 12° unter dem Horizont. Sterne bis zur 3. Größe sind sichtbar und man kann nicht mehr die exakte Lage des Horizonts bestimmen
- astronomische Dämmerung: Sonne 18° unter dem Horizont. Es ist vollkommen dunkel.

Die Zeitgleichung beschreibt die Differenz zwischen der Kulmination der Sonne und dem Mittagszeitpunkt, der in dieser Tabelle nicht 12 Uhr, sondern 12.24 Uhr ist. Dies ist auf dem Umstand zurückzuführen, daß die Zeitangaben in MEZ angegeben sind, sich aber auf den Ort mit 50° nördlicher Breite und 9° östlicher Länge beziehen. Die Längendifferenz von 6° führt zu einer Verspätung der Sonnenkulmination von 24 Minuten.

Mond

Der Mond durchwandert in 27,5 Tagen den kompletten Tierkreis, weshalb für jeden Tag seine Position angegeben ist. Da der von der Sonne beleuchtete Teil des Mondes, den wir als Mondphase bezeichnen, innerhalb von etwa 29,5 Tagen einen kompletten Zyklus durchläuft, ist auch der sogenannte Phasenwinkel angegeben, wobei 0 nicht beleuchtet (Neumond), 0,5 (halb beleuchtet) und 1 (Vollmond) bedeutet.

Die exakten Zeitpunkte der Hauptmondphasen Neumond, Erstes Viertel (zunehmender Mond halb beleuchtet), Vollmond und Letztes Viertel (abnehmender Mond halb beleuchtet), die in der Tabelle mit den Mondpositionen durch entsprechende Symbole gekennzeichnet sind, können der Tabelle „Astronomische Ereignisse" entnommen werden, ebenso die Konjunktionen des Mondes mit Planeten und hellen Fixsternen.

In dieser Rubrik findet man auch die Zeitpunkte der größten Erdnähe und Erdferne des Mondes und auch die Zeitpunkte, zu denen der Mond die Ekliptikebene durchwandert (den Durchgang des aufsteigenden bzw. absteigenden Knotens) und des maximalen Abstandes von der Ekliptikebene, der sogenannten größten Nord- oder Südbreite.

Sternbedeckungen durch den Mond

Bei seiner Wanderung durch den Tierkreis bedeckt der Mond auch gelegentlich Fixsterne und Planeten, was mit einem Fernrohr verfolgt werden kann. Da der Mond keine Atmosphäre hat, verschwinden Fixsterne bei Bedeckungen schlagartig und tauchen auch unvermittelt wieder auf. Im Anhang befindet sich auf Seite 151 eine Tabelle mit derartigen Ereignissen. Die Ein- und Austrittszeitpunkte sind hierbei stark ortsabhängig, weshalb diese für verschiedene Orte im deutschsprachigen Raum angegeben sind. Bedeckungen von Himmelskörpern durch den Mond sind auch nicht überall sichtbar. Aus diesem Grund enthält diese Tabelle auch für manche Orte keine Werte.

Finsternisse

Wenn der Neumond vor der Sonne vorbeizieht, ereignet sich eine Sonnenfinsternis und wenn der Vollmond durch den Erdschatten wandert, eine Mondfinsternis. Diese Ereignisse werden in der Rubrik „Astronomische Ereignisse" und speziellen Kapiteln beschrieben. Mondfinsternisse sind überall dort sichtbar, wo der Mond während der Finsternis über dem Horizont steht, während Sonnenfinsternisse nur in bestimmten Gebieten mit unterschiedlicher Ausprägung zu sehen sind.

Planeten

Die Sterne verändern innerhalb „überschaubarer" Zeiträume von einigen Jahrtausenden ihre Position untereinander am Himmel praktisch nicht und erscheinen „fix", weshalb man auch von Fixsternen spricht. Daneben gibt es auch einige Objekte, die den Beobachter mit bloßem Auge zwar als Sterne erscheinen, aber ihre Position in Bezug zu den anderen Sternen relativ rasch ändern. Man

bezeichnet diese Objekte als Wandelsterne oder Planeten. Sie sind allesamt Objekte des Sonnensystems, die wie die Erde um die Sonne laufen.
Im Fernrohr sieht man Planeten als mehr oder minder große Scheibchen, während Fixsterne selbst in größten Fernrohren punktförmig erscheinen.
Die Beobachtung dieser Objekte ist besonders interessant, weshalb der größte Teil des Werkes den Planeten gewidmet ist.
Man unterscheidet zwischen äußeren und inneren Planeten. Innere Planeten laufen innerhalb der Erdbahn um die Sonne, äußere außerhalb.
Da wir uns auch auf einem Planeten befinden, der um die Sonne läuft, erscheinen uns manchmal die
Bahnen der Planeten am Himmel etwas verworren. So sehen wir, wenn die Erde einen äußeren Planeten überholt oder sie von einem inneren Planeten überholt wird, daß dieser am Himmel langsamer wird, stillzustehen scheint, sich am Himmel rückläufig bewegt, wieder still zu stehen scheint und sich dann wieder rechtläufig bewegt. Man spricht hierbei von der Oppositionsschleife (bei äußeren Planeten) bzw. Konjunktionsschleife (bei inneren Planeten).
Innere Planeten können nur am Abendhimmel nach Sonnenuntergang und am Morgenhimmel vor Sonnenaufgang beobachtet werden. Sie sind im Regelfall am günstigsten zum Zeitpunkt ihres größten Winkelabstandes von der Sonne, der größten Elongation zu sehen. Diese Planeten können auf zwei Arten mit der Sonne in Konjunktion stehen und zwar in dem sie „hinter" oder „vor" der Sonne stehen. (Da Planetenbahnen gegen die Erdbahnebene geneigt sind, stehen sie meist nördlich oder südlich der Sonne). Im ersteren Fall spricht man von der oberen, im letzteren Fall von der unteren Konjunktion.
In beiden Fällen ist der Planet im Regelfall unbeobachtbar. Allerdings kann die Venus bei einer unteren Konjunktion in so großem Abstand an der Sonne vorbeiziehen, daß sie kurzzeitig sowohl am Abendhimmel kurz nach Sonnenuntergang als auch am Morgenhimmel kurz vor Sonnenaufgang gesehen werden kann. Ein innerer Planet kann, wenn er zum Zeitpunkt der unteren Konjunktion sehr nahe an der Erdbahnebene steht, vor der Sonne vorbeiziehen, was mit geeigneten Vorsichtsmaßnahmen beobachtbar ist. Man spricht hierbei von einem Durchgang oder Transit.
Es gibt nur zwei innere Planeten: Merkur und Venus. Alle anderen Planeten sind äußere Planeten. Auch die Zwergplaneten und die meisten der sogenannten Asteroiden benehmen sich wie äußere Planeten.
Äußere Planeten kann man am besten zur Zeit der Opposition sehen. Sie stehen dann gegenüber von der Sonne am Himmel und gehen bei Sonnenuntergang auf und bei Sonnenuntergang auf und können die ganze Nacht über beobachtet werden. Wenn sie mit der Sonne in Konjunktion stehen, sind sie natürlich im Regelfall unbeobachtbar, da sie mit der Sonne auf- und untergehen.
Alle Planeten halten sich, wie der Mond, stets in der Nähe der Ekliptik auf. Die Ekliptik ist die Linie, auf der sich die Sonne im Laufe eines Jahres durch die Sternbilder scheinbar bewegt. Sie verläuft durch die Sternbilder Fische, Waage, Stier, Zwillinge, Krebs, Löwe, Jungfrau, Waage, Skorpion, Schlangenträger, Schütze, Steinbock und Wassermann. Mit Ausnahme des Schlangenträgers werden diese Konstellationen als Tierkreissternbilder bezeichnet. Sie sind trotz Namensgleichheit

nicht identisch mit den Tierkreiszeichen. Letztere teilen die Ekliptik in 12 gleich lange Teile, während die Länge der Ekliptik in den Tierkreissternbildern unterschiedlich ist. Außerdem sind die Tierkreiszeichen gegenüber den Sternbildern, in Folge der Präzession, welche eine Wanderung des Frühlingspunktes, an den die Tierkreiszeichen gekoppelt sind, um ca. 1° in 72 Jahren in westlicher Richtung bewirkt, um etwa 30° in westlicher Richtung verschoben, so daß eine Position in einem bestimmten Sternbild meist identisch ist mit einer Position im nächsten Tierkreiszeichen.

Identifizierung der Planeten

Merkur: nur während der Abenddämmerung in geringer Höhe über dem Westhorizont oder während der Morgendämmerung tief über dem Osthorizont zu sehen. Orangenes Licht. Helligkeit: 6,2 mag bis −2,3 mag, Symbol: ☿.

Venus: nur am Abendhimmel oder am Morgenhimmel zu sehen. Sie ist nach Sonne und Mond das hellste Objekt am Himmel. Gelbes Licht. Helligkeit: −3,7 mag bis −4,7 mag, Symbol: ♀.

Mars: Orangerotes Licht („Der rote Planet"). Helligkeit: 1,8 mag bis −2,9 mag, Symbol: ♂.

Jupiter: Gelbes Licht. Meist das vierthellste Gestirn. Helligkeit: −1,7 mag bis −2,9 mag, Symbol: ♃.

Saturn: Weißes Licht, Helligkeit: 1,3 mag bis −0,5 mag. Die berühmten Ringe sind nur in einem Fernrohr von mindestens 5 cm Durchmesser bei 30facher Vergrößerung sichtbar, Symbol: ♄.

Uranus: Grünliches Licht. Mit bloßem Auge nur bei sehr dunklen Himmel als schwacher Stern sichtbar. Helligkeit: 5,3 mag bis 5,9 mag, Symbol: ⛢.

Neptun: Bläuliches Licht. Nur mit Ferngläsern oder Fernrohren beobachtbar. Helligkeit: 7,8 mag bis 8,0 mag, Symbol: ♆.

Asteroiden und Zwergplaneten

Die Planeten sind nicht die einzigen sternförmigen Objekte, die am Himmel relativ rasch ihre Position verändern. Auch die sogenannten Zwergplaneten und Asteroiden zeigen ein derartiges Verhalten.
Sie sind wie die Planeten Objekte des Sonnensystems, aber kleiner als diese. Mit Ausnahme von Vesta, die bei günstigen Oppositionen als Stern 6. Größe gesehen

werden kann, ist zu ihrer Beobachtung optisches Gerät notwendig. Im Unterschied zu Planeten erscheinen Asteroiden und Zwergplaneten auch in größeren Fernrohren punktförmig.
Es gibt 5 Zwergplaneten (Ceres, Pluto, Eris, Makemake und Haumea) sowie einige tausend Asteroiden. In diesem Werk werden nur für Amateurastronomen interessante Objekte dieser Kategorien berücksichtigt.
Manche Asteroiden und Zwergplaneten haben Umlaufbahnen mit großer Neigung gegenüber der Erdbahn, so daß nicht alle dieser Objekte immer in unmittelbarer Nähe der Ekliptik zu finden sind.

Monde anderer Planeten

Schon mit einem Feldstecher sind die 4 hellsten Monde des Planeten Jupiter, Io, Europa, Ganymed und Kallisto zu sehen. Für alle Monate, in denen Jupiter beobachtet werden kann, ist ein Diagramm mit den Stellungen dieser Monde bezüglich des Planeten vorhanden.
Auf diesem Diagramm erscheint Jupiter als schwarzer Strich in der Mitte und die Monde sind mit I für Io, II für Europa, III für Ganymed und IV für Kallisto gekennzeichnet.
Diese Monde treten manchmal in den Schatten Jupiters ein, werden von ihn bedeckt, werfen ihren
Schatten auf Jupiter oder ziehen vor ihn vorbei. Derartige Ereignisse können mit Fernrohren verfolgt werden und sind in einer Tabelle in den Monatsübersichten angegeben.
Mit einem Fernrohr können auch die Saturnmonde Titan, Rhea, Thethys, Japetus und Enceladus beobachtet werden. Während Titan schon mit einem lichtstarken Fernglas gesehen werden kann, ist für Rhea und Japetus ein Fernrohr mit 6 cm Objektivöffnung und für weitere Monde ein noch größeres Instrument erforderlich.
Diagramme mit den Sichtbarkeiten der Saturnmonde finden sich im Anhang auf Seite 216.
Die Helligkeit des Mondes Japetus schwankt stark während eines Umlaufs: in westlicher Elongation ist er 10,5 mag hell, während er in östlicher Elongation seine Helligkeiit auf 11,9 mag zurückgeht.

Astronomische Ereignisse

Diese Tabelle enthält alle wichtigen astronomischen Ereignisse, außer Sternbedeckungen durch den Mond und Ereignisse bei denen Monde anderer Planeten involviert sind. Man findet dort:
- Wichtige Stellungen der Planeten (Opposition, Konjunktion zur Sonne, größte Elongationen zur Sonne bei Merkur und Venus, Beginn und Ende von Oppositions- und Konjunktionsschleifen)
- Mondphasen

- Hauptstellungen des Mondes, der Planeten und Zwergplaneten (Erdnähe, Erdferne, Knotendurchgänge, maximaler Abstand zur Ekliptik, bezeichnet als größte Nord- bzw. Südbreite)
- Mond- und Sonnenfinsternisse
- Passage des Perihels (sonnennächster Punkt) und Aphels (sonnenfernsten Punkt) von Planeten und Zwergplaneten
- Konjunktionen des Mondes, der Planeten und Zwergplaneten untereinander und mit hellen ekliptiknahen Sternen

Bei diesen Ereignissen ist auch stets der Elongationswinkel zur Sonne angegeben. Je größer dieser ist, umso besser ist es im Regelfall beobachtbar. Bei Konjunktionen mit der Sonne und dem Neumond kann der Elongationswert mit einem negativen Vorzeichen versehen sein. In diesem Fall wandert der entsprechende Himmelskörper im angegebenen Abstand südlich an der Sonne vorbei.

Ephemeriden

Ephemeriden sind Tabellen der Position beweglicher Himmelsobjekte. Im Anhang finden sich derartige Ephemeriden für die Sonne, die Planeten und in diesem Werk erwähnten Zwergplaneten. Sie enthalten neben den Rektaszensions- und Deklinationswerten für das aktuelle Äquinoktium noch den Zeitpunkt des Auf- oder Untergangs, wobei der Aufgang angegeben ist, falls dieser vor der Sonne erfolgt und der Untergang, wenn dieser erst nach Sonnenuntergang stattfindet. Aufgangszeiten sind mit „A", Untergangszeiten mit „U" gekennzeichnet.

Benutzung der Monatssternkarten

Um mit den Sternkarten die Sterne zu bestimmen, muß man zuerst einmal am Beobachtungsort die Himmelsrichtungen festlegen. In erster Näherung kann dies mit einem Kompass erfolgen, allerdings können in und in der Nähe von größeren Objekten aus Eisen, wie Stahlbetonbauten, Mißweisungen auftreten.

Daher empfiehlt es sich, als erstes den Polarstern aufzusuchen. Er steht fast genau über dem Punkt der Nordrichtung und bietet den Bewohnern der Nordhalbkugel die genaueste einfache Bestimmung der Nordrichtung. Um dies zu tun, gibt es zwei Möglichkeiten:

1.) Man sucht den sogenannten Großen Wagen, das sind die hellsten Sterne des Großen Bären, die eine Sterngruppe bilden, welche an einen Wagen mit einer Deichsel erinnern, auf und verlängert in Gedanken die Verbindungslinie der beiden hintersten Kastensterne, welche die Namen Dubhe und Merak tragen, um etwa den Faktor 5. Dann trifft man auf einen auffälligen Stern 2. Größe, den Polarstern.

2.) Man sucht das Sternbild Kassiopeia auf, welches auch „Himmels-W" genannt wird, weil die hellsten Sterne dieses Sternbildes die Form eines Buchstaben „W" bilden. Die Spitze dieses „W" zeigt ungefähr in Richtung Polarstern.

Welche Methode gewählt wird, sei dem Leser überlassen. Die Sternbilder Kassiopeia und Grosser Bär liegen in entgegengesetzter Richtung vom Polarstern, somit kann, wenn eines dieser Bilder durch irdische Hindernisse verdeckt wird, das andere zum Aufsuchen des Polarsterns genutzt werden.

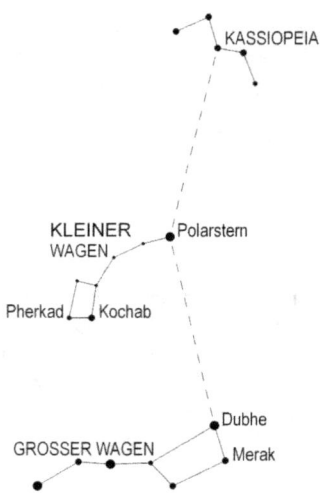

Die Sternbilder Grosser Wagen, Kleiner Wagen und Kassiopeia mit Polarstern und anderen im Text erwähnten Sternen

Der Polarstern ist der hellste Stern des Sternbildes Kleiner Bär, das auch als Kleiner Wagen bezeichnet wird. Dieses Sternbild besteht sonst überwiegend aus lichtschwachen Sternen, die nur bei dunklem Himmel freiäugig sichtbar sind. Einzig die beiden hintersten Kastensterne des Kleinen Bären, welche die Namen Kochab und Pherkad tragen, sind 2. und 3. Größe und damit auch bei aufgehelltem Himmel sichtbar.

Nachdem man die Himmelsrichtungen für den Beobachtungsort bestimmt hat und wissen möchte, welche Sterne in einer bestimmten Richtung stehen, nimmt man die Monatskarte, die den gewünschten Zeitpunkt am nächsten kommt und dreht das Buch so, daß diese Richtung auf der Monatskarte nach unten weist. Ein Vergleich der Sterne am Himmel mit denen auf der Karte ermöglicht dann die Identifizierung dieser.

Die Position der in den Monatskarten eingezeichneten Planeten gilt nur für den 1. des jeweiligen Monats. Sie können zum gewählten Beobachtungszeitpunkt ganz woanders am Himmel stehen.

Planetenkarte

Diese Sternkarte, die man am Anfang des Kapitels „Planeten" des jeweiligen Monats findet, veranschaulicht den Weg der Sonne und der hellen Planeten Merkur, Venus, Mars, Jupiter und Saturn im jeweiligen Monat. Aus Platzgründen werden in diesen Karten die Sternbilder mit den international üblichen Abkürzungen (siehe „Liste der Sternbilder", auf Seite 6) und die Planeten mit den entsprechenden Symbolen (siehe „Identifizierung der Planeten" auf Seite 17) bezeichnet. Der Buchstabe neben den Planeten ist der Anfangsbuchstabe des jeweiligen Monats. Der entsprechende Planet steht dort am 1. Tag dieses Monats. Da die aufeinander folgenden Monate Juni und Juli beide mit dem gleichen Buchstaben anfangen, wird der Juni in diesen Karten mit 6 und der Juli mit 7 bezeichnet.

Jahreszeitensternkarten

In den Monaten Januar, April, Juli und Oktober findet man zusätzliche Jahreszeitensternkarten, welche die Sternbilder der jeweiligen Jahreszeit inklusive aller in den Beschreibungen des monatlichen Sternenhimmels erwähnten Objekte zeigen. Auch die Fixsterne, deren Konjunktionen mit Mond und Planeten in den Monatslisten der astronomischen Ereignisse vermerkt sind, wurden markiert. Planeten sind in diesen Karten nicht eingetragen.
Eine Karte der sogenannten Zirkumpolarsterne, daß sind die Sterne, die nicht untergehen, mit in diesem Werk erwähnten Objekten folgt am Ende dieses Kapitels.

Korrektur der Auf- und Untergangszeiten

Die in diesem Buch angegebenen Auf- und Untergangszeiten gelten für einen Punkt bei 9° östlicher Länge und 50° nördlicher Breite. Für andere Orte ergeben sich abweichende Zeiten. Allerdings sind die Zeitdifferenzen im deutschsprachigen Raum so gering, daß eher die Beschaffenheit des lokalen Horizonts die größere Rolle spielt. Wer aber dennoch für seinen Beobachtungsort genaue Werte ermitteln möchte, findet auf Seite 230 die nötigen Informationen.

Meteorströme

Neben einzeln auftretenden Meteoren gibt es auch Meteorströme, das sind Häufungen von Sternschnuppen, welche zu gewissen Zeiten auftreten und aus den Resten von Kometen stammen. Ihre Bahnen verlaufen im Raum
annähernd parallel und sie scheinen, wenn sie in die Erdatmosphäre eintreten, von einem Fluchtpunkt, dem Radianten, her zu kommen. Ein Meteorstrom wird in der Regel nach dem lateinischen Namen des Sternbildes, in dem sich der Radiant befindet, bezeichnet. Wenn mehrere Meteorströme ihren Radianten in einem

Sternbild besitzen, wird zusätzlich meist entweder der Maximumsmonat oder der dem Radianten nächstgelegene hellere Stern zur Bezeichnung herangezogen.

Zirkumpolarsterne

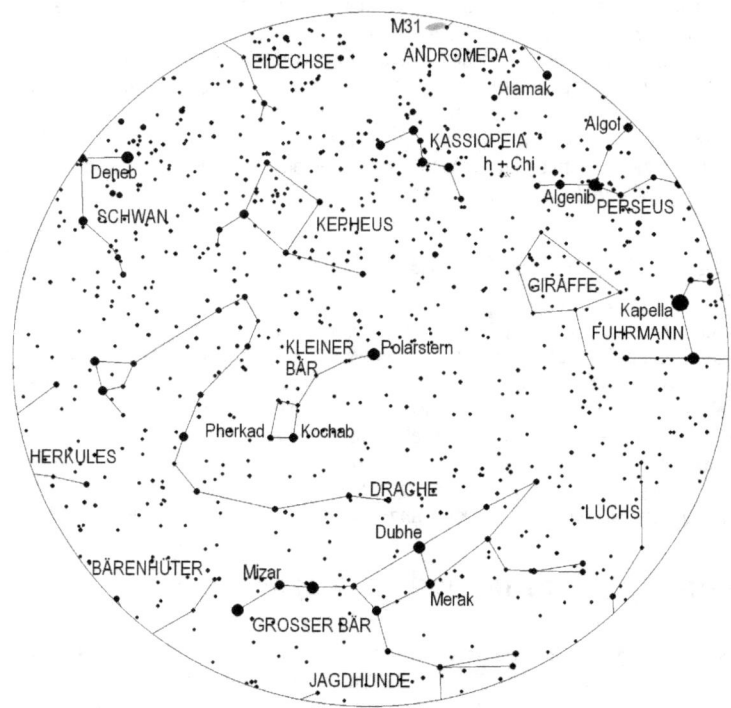

Der Sternenhimmel im Lauf des Jahres 2019

Januar

Sternenhimmel

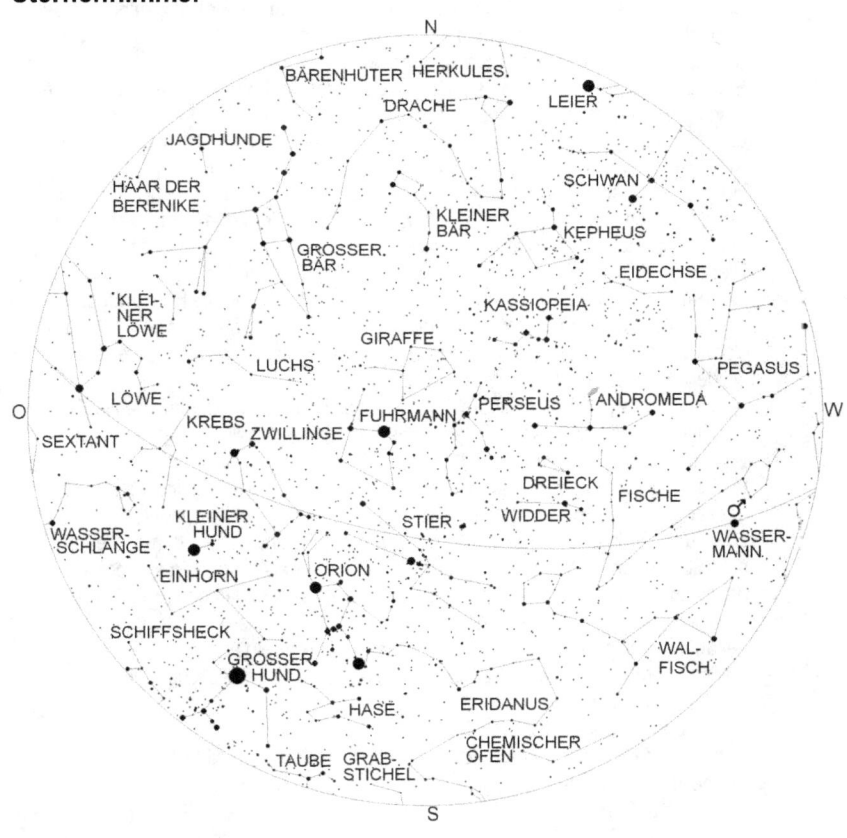

Gültig für

1.10. 4 Uhr	15.10. 3 Uhr
1.11. 2 Uhr	15.11. 1 Uhr
1.12. 0 Uhr	15.12. 23 Uhr
1.1. 22 Uhr	15.1. 21 Uhr
1.2. 20 Uhr	15.2. 19 Uhr

Im Januar dominieren erwartungsgemäß die Wintersternbilder den Himmel. So steht der Orion, eines der bekanntesten Sternbilder kurz vor seiner Kulmination im Süden. Die beiden hellsten Sterne im Orion sind Beteigeuze, der rötliche Stern am nordöstlichen Ende dieser Sternfigur und der bläulich-weiße Rigel an seinem südwestlichen Ende.
Die drei mittleren Sterne des Orion weisen in südöstliche Richtung auf Sirius im Großen Hund, den hellsten Stern des Himmels. Sirius ist nicht deshalb der hellste Stern, weil er extrem leuchtstark ist, sondern weil er mit einer Entfernung von 8,8 Lichtjahren zu den sonnennächsten Sternen gehört. Würden die anderen Sterne, welche die Figur des Sternbildes Großer Hund bilden, in der gleichen Entfernung zur Sonne stehen, so erschienen sie viel heller. Nordöstlich vom Großem Hund erkennt man einen weiteren hellen Stern, Prokion, den Hauptstern des Kleinen Hundes, der ebenfalls zu den sonnennahen Sternen zählt. Zwischen dem Großem Hund und dem Kleinem Hund befindet sich das lichtschwache Sternbild Einhorn.
Hoch im Südosten über dem Kleinem Hund erkennt man das Sternbild Zwillinge, mit seinen beiden hellen Sternen Kastor und Pollux. Für Fernrohrbeobachter ist Kastor interessant, denn er entpuppt sich schon in kleinen Fernrohren als Doppelstern. Westlich der Zwillinge befindet sich das Sternbild Stier, in dem es zwei, schon mit bloßem Auge auflösbare Sternhäufen gibt, die Plejaden und die Hyaden. Letztere sind um den rötlichen Hauptstern Aldebaran platziert, der aber nur ein Vordergrundstern ist. Beide Sternbilder bekommen als Ekliptiksternbilder hin und wieder Besuch vom Mond und den Planeten.
Über dem Stier, fast im Zenit steht das Sternbild Fuhrmann mit dem hellen Stern Kapella. Kapella, Aldebaran, Rigel, Sirius, Prokion und Pollux bilden das Wintersechseck, eine markante Konstellation.
Im Osten erkennt man das aufgehende Sternbild Löwe, ein Frühlingssternbild, dessen hellster Stern Regulus sich sehr nahe an der Ekliptik befindet. Zwischen Löwe und Zwillinge liegt der Krebs, der nur aus lichtschwachen Sternen besteht, aber über einen markanten Sternhaufen verfügt, der als Krippe, Praesepe oder M44 bezeichnet wird und schon mit bloßem Auge als Nebelfleckchen erkennbar ist. Westlich des Fuhrmanns erkennt man den Perseus, in dessen nördlichen Teil es den bekannten Doppelsternhaufen h + Chi Persei gibt, der ein schönes Feldstecherobjekt darstellt und mit bloßem Auge als Nebelfleckchen erkennbar ist. In diesem Sternbild befindet sich auch Algol, der bekannteste bedeckungsveränderliche Stern.
Südwestlich des Perseuses erkennt man das Tierkreissternbild Widder, der wie das Sternbild Walfisch im Südwesten zu den Herbststernbildern gerechnet wird. Der bekannteste Stern dieses Sternbild ist der veränderliche Stern Mira, der im Maximum ein auffälliges Objekt 2. Größe sein kann (mitunter aber lichtschwächer ist) und im Minimum so lichtschwach ist, daß es schon ein Fernrohr bedarf, um ihn zu sehen. Mira ist ein pulsationsveränderlicher Riesenstern, der einer ganzen Klasse von veränderlichen Sternen seinen Namen gab. Zwischen Walfisch und Widder befindet sich das Tierkreissternbild Fische, das nur aus lichtschwachen Sternen besteht. Allerdings kann man dieses Jahr im Januar einen helleren orangeroten „Stern" erblicken und zwar den Planeten Mars.

Wintersternbilder

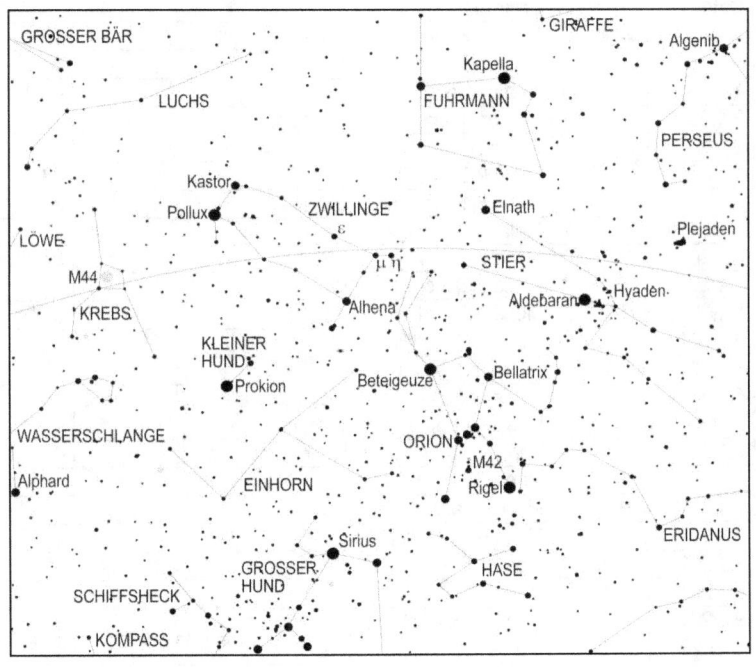

Astronomische Ereignisse

Datum	Uhrzeit	Ereignis	Elongation
1.1.2019	02:40:09	Mond 4,2° nördlich Zuben-el-dschenubi	55,0°
1.1.2019	18:58:27	Mond 2,3° südlich Ceres	49,2°
1.1.2019	22:24:50	Mond 47' nördlich Venus	46,9°
2.1.2019	00:32:49	Merkur im absteigenden Knoten	
2.1.2019	06:49:46	Saturn in Konjunktion zur Sonne	29'
2.1.2019	16:28:43	Mond 2,5° nördlich Akrab	38,6°
3.1.2019	01:40:05	Mond 8,1° nördlich Antares	33,0°
3.1.2019	04:05:42	Pallas 5,3° nördlich Spika	78,6°
3.1.2019	07:53:35	Mond 2,4° nördlich Jupiter	30,4°
4.1.2019	19:44:37	Mond 2,2° nördlich Merkur	14,4°
5.1.2019	20:38:32	Mond 21' nördlich Saturn	3,0°
5.1.2019	22:25:27	Mond 4,3° nördlich Nunki	2,2°
6.1.2019	02:28:19	Neumond, Mond 1° nördlich der Sonne	
6.1.2019	02:42:38	Partielle Sonnenfinsternis, maximale Größe: 0.7145, in Mitteleuropa nicht sichtbar	
6.1.2019	05:47:07	Venus in größter westlicher Elongation	47°
6.1.2019	13:37:52	Mond 11' südlich Pluto	4,9°
7.1.2019	01:08:02	Mond im absteigenden Knoten	
7.1.2019	14:08:39	Mond 6,2° südlich Beta Capricorni	16,3°
8.1.2019	23:12:27	Mond 1,5° nördlich Vesta	30,2°
9.1.2019	04:54:08	Mond in Erdferne	
9.1.2019	07:10:45	Mond 32' südlich Delta Capricorni	34,8°
10.1.2019	09:41:51	Venus 2,4° nördlich Akrab	46,6°
11.1.2019	00:22:43	Mond 3,6° südlich Neptun	53,3°
11.1.2019	12:35:16	Pluto in Konjunktion zur Sonne	7,15'
12.1.2019	09:24:08	Merkur im Aphel	
12.1.2019	13:28:19	Juno in größter Südbreite	
12.1.2019	22:01:13	Mond 5,8° südlich Mars	74,1°
13.1.2019	11:47:23	Merkur 1,7° südlich Saturn	10,1°
13.1.2019	14:40:10	Merkur 2,2° nördlich Nunki	10,3°
14.1.2019	07:45:39	Erstes Viertel	
14.1.2019	12:16:34	Mond 6,05° südlich Uranus	92,1°
14.1.2019	13:26:44	Mond in größter Südbreite	
15.1.2019	01:16:37	Mond 16,7° südlich Hamal	98,4°
15.1.2019	02:46:02	Saturn 3,9° nördlich Nunki	11,6°
15.1.2019	05:30:00	Mars im aufsteigenden Knoten	
15.1.2019	21:49:01	Venus 7,9° nördlich Antares	45,6°
16.1.2019	19:16:13	Mond 14,2° nördlich Juno	115,0°
17.1.2019	00:02:39	Mond 9,3° südlich der Plejaden	122,2°
17.1.2019	09:11:45	Venus in größter Nordbreite	

Datum	Uhrzeit	Ereignis	Elongation
17.1.2019	19:13:54	Mond 1° nördlich Aldebaran	132,4°
18.1.2019	15:05:56	Mond 9,25° südlich Elnath	143,5°
18.1.2019	17:22:56	Merkur 1,55° südlich Pluto	7,1°
19.1.2019	00:51:17	Vesta 1,5° südlich Delta Capricorni	25,0°
19.1.2019	10:50:33	Mond 2,15° südlich Eta Geminorum	154,6°
19.1.2019	13:16:56	Mond 2° südlich Mü Geminorum	156,0°
19.1.2019	18:26:12	Mond 4,5° nördlich Alhena	159,0°
19.1.2019	21:15:11	Mond 4,1° südlich Epsilon Geminorum	160,5°
20.1.2019	15:44:59	Mond 11,5° südlich Kastor	165,8°
20.1.2019	19:35:39	Mond 7,6° südlich Pollux	170,3°
20.1.2019	23:48:17	Mond im aufsteigenden Knoten	
21.1.2019	03:35:51	Totale Mondfinsternis, Eintritt Halbschatten	
21.1.2019	04:34:00	Totale Mondfinsternis, Eintritt Kernschatten	
21.1.2019	05:40:55	Totale Mondfinsternis, Anfang Totalität	
21.1.2019	06:12:02	Totale Mondfinsternis, Mitte der Finsternis, Grösse: 1,198	
21.1.2019	06:16:12	Vollmond	
21.1.2019	06:43:09	Totale Mondfinsternis, Ende Totalität	
21.1.2019	07:50:04	Totale Mondfinsternis, Austritt Kernschatten	
21.1.2019	08:48:14	Totale Mondfinsternis, Austritt Halbschatten	
21.1.2019	16:10:45	Mond 1,1° südlich M44	173,4°
21.1.2019	21:06:37	Mond in Erdnähe	
22.1.2019	06:45:57	Venus 2,4° nördlich Jupiter	45,9°
23.1.2019	03:20:59	Mond 1,9° nördlich Regulus	152,9°
25.1.2019	20:01:10	Mond 1,9° nördlich Porrima	115,4°
25.1.2019	22:25:23	Merkur 6,8° südlich Beta Capricorni	3,4°
26.1.2019	17:08:19	Mond 7,2° nördlich Spika	102,7°
27.1.2019	02:55:54	Mond in größter Nordbreite	
27.1.2019	06:10:57	Mond 3,8° südlich Pallas	98,2°
27.1.2019	07:31:20	Juno 22,2° südlich der Plejaden	107,4°
27.1.2019	22:10:30	Letztes Viertel	
28.1.2019	10:33:00	Mond 3,8° nördlich Zuben-el-dschenubi	83,0°
29.1.2019	19:03:07	Mond 2,5° südlich Ceres	67,8°
29.1.2019	20:41:03	Mond 2,85° nördlich Akrab	66,6°
30.1.2019	03:51:55	Merkur in oberer Konjunktion zur Sonne	-2,1°
30.1.2019	08:08:41	Mond 7,8° nördlich Antares	60,7°
31.1.2019	00:00:55	Mond 2,3° nördlich Jupiter	53,2°
31.1.2019	19:16:04	Mond 25' südlich Venus	45,0°

Planeten

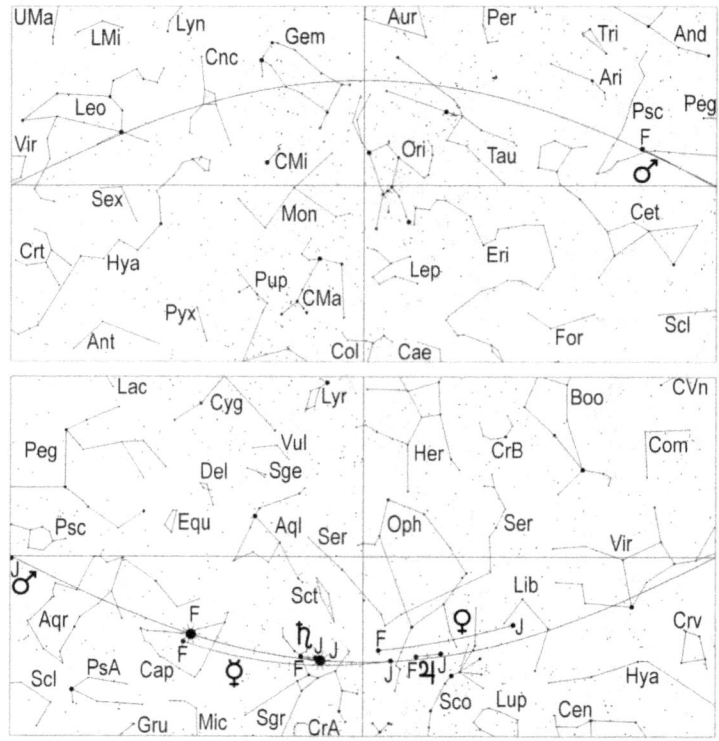

Merkur steht am 30.1. in oberer Konjunktion zur Sonne und kann im Januar 2019 nicht beobachtet werden.

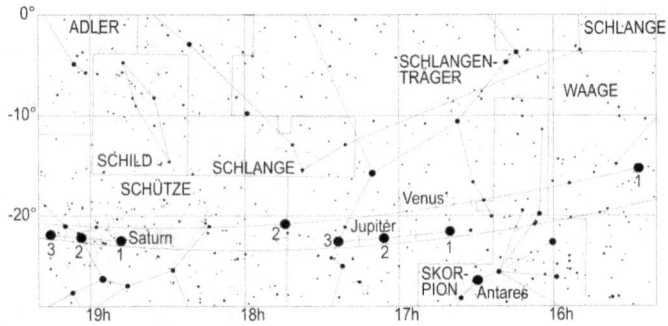

Lauf der Planeten Venus, Jupiter und Saturn zu Beginn des Jahres 2019. Die Zahl gibt die Position zum 1. des entsprechenden Monats an, also 1 die Position am 1.1.

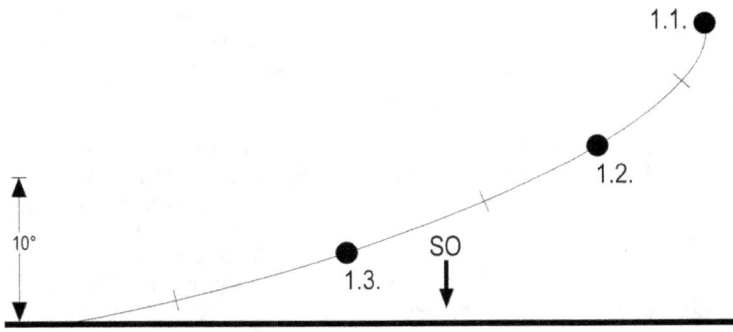

Position des Planeten Venus 1 Stunde vor Sonnenaufgang

Venus ist strahlender Morgenstern und erreicht am 6. ihre größte westliche Elongation mit 47°. Sie durchwandert die Sternbilder Waage, Skorpion und Schlangenträger, wobei sie am 10. Akrab 2,4° nördlich und am 15. Antares 7,9° nördlich passiert. Am 22. zieht sie 2,4° nördlich am Planeten Jupiter vorbei, was einen prächtigen Anblick ergibt. Ihr Aufgang verspätet sich leicht von 4.23 Uhr am 1., auf 4.43 Uhr am 15. und auf 5.09 Uhr am Monatsletzten. Ihre Helligkeit nimmt leicht von –4,5 mag auf –4,3 mag ab. Im Fernrohr zeigt sich Venus am Neujahrstag als dicke Sichel, die zu 46% beleuchtet ist mit einem Winkeldurchmesser von 26". Am 5. ist das 25" große Venusscheibchen halb beleuchtet, es tritt Dichotomie ein. Bis zum 31. sinkt der Venusdurchmeser auf 19,4", während der Beleuchtungsgrad auf 67% zunimmt.

Mars durchläuft das Sternbild Fische und versinkt am 1. um 23.45 Uhr und am 31. um 23.42 Uhr unter dem Horizont. Mit einem scheinbaren Durchmesser, der von 7,4" auf 6,1" zurückgeht, ist er kein interessantes Objekt für Fernrohrbeobachter, der erkennen kann, daß er nicht kreisrund erscheint, sondern wie der Mond 3 Tage vor Vollmond. Seine Helligkeit geht von 0,5 mag auf 0,9 mag zurück, womit er immer noch das auffälligste Objekt in dieser sternarmen Himmelsregion ist.

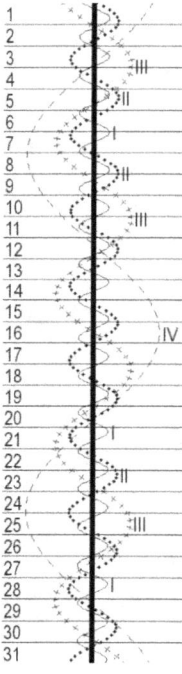

Stellung der 4 hellen Jupitermonde im Januar 2019

Jupiter, rechtläufig im Schlangenträger, verfrüht seinen Aufgang im Laufe des Monats von 6.11 Uhr auf 4.34 Uhr. Am 22. zieht die Venus 2,4° nördlich an Jupiter vorbei – ein schöner Anblick am Morgenhimmel. Mit einer Helligkeit, die leicht von –1,8 mag auf –1,9 mag zunimmt, ist er das vierthellste Gestirn am Himmel.

Saturn erreicht am 2. seine Konjunktion zur Sonne und ist im Januar nicht zu sehen. Allerdings kann es möglich sein, bei sehr guten Sichtbedingungen am Monatsletzten den Ringplaneten in der Morgendämmerung tief im Südosten zu sichten. An diesem Tag geht der 0,6 mag helle Ringplanet um 6.39 Uhr auf, eine Sichtung könnte eine halbe Stunde später gelingen. Am 15. passiert Saturn den Fixstern Nunki in 3,9° nördlichem Abstand.

Uranus wandert im Laufe des Monates zur Grenze der Sternbilder Fische und Widder und kann am Abend mit einem Fernglas (Aufsuchkarte, Seite 123) beobachtet werden. Er kulminiert am 1.1. um 19.27 Uhr und am Monatsletzten, zum Zeitpunkt des Sonnenuntergangs, um 17.30 Uhr, während sich sein Untergang von 2.24 Uhr auf 0.27 Uhr verfrüht.

Neptun kann am Abend mit einem Fernrohr im Sternbild Wassermann in südwestlicher Richtung beobachtet werden (Aufsuchkarte, Seite 113). In der zweiten Monatshälfte wird dies immer schwieriger, denn er verlegt seinen Untergang von 22.11 Uhr am 1.1. auf 20.18 Uhr am 31.1..

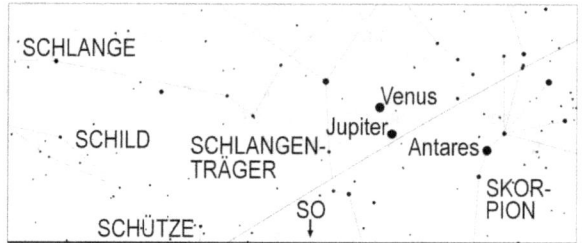

Anblick der Konjunktion zwischen Venus und Jupiter am 22.1.2019 um 6 Uhr MEZ

Klein- und Zwergplaneten

Ceres kann am Morgenhimmel kurz vor Dämmerungsbeginn mit einem Fernrohr im Sternbild Waage aufgefunden werden. Sie geht am 1. um 3.57 Uhr und am 31. um 2.55 Uhr auf. Ihre Helligkeit steigt leicht von 8,9 mag auf 8,8 mag an. (Aufsuchkarte, Seite 72).

Pallas kann man am Morgenhimmel mit einem Fernrohr oder lichtstarken Feldstecher, am besten kurz vor Beginn der Morgendämmerung, im Sternbild Jungfrau aufsuchen. Ihr Aufgang verfrüht sich von 1.32 Uhr am 1. auf 23.46 Uhr am Monatsletzten. Ihre Helligkeit steigt von 9,0 mag auf 8,7 mag

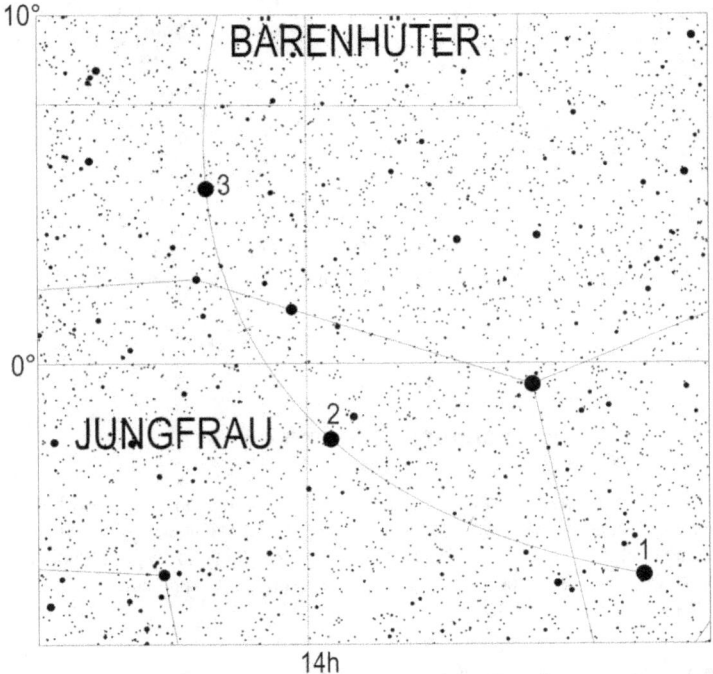

Lauf des Kleinplaneten Pallas von Januar 2019 bis März 2019. Die Zahl gibt die Position zum 1. des entsprechenden Monats an, also 3 die Position am 1.3.

Juno wandert vom Eridanus in den Stier und ist zu Monatsbeginn 8,2 mag und zu Monatsende 8,8 mag hell. Sie kann am besten zur Zeit ihrer Kulmination, welche am 1. um 21.25 Uhr und am 31. um 19.34 Uhr erfolgt, mit einem Fernrohr oder einem lichtstarken Fernglas aufgesucht werden. Ihr Untergang erfolgt am 1. um 3.09 Uhr und am 31. um 1.52 Uhr.

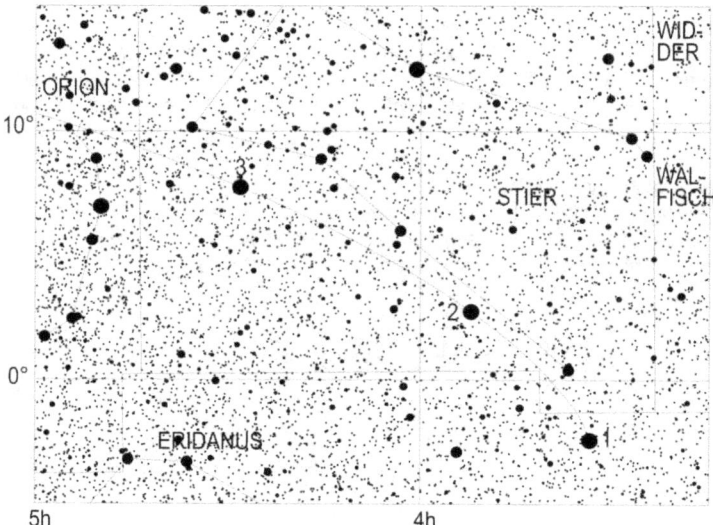

Lauf des Kleinplaneten Juno von Januar 2019 bis März 2019. Die Zahl gibt die Position zum 1. des entsprechenden Monats an, also 3 die Position am 1.3.

Vesta ist im Januar nicht beobachtbar.

Periodische Sternschnuppenströme

Bis zum 6.1. sind die Quadrantiden aktiv, die ihren Radianten im nördlichen Teil des Sternbildes Bärenhüter haben. Die mäßig schnellen Quadrantiden erreichen ihr Maximum am 4.1. um 3 Uhr mit einer Rate von bis zu 40 Meteoren pro Stunde. Der Mond stört nicht, da dieser schon stark abgenommen hat und erst kurz vor Dämmerungsbeginn aufgeht.

Sonnenuntergang und Dämmerung

	Astr. Anf.	Naut. Anf.	Bürg. Anf.	Auf- gang	Kulm.	Unter- gang	Bürg. Ende	Naut. Ende	Astr. Ende	Zeitgl.
1.1.2019	6:23	7:03	7:45	8:22	12:27	16:32	17:11	17:52	18:31	3m09s
2.1.2019	6:24	7:03	7:45	8:22	12:28	16:33	17:12	17:53	18:32	3m38s
3.1.2019	6:24	7:03	7:45	8:22	12:28	16:34	17:13	17:54	18:33	4m06s

	Astr. Anf.	Naut. Anf.	Bürg. Anf.	Auf-gang	Kulm.	Unter-gang	Bürg. Ende	Naut. Ende	Astr. Ende	Zeitgl.
4.1.2019	6:24	7:03	7:44	8:22	12:29	16:35	17:14	17:55	18:34	4m34s
5.1.2019	6:23	7:03	7:44	8:22	12:29	16:37	17:15	17:56	18:35	5m01s
6.1.2019	6:23	7:03	7:44	8:21	12:30	16:38	17:16	17:57	18:36	5m28s
7.1.2019	6:23	7:03	7:44	8:21	12:30	16:39	17:17	17:58	18:37	5m54s
8.1.2019	6:23	7:02	7:44	8:21	12:31	16:40	17:18	17:59	18:38	6m20s
9.1.2019	6:23	7:02	7:43	8:20	12:31	16:42	17:20	18:00	18:39	6m46s
10.1.2019	6:23	7:02	7:43	8:20	12:31	16:43	17:21	18:01	18:40	7m11s
11.1.2019	6:22	7:01	7:42	8:19	12:32	16:44	17:22	18:03	18:41	7m35s
12.1.2019	6:22	7:01	7:42	8:19	12:32	16:46	17:23	18:04	18:42	7m59s
13.1.2019	6:22	7:01	7:41	8:18	12:33	16:47	17:25	18:05	18:44	8m22s
14.1.2019	6:21	7:00	7:41	8:17	12:33	16:49	17:26	18:06	18:45	8m45s
15.1.2019	6:21	7:00	7:40	8:17	12:33	16:50	17:27	18:07	18:46	9m07s
16.1.2019	6:20	6:59	7:40	8:16	12:34	16:52	17:29	18:09	18:47	9m28s
17.1.2019	6:20	6:58	7:39	8:15	12:34	16:53	17:30	18:10	18:49	9m48s
18.1.2019	6:19	6:58	7:38	8:14	12:34	16:55	17:32	18:11	18:50	10m08s
19.1.2019	6:18	6:57	7:37	8:13	12:35	16:56	17:33	18:13	18:51	10m27s
20.1.2019	6:18	6:56	7:37	8:12	12:35	16:58	17:34	18:14	18:53	10m46s
21.1.2019	6:17	6:55	7:36	8:11	12:35	16:59	17:36	18:15	18:54	11m03s
22.1.2019	6:16	6:55	7:35	8:10	12:36	17:01	17:37	18:17	18:55	11m20s
23.1.2019	6:15	6:54	7:34	8:09	12:36	17:03	17:39	18:18	18:57	11m36s
24.1.2019	6:15	6:53	7:33	8:08	12:36	17:04	17:40	18:19	18:58	11m52s
25.1.2019	6:14	6:52	7:32	8:07	12:36	17:06	17:42	18:21	18:59	12m06s
26.1.2019	6:13	6:51	7:31	8:06	12:37	17:08	17:43	18:22	19:01	12m20s
27.1.2019	6:12	6:50	7:30	8:05	12:37	17:09	17:45	18:24	19:02	12m33s
28.1.2019	6:11	6:49	7:28	8:03	12:37	17:11	17:46	18:25	19:04	12m45s
29.1.2019	6:10	6:48	7:27	8:02	12:37	17:13	17:48	18:27	19:05	12m56s
30.1.2019	6:09	6:47	7:26	8:01	12:37	17:14	17:50	18:28	19:06	13m07s
31.1.2019	6:08	6:45	7:25	8:00	12:37	17:16	17:51	18:30	19:08	13m17s

Mondlauf

	Rektaszension	Deklination	Elong.	Phase	mag	Auf-gang	Kulm.	Unter-gang
1.1.2019	14h45m53,6s	-11°09'56"	58,5°	0,24	-8,7	3:29	8:43	13:49
2.1.2019	15h35m44,6s	-14°59'25"	46,7°	0,16	-8,0	4:38	9:31	14:17
3.1.2019	16h26m15,5s	-18°05'24"	35,1°	0,09	-7,1	5:45	10:20	14:51
4.1.2019	17h17m29,1s	-20°20'15"	23,7°	0,04	-6,2	6:47	11:10	15:30
5.1.2019	18h09m09,8s	-21°38'32"	12,4°	0,01	-5,1	7:44	12:00	16:15
6.1.2019	19h00m47,9s	-21°57'40"	1,6°	0 ●	-4,0	8:33	12:50	17:07
7.1.2019	19h51m48,3s	-21°18'21"	9,8°	0,01	-4,8	9:16	13:38	18:04
8.1.2019	20h41m40,3s	-19°44'25"	20,7°	0,03	-5,9	9:51	14:25	19:05
9.1.2019	21h30m06,1s	-17°22'02"	31,5°	0,07	-6,8	10:20	15:10	20:07
10.1.2019	22h17m04,5s	-14°18'39"	42,3°	0,13	-7,6	10:45	15:54	21:11
11.1.2019	23h02m50,6s	-10°42'10"	53,1°	0,2	-8,3	11:08	16:37	22:15
12.1.2019	23h47m52,8s	-6°40'20"	64,0°	0,28	-8,9	11:29	17:19	23:20
13.1.2019	0h32m50,1s	-2°20'48"	75,0°	0,37	-9,5	11:49	18:02	

	Rektaszension	Deklination	Elong.	Phase	mag	Aufgang	Kulm.	Untergang
14.1.2019	1h18m29,3s	2°08'31"	86,3°	0,47 ☽	-10,0	12:10	18:46	0:26
15.1.2019	2h05m43,1s	6°38'39"	97,9°	0,57	-10,4	12:33	19:32	1:35
16.1.2019	2h55m26,7s	10°58'27"	109,8°	0,67	-10,9	13:00	20:23	2:45
17.1.2019	3h48m31,5s	14°53'36"	122,2°	0,77	-11,3	13:33	21:17	3:58
18.1.2019	4h45m32,5s	18°06'10"	135,1°	0,85	-11,7	14:14	22:15	5:12
19.1.2019	5h46m30,5s	20°15'43"	148,5°	0,93	-12,1	15:06	23:17	6:24
20.1.2019	6h50m34,2s	21°03'12"	162,2°	0,98	-12,5	16:11		7:29
21.1.2019	7h56m01,2s	20°16'55"	176,3°	1 ○	-12,8	17:26	0:21	8:23
22.1.2019	9h00m47,1s	17°57'48"	169,4°	0,99	-12,7	18:47	1:23	9:08
23.1.2019	10h03m11,1s	14°19'58"	155,2°	0,95	-12,3	20:10	2:23	9:45
24.1.2019	11h02m23,7s	9°46'13"	141,2°	0,89	-11,9	21:32	3:20	10:14
25.1.2019	11h58m26,4s	4°41'40"	127,6°	0,81	-11,5	22:50	4:13	10:40
26.1.2019	12h51m53,5s	-0°30'53"	114,3°	0,71	-11,1		5:04	11:05
27.1.2019	13h43m33,6s	-5°32'57"	101,5°	0,6 ☾	-10,6	0:05	5:53	11:29
28.1.2019	14h34m15,3s	-10°10'18"	89,1°	0,49	-10,1	1:19	6:41	11:54
29.1.2019	15h24m40,0s	-14°11'59"	77,1°	0,39	-9,6	2:29	7:29	12:21
30.1.2019	16h15m16,1s	-17°29'24"	65,4°	0,29	-9,0	3:37	8:18	12:53
31.1.2019	17h06m16,3s	-19°55'53"	54,0°	0,21	-8,4	4:41	9:07	13:30

Finsternisse

Am 6. Januar kann in Ostsibirien, Japan, Korea und weiten Teilen Chinas eine partielle Sonnenfinsternis beobachtet werden. Sie ist in Europa nicht zu sehen. Die größte Phase mit einer Größe von 0,7147 wird bei 67°24' nördlicher Breite und 153°36' östlicher Länge erreicht.

In den Morgenstunden des 21.1. kommt es zu einer totalen Mondfinsternis, die fast in ihrer gesamten Länge im deutschsprachigen Raum zu sehen ist. Der Monduntergang erfolgt an diesem Tag in Hamburg um 08:36 Uhr, in Berlin um 08:17 Uhr, in Leipzig um 08:15 Uhr, in Dresden um 08:09 Uhr, in Hannover um 08:31 Uhr, in Köln um 08:36 Uhr, in Frankfurt um 08:26 Uhr, in Nürnberg um 08:13 Uhr, in Stuttgart um 08:18 Uhr, in München um 08:06 Uhr, in Bern um 08:19 Uhr und in Wien um 07:46 Uhr. Somit ist die totale Phase, die von 5.41 Uhr bis 6.43 Uhr dauert, vollständig in Mitteleuropa beobachtbar und mit Ausnahme der östlichsten Gebiete Österreichs ist auch die gesamte Kernschattenphase sichtbar.

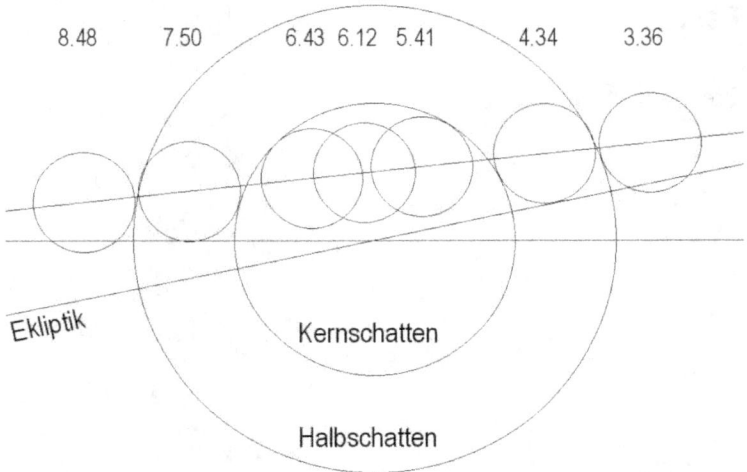

Verlauf der Mondfinsternis vom 21.1.2019. Alle Zeiten in MEZ. Norden ist oben und Osten links

Jupitermond-Ereignisse

Datum	Uhrzeit (MEZ)	Mond	Erscheinung	Phase
1.1.2019	07:54:44	Io	Bedeckung	Ende
6.1.2019	07:19:52	Europa	Schattenvorübergang	Ende
8.1.2019	07:01:49	Io	Verfinsterung	Anfang
9.1.2019	07:04:06	Io	Durchgang	Ende
13.1.2019	07:34:14	Europa	Schattenvorübergang	Anfang
16.1.2019	06:52:33	Io	Durchgang	Anfang
16.1.2019	07:33:31	Ganymed	Verfinsterung	Anfang
17.1.2019	06:23:51	Io	Bedeckung	Ende
27.1.2019	07:11:26	Ganymed	Durchgang	Ende
29.1.2019	06:58:36	Europa	Verfinsterung	Anfang
31.1.2019	06:19:08	Europa	Durchgang	Ende
31.1.2019	07:10:05	Io	Verfinsterung	Anfang

Februar

Sternenhimmel

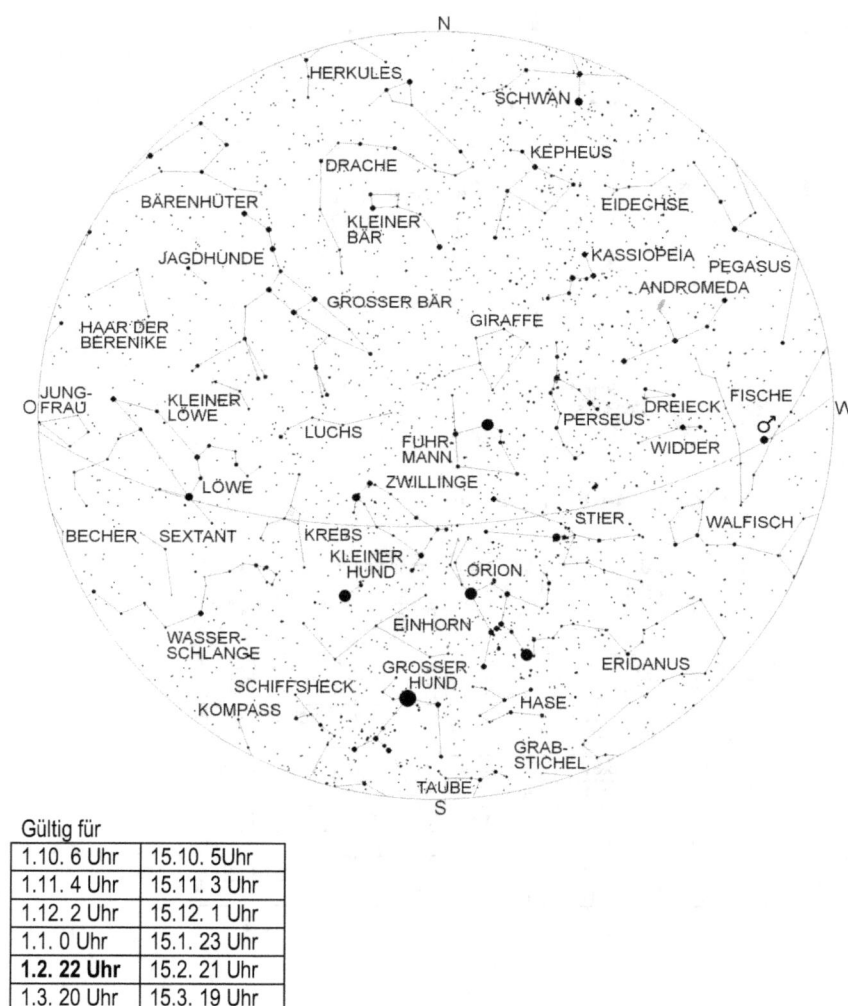

Gültig für

1.10. 6 Uhr	15.10. 5 Uhr
1.11. 4 Uhr	15.11. 3 Uhr
1.12. 2 Uhr	15.12. 1 Uhr
1.1. 0 Uhr	15.1. 23 Uhr
1.2. 22 Uhr	15.2. 21 Uhr
1.3. 20 Uhr	15.3. 19 Uhr

Im Februar hat zur Standbeobachtungszeit (1. um 22 Uhr) der Orion seine höchste Position überschritten. Man erkennt in diesem Sternbild unterhalb der Gürtelsterne eine Sternengruppe mit einem nebligen Fleckchen. Dies ist der berühmte Orionnebel, ein Gasnebel in dem neue Sterne entstehen. Die beiden hellsten Sterne des Orions, Rigel (rechts unten) und Beteigeuze (links oben), sind Riesensterne von ganz unterschiedlicher Natur. Der bläuliche Rigel ist 60 mal größer als die Sonne und strahlt so viel Energie ab wie 41000 Sonnen. Seine Oberfläche ist mit 12300 Kelvin Oberflächentemperatur auch wesentlich heißer als die unseres Zentralgestirns, deren Oberfläche 5800 K heiß ist. Sein Abstand zur Sonne beträgt etwa 770 Lichtjahre.

Die rötliche Beteigeuze ist mit einer Oberflächentemperatur von 3450 K kühler als die Sonne, hat aber einen ungefähr tausendmal größeren Durchmesser. In ihren Inneren hätten die Umlaufbahnen aller inneren Planeten Platz.

Beteigeuze strahlt etwa 55000 mal so viel Energie wie die Sonne ab und ist ca. 640 Lichtjahre von ihr entfernt.

Das Sternbild Zwillinge steht jetzt kurz vor der Kulmination, während der Stier diese schon hinter sich gebracht hat, wie auch das Sternbild Fuhrmann.

Tief im Süden erreichen die ersten Sterne des Großen Hundes ihren höchsten Stand. Westlich von diesen erkennt man den Hasen, der in der Mythologie eine Beute des Himmelsjägers Orion darstellt. Bei guten Sichtbedingungen kann man auch das Sternbild Taube knapp über dem Südhorizont erkennen.

In westlicher Richtung erkennt man das Sternbild Widder und das im Untergang befindliche Sternbild Walfisch. In relativ geringer Höhe über dem Westhorizont erkennt man den roten Planeten Mars, der das ebenfalls im Versinken unter dem Horizont begriffene Sternbild Fische optisch aufwertet.

Im Osten ist jetzt das Sternbild Löwe komplett aufgegangen, auch die ersten Sterne des Tierkreissternbildes Jungfrau sind schon über dem Horizont erschienen, aber wegen des Horizontdunstes noch kaum zu sehen. Zwischen dem Kleinem Hund und dem Südosthorizont erkennt man den Kopf des Sternbildes Wasserschlange, des größten Sternbildes des Himmels, welches aber zum größten Teil aus Sternen besteht, die 4. Größe oder schwächer sind.

Der Grosse Wagen, der aus den hellsten Sternen des Sternbildes Großen Bären besteht, gewinnt jetzt Höhe im Nordosten. Tief im Nordosten geht gerade der Bärenhüter auf.

Astronomische Ereignisse

Datum	Uhrzeit	Ereignis	Elongation
1.2.2019	15:23:11	Merkur in größter Südbreite	
2.2.2019	02:54:14	Mond 4,2° nördlich Nunki	30,3°
2.2.2019	06:23:29	Ceres 5,4° nördlich Akrab	70,1°
2.2.2019	07:09:17	Mond bedeckt Saturn, siehe Seite 156	28,0°
2.2.2019	21:49:17	Mond 11,8' nördlich Pluto	21,8°
3.2.2019	07:35:20	Mond im absteigenden Knoten	
3.2.2019	21:05:46	Mond 5,75° südlich Beta Capricorni	11,3°
4.2.2019	22:03:40	Neumond	-1,7°
5.2.2019	06:38:21	Mond 58' südlich Merkur	4,4°
5.2.2019	10:20:39	Mond in Erdferne	
5.2.2019	15:12:18	Mond 31' südlich Delta Capricorni	8,0°
6.2.2019	07:31:12	Mond 19' nördlich Vesta	15,4°
7.2.2019	05:07:26	Merkur 48' nördlich Delta Capricorni	6,3°
7.2.2019	06:12:27	Mond 3,9° südlich Neptun	25,5°
10.2.2019	17:37:08	Mond 6,7° südlich Mars	63,9°
10.2.2019	19:40:03	Mond in größter Südbreite	
10.2.2019	22:33:15	Mond 5,5° südlich Uranus	66,2°
11.2.2019	06:42:04	Mond 17° südlich Hamal	70,1°
12.2.2019	23:26:21	Erstes Viertel	
13.2.2019	07:23:08	Mond 9,6° südlich der Plejaden	94,0°
13.2.2019	15:08:49	Mond 10,8° nördlich Juno	96,0°
13.2.2019	21:12:47	Mars 1,05° nördlich Uranus	64,4°
14.2.2019	05:30:25	Mond 53,8' nördlich Aldebaran	104,7°
14.2.2019	21:42:46	Vesta 3,5° südlich Merkur	11,6°
15.2.2019	03:05:52	Mond 9,° südlich Elnath	115,9°
15.2.2019	09:30:48	Venus 5,2° nördlich Nunki	43,2°
15.2.2019	21:30:31	Mond 1,6° südlich Eta Geminorum	126,5°
16.2.2019	01:26:38	Mond 1,6° südlich Mü Geminorum	128,2°
16.2.2019	06:49:01	Mond 4,3° nördlich Alhena	131,6°
16.2.2019	08:46:10	Mond 4,5° südlich Epsilon Geminorum	132,5°
17.2.2019	04:52:45	Mond 11,4° südlich Kastor	141,1°
17.2.2019	08:23:39	Mond 7,9° südlich Pollux	144,5°
17.2.2019	10:42:38	Mond im aufsteigenden Knoten	
18.2.2019	05:31:46	Mond 1,1° südlich M44	157,6°
18.2.2019	14:54:46	Venus 1,1° nördlich Saturn	42,7°
19.2.2019	10:00:53	Mond in Erdnähe	
19.2.2019	12:05:08	Merkur 46' nördlich Neptun	15,1°
19.2.2019	14:07:50	Mond 1,7° nördlich Regulus	176,7°
19.2.2019	16:53:36	Vollmond	
21.2.2019	04:47:06	Mars 10° südlich Hamal	62,3°

Datum	Uhrzeit	Ereignis	Elongation
22.2.2019	07:43:01	Mond 1,7° nördlich Porrima	142,9°
23.2.2019	01:27:28	Mond 7,1° nördlich Spika	130,0°
23.2.2019	09:10:34	Ceres 10,9° nördlich Antares	85,2°
23.2.2019	09:36:53	Venus 1,4° nördlich Pluto	41,9°
23.2.2019	10:37:06	Mond in größter Nordbreite	
23.2.2019	21:22:44	Mond 11,6° südlich Pallas	122,2°
24.2.2019	17:10:30	Mond 4° nördlich Zuben-el-dschenubi	110,7°
25.2.2019	09:01:57	Merkur im Perihel	
26.2.2019	02:42:48	Mond 2,5° nördlich Akrab	94,3°
26.2.2019	12:27:53	Letztes Viertel	
26.2.2019	15:30:25	Mond 7,85° nördlich Antares	88,3°
26.2.2019	16:41:55	Mond 3° südlich Ceres	88,0°
27.2.2019	02:14:23	Merkur in größter östlicher Elongation	18,1°
27.2.2019	16:08:29	Mond 1,7° nördlich Jupiter	76,7°

Planeten

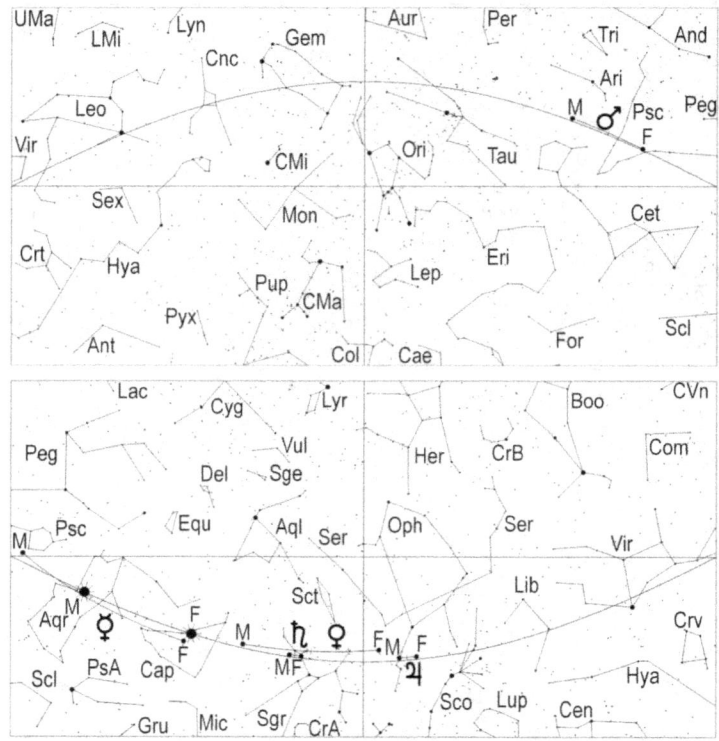

Merkur gewinnt im Februar zunehmend an östlicher Elongation, wodurch er ab dem 14. am Abendhimmel in der Dämmerung sichtbar wird. Am 14. geht der –1,2 mag helle Planet um 18.42 Uhr unter. Am 20. versinkt Merkur, dessen Helligkeit auf –1,0 mag zurückgegangen ist, um 19.19 Uhr.
Der –0,6 mag helle innerste Planet versinkt am 25. um 19.41 Uhr unter dem Horizont. Am Monatsende ist er –0,2 mag hell und geht um 19.47 Uhr unter. Etwa eine Stunde vor seinen Untergang taucht Merkur in der Abenddämmerung tief im Westen auf. Im Fernrohr zeigt er sich am 14. als zu 98% beleuchtetes Scheibchen mit 5,4" Durchmesser. Sein Winkeldurchmesser nimmt im Laufe des Monats zu und beträgt am 20. 6" und am 28. 7,4". Gleichzeitig nimmt sein Beleuchtungsgrad von 87% am 20., auf 62% am 25. und auf 33% am 28. ab. Die Halbphase (Dichotomie) wird am 26. erreicht. Einen Tag später steht er in größter östliche Elongation mit einem Wert von 18°.
Die Konjunktion mit Neptun am 19., bei der er 46' nördlich an diesem vorbeizieht, dürfte nur mit größeren Fernrohren beobachtbar sein.

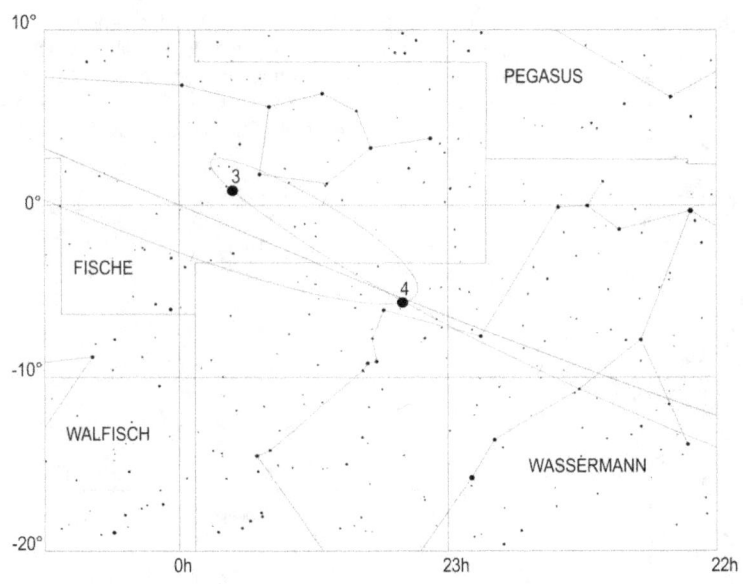

Lauf des Planeten Merkur von Februar bis April 2019. Die Zahl gibt die Position zum 1. des entsprechenden Monats an, also 4 die Position am 1.4.

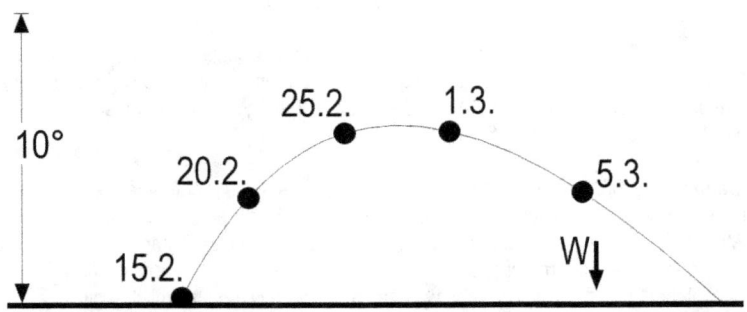

Position des Planeten Merkur 1 Stunde nach Sonnenuntergang

Venus am Morgenhimmel, durchwandert das Sternbild Schütze, wobei sie am 15. Nunki in 5,2° und am 18. Saturn in 1,1° nördlichem Abstand passiert. Sie verspätet ihren Aufgang von 5.10 Uhr am 1., auf 5.25 Uhr am 15. schließlich auf 5.31 Uhr am

28. Da sich der Sonnenaufgang im Laufe des Monats um 48 Minuten verfrüht, geht ihre Sichtbarkeitsdauer merklich zurück. Auch ihre Helligkeit sinkt von –4,3 mag auf –4,1 mag. Im Fernrohr erkennt man, daß ihr Winkeldurchmesser leicht von 19,2" auf 15,7" zurückgeht, während der beleuchtete Teil von 69% auf 82% ansteigt.

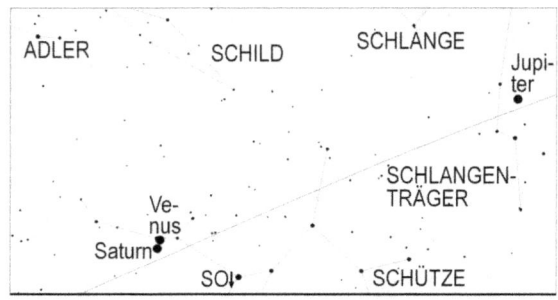

Anblick der Konjunktion zwischen Venus und Saturn am 18.2.2019 um 6 Uhr MEZ

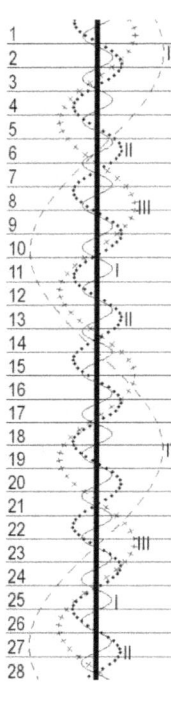

Stellung der 4 hellen Jupitermonde im Februar 2019

Mars, am Abendhimmel, durchwandert die Sternbilder Fische und Widder und geht während des ganzen Monats ca. 20 Minuten vor Mitternacht unter. Er passiert am 13. Uranus in 1,05° nördlichem Abstand, was eine gute Gelegenheit zum Aufsuchen dieses lichtschwachen Planeten bietet. Am 21. zieht er 10° südlich an Hamal vorbei. Seine Helligkeit sinkt im Laufe des Monats auf 1,2 mag, sein Durchmesser auf 5,3". Er zeigt eine leichte Phase wie der Mond ca. 2 Tage vor Vollmond.

Jupiter, rechtläufig im Sternbild Schlangenträger, verlagert seinen Aufgang von 4.39 Uhr am 1., auf 3.55 Uhr am 15. und auf 3.12 Uhr am 28. Seine Helligkeit steigt von –1,9 mag auf –2,0 mag, sein Winkeldurchmesser von 33,6" auf 36,2".

Saturn im Schützen verbessert im Laufe des Monats seine Sichtbarkeit beträchtlich. Ist er in den ersten Tagen des Monats nur bei guten Sichtbedingungen in der Morgendämmerung sichtbar, geht er am Monatsende schon, vor Beginn der astronomischen Dämmerung, um 4.56 Uhr auf. Am 18. zieht die Venus am Ringplaneten 1,1° nördlich vorbei, was einen schönen Himmelsanblick ergibt. Am 2. bedeckt der Mond etwa von 6.40 Uhr bis 7.35 Uhr Saturn (Genaue Ein- und Austrittszeiten für verschiedene Orte auf Seite 156). In Nordwestdeutschland ist nur der Austritt beobachtbar, weil dort der Mond erst aufgeht, wenn er vor Saturn steht. In den übrigen Teilen Deutschlands kann das gesamte Ereignis mit einem Fernglas oder Fernrohr verfolgt werden, wofür insbesondere für die Beobachtung des Eintritts ein freier Blick in südöstliche Richtung unerlässlich ist.

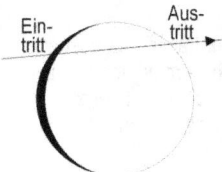

Ablauf der Bedeckung von Saturn durch den Mond am Morgen des 2.2.. Der beleuchtete Teil des Mondes ist schwarz, der unbeleuchtete Teil weiß dargestellt

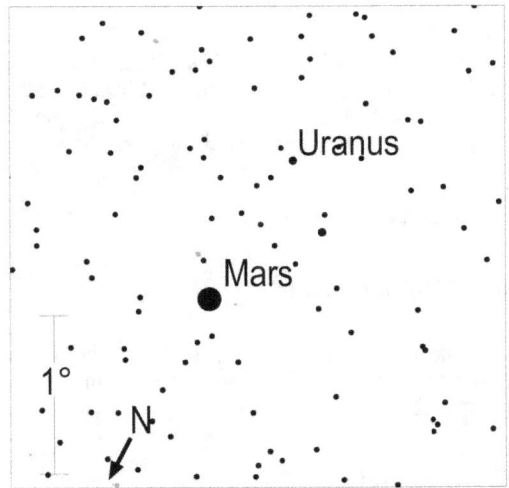

Anblick der Konjunktion zwischen Mars und Uranus am 13.2.2019 um 20 Uhr MEZ im umkehrenden Fernrohr

Uranus kann am frühen Abendhimmel, nach Ende der Dämmerung, mit einem Fernglas im Sternbild Widder (Aufsuchkarte, Seite 123 aufgesucht werden, wenn sich auch sein Untergang auf 22.38 Uhr am Monatsletzten verfrüht. Am 13. passiert Mars Uranus in 1,05° nördlichem Abstand, was eine gute Gelegenheit bietet, den 5,8 mag hellen Planeten aufzusuchen.

Neptun kann höchstens noch zu Monatsbeginn mit einem größeren Fernrohr gegen Ende der Abenddämmerung im Südwesten im Sternbild Wassermann aufgesucht werden (Aufsuchkarte, Seite 113). Sein Untergang erfolgt am 15.2. um 19.18 Uhr und am Monatsletzten um 18.33 Uhr. Die Konjunktion mit Merkur am 19. bei der dieser 46' nördlich an ihn vorbeizieht, dürfte nur mit größeren Fernrohren beobachtbar sein.

Klein- und Zwergplaneten

Ceres, durchwandert den Skorpion und tritt in den Schlangenträger ein. Ihr Aufgang verfrüht sich im Laufe des Monats von 2.52 Uhr auf 1.44 Uhr. Am besten kann Ceres, kurz vor Beginn der Dämmerung, mit einem Fernrohr oder lichtstarken Fernglas aufgesucht werden. (Aufsuchkarte, Seite 72) Ihre Helligkeit steigt von 8,8 mag auf 8,6 mag.

Pallas, rechtläufig in der Jungfrau, verlagert ihren Aufgang im Laufe des Monats von 23.42 Uhr auf 21.32 Uhr und ihre Kulmination von 5.38 Uhr auf 4.05 Uhr. Ihre Helligkeit nimmt von 8,7 mag auf 8,2 mag zu, was sie zu einem Feldstecherobjekt macht. (Aufsuchkarte, Seite 31).

Juno durchwandert die südlichen Teile des Sternbildes Stiers. (Aufsuchkarte, Seite 32) Ihr Untergang verfrüht sich im Verlauf des Monates von 1.50 Uhr auf 1.02 Uhr und ihre Kulmination von 19.31 Uhr auf 18.19 Uhr. Sie kann am besten gegen 19 Uhr mit einem Fernrohr aufgesucht werden, wobei ihre Helligkeit von 8,8 mag auf 9,3 mag zurückgeht.

Vesta ist im Februar nicht beobachtbar.

Periodische Sternschnuppenströme

Der Februar ist der Monat mit der geringsten Sternschnuppenaktivität. Im Zeitraum vom 15.2. und 10.3. sind die Delta-Leoniden aktiv, ein schwacher Strom langsamerer Meteore, der am 25.2. sein Maximum erreicht.

Sonnenuntergang und Dämmerung

	Astr. Anf.	Naut. Anf.	Bürg. Anf.	Aufgang	Kulm.	Untergang	Bürg. Ende	Naut. Ende	Astr. Ende	Zeitgl.
1.2.2019	6:06	6:44	7:23	7:58	12:38	17:18	17:53	18:31	19:09	13m26s
2.2.2019	6:05	6:43	7:22	7:57	12:38	17:20	17:54	18:33	19:11	13m34s
3.2.2019	6:04	6:42	7:21	7:55	12:38	17:21	17:56	18:34	19:12	13m42s
4.2.2019	6:03	6:40	7:19	7:54	12:38	17:23	17:57	18:36	19:14	13m48s
5.2.2019	6:02	6:39	7:18	7:52	12:38	17:25	17:59	18:37	19:15	13m54s
6.2.2019	6:00	6:38	7:16	7:51	12:38	17:26	18:01	18:39	19:17	13m59s
7.2.2019	5:59	6:36	7:15	7:49	12:38	17:28	18:02	18:40	19:18	14m03s
8.2.2019	5:58	6:35	7:13	7:48	12:38	17:30	18:04	18:42	19:20	14m07s
9.2.2019	5:56	6:33	7:12	7:46	12:38	17:32	18:05	18:44	19:21	14m09s
10.2.2019	5:55	6:32	7:10	7:44	12:38	17:33	18:07	18:45	19:23	14m11s
11.2.2019	5:53	6:30	7:09	7:43	12:38	17:35	18:09	18:47	19:25	14m12s
12.2.2019	5:52	6:29	7:07	7:41	12:38	17:37	18:10	18:48	19:26	14m12s
13.2.2019	5:50	6:27	7:05	7:39	12:38	17:39	18:12	18:50	19:28	14m12s
14.2.2019	5:49	6:25	7:04	7:37	12:38	17:40	18:13	18:51	19:29	14m10s

	Astr. Anf.	Naut. Anf.	Bürg. Anf.	Aufgang	Kulm.	Untergang	Bürg. Ende	Naut. Ende	Astr. Ende	Zeitgl.
15.2.2019	5:47	6:24	7:02	7:36	12:38	17:42	18:15	18:53	19:31	14m08s
16.2.2019	5:45	6:22	7:00	7:34	12:38	17:44	18:17	18:55	19:32	14m05s
17.2.2019	5:44	6:20	6:58	7:32	12:38	17:45	18:18	18:56	19:34	14m02s
18.2.2019	5:42	6:19	6:57	7:30	12:38	17:47	18:20	18:58	19:36	13m57s
19.2.2019	5:40	6:17	6:55	7:28	12:38	17:49	18:22	18:59	19:37	13m52s
20.2.2019	5:38	6:15	6:53	7:26	12:38	17:51	18:23	19:01	19:39	13m47s
21.2.2019	5:37	6:13	6:51	7:24	12:38	17:52	18:25	19:03	19:40	13m40s
22.2.2019	5:35	6:12	6:49	7:22	12:38	17:54	18:26	19:04	19:42	13m33s
23.2.2019	5:33	6:10	6:47	7:20	12:37	17:56	18:28	19:06	19:43	13m26s
24.2.2019	5:31	6:08	6:45	7:18	12:37	17:57	18:30	19:07	19:45	13m17s
25.2.2019	5:29	6:06	6:43	7:16	12:37	17:59	18:31	19:09	19:47	13m08s
26.2.2019	5:27	6:04	6:41	7:14	12:37	18:00	18:33	19:11	19:48	12m59s
27.2.2019	5:25	6:02	6:39	7:12	12:37	18:02	18:35	19:12	19:50	12m49s
28.2.2019	5:23	6:00	6:37	7:10	12:37	18:04	18:36	19:14	19:52	12m39s

Mondlauf

	Rektaszension	Deklination	Elong.	Phase	mag	Aufgang	Kulm.	Untergang
1.2.2019	17h57m36,1s	-21°26'38"	42,7°	0,13	-7,6	5:39	9:57	14:12
2.2.2019	18h48m56,4s	-21°59'05"	31,7°	0,07	-6,8	6:30	10:46	15:02
3.2.2019	19h39m49,3s	-21°33'20"	20,8°	0,03	-5,9	7:15	11:34	15:57
4.2.2019	20h29m46,3s	-20°12'12"	10,0°	0,01 ●	-4,8	7:52	12:22	16:57
5.2.2019	21h18m27,0s	-18°00'59"	2,0°	0	-4,0	8:23	13:08	17:59
6.2.2019	22h05m43,7s	-15°06'41"	12,0°	0,01	-5,0	8:50	13:52	19:02
7.2.2019	22h51m43,3s	-11°37'17"	22,7°	0,04	-6,1	9:13	14:35	20:06
8.2.2019	23h36m45,7s	-7°41'08"	33,6°	0,08	-7,0	9:34	15:17	21:11
9.2.2019	0h21m21,5s	-3°26'33"	44,5°	0,14	-7,8	9:54	16:00	22:16
10.2.2019	1h06m09,6s	0°58'03"	55,6°	0,22	-8,5	10:15	16:42	23:22
11.2.2019	1h51m55,1s	5°23'55"	66,9°	0,3	-9,1	10:36	17:27	
12.2.2019	2h39m27,2s	9°41'11"	78,4°	0,4 ☽	-9,7	11:01	18:14	0:30
13.2.2019	3h29m35,5s	13°38'09"	90,3°	0,5	-10,2	11:30	19:04	1:40
14.2.2019	4h23m02,8s	17°00'35"	102,5°	0,61	-10,6	12:05	19:58	2:51
15.2.2019	5h20m13,2s	19°31'40"	115,2°	0,71	-11,1	12:50	20:57	4:01
16.2.2019	6h20m55,9s	20°53'33"	128,3°	0,81	-11,5	13:47	21:58	5:08
17.2.2019	7h24m15,2s	20°51'00"	141,9°	0,89	-11,9	14:55	23:00	6:07
18.2.2019	8h28m35,9s	19°16'29"	155,8°	0,96	-12,3	16:13		6:57
19.2.2019	9h32m13,4s	16°14'08"	169,7°	0,99 ○	-12,7	17:37	0:02	7:37
20.2.2019	10h33m48,5s	11°59'55"	174,7°	1	-12,8	19:01	1:01	8:10
21.2.2019	11h32m46,5s	6°57'40"	161,1°	0,97	-12,4	20:23	1:58	8:39
22.2.2019	12h29m13,2s	1°33'30"	147,3°	0,92	-12,0	21:44	2:51	9:05
23.2.2019	13h23m39,5s	-3°48'38"	133,8°	0,85	-11,6	23:01	3:43	9:30
24.2.2019	14h16m45,2s	-8°49'15"	120,8°	0,76	-11,1		4:34	9:55
25.2.2019	15h09m07,4s	-13°13'38"	108,2°	0,66	-10,8	0:15	5:23	10:22
26.2.2019	16h01m13,9s	-16°51'17"	96,1°	0,55 ☾	-10,3	1:27	6:13	10:53
27.2.2019	16h53m18,5s	-19°35'06"	84,4°	0,45	-9,9	2:33	7:03	11:29

	Rektaszension	Deklination	Elong.	Phase	mag	Aufgang	Kulm.	Untergang
28.2.2019	17h45m20,6s	-21°20'44"	73,0°	0,35	-9,3	3:34	7:53	12:10

Jupitermond-Ereignisse

Datum	Uhrzeit (MEZ)	Mond	Erscheinung	Phase
1.2.2019	06:30:12	Io	Schattenvorübergang	Ende
1.2.2019	07:31:54	Io	Durchgang	Ende
3.2.2019	07:13:01	Ganymed	Schattenvorübergang	Ende
7.2.2019	06:38:11	Europa	Durchgang	Anfang
7.2.2019	06:51:48	Europa	Schattenvorübergang	Ende
8.2.2019	06:12:46	Io	Schattenvorübergang	Anfang
8.2.2019	07:18:23	Io	Durchgang	Anfang
9.2.2019	06:47:38	Io	Bedeckung	Ende
14.2.2019	06:05:45	Ganymed	Bedeckung	Ende
14.2.2019	07:04:20	Europa	Schattenvorübergang	Anfang
16.2.2019	05:24:29	Io	Verfinsterung	Anfang
16.2.2019	06:12:38	Europa	Bedeckung	Ende
17.2.2019	04:46:00	Io	Schattenvorübergang	Ende
17.2.2019	05:56:44	Io	Durchgang	Ende
21.2.2019	05:23:36	Ganymed	Verfinsterung	Ende
23.2.2019	06:25:11	Europa	Verfinsterung	Ende
23.2.2019	06:29:18	Europa	Bedeckung	Anfang
24.2.2019	04:28:20	Io	Schattenvorübergang	Anfang
24.2.2019	05:41:31	Io	Durchgang	Anfang
24.2.2019	06:39:37	Io	Schattenvorübergang	Ende
25.2.2019	05:09:01	Io	Bedeckung	Ende
1.2.2019	06:30:12	Io	Schattenvorübergang	Ende
1.2.2019	07:31:54	Io	Durchgang	Ende
3.2.2019	07:13:01	Ganymed	Schattenvorübergang	Ende
7.2.2019	06:38:11	Europa	Durchgang	Anfang
7.2.2019	06:51:48	Europa	Schattenvorübergang	Ende
8.2.2019	06:12:46	Io	Schattenvorübergang	Anfang
8.2.2019	07:18:23	Io	Durchgang	Anfang
9.2.2019	06:47:38	Io	Bedeckung	Ende
14.2.2019	06:05:45	Ganymed	Bedeckung	Ende
14.2.2019	07:04:20	Europa	Schattenvorübergang	Anfang
16.2.2019	05:24:29	Io	Verfinsterung	Anfang
16.2.2019	06:12:38	Europa	Bedeckung	Ende
17.2.2019	04:46:00	Io	Schattenvorübergang	Ende
17.2.2019	05:56:44	Io	Durchgang	Ende
21.2.2019	05:23:36	Ganymed	Verfinsterung	Ende
23.2.2019	06:25:11	Europa	Verfinsterung	Ende
23.2.2019	06:29:18	Europa	Bedeckung	Anfang
24.2.2019	04:28:20	Io	Schattenvorübergang	Anfang
24.2.2019	05:41:31	Io	Durchgang	Anfang

Datum	Uhrzeit (MEZ)	Mond	Erscheinung	Phase
24.2.2019	06:39:37	Io	Schattenvorübergang	Ende

März

Sternenhimmel

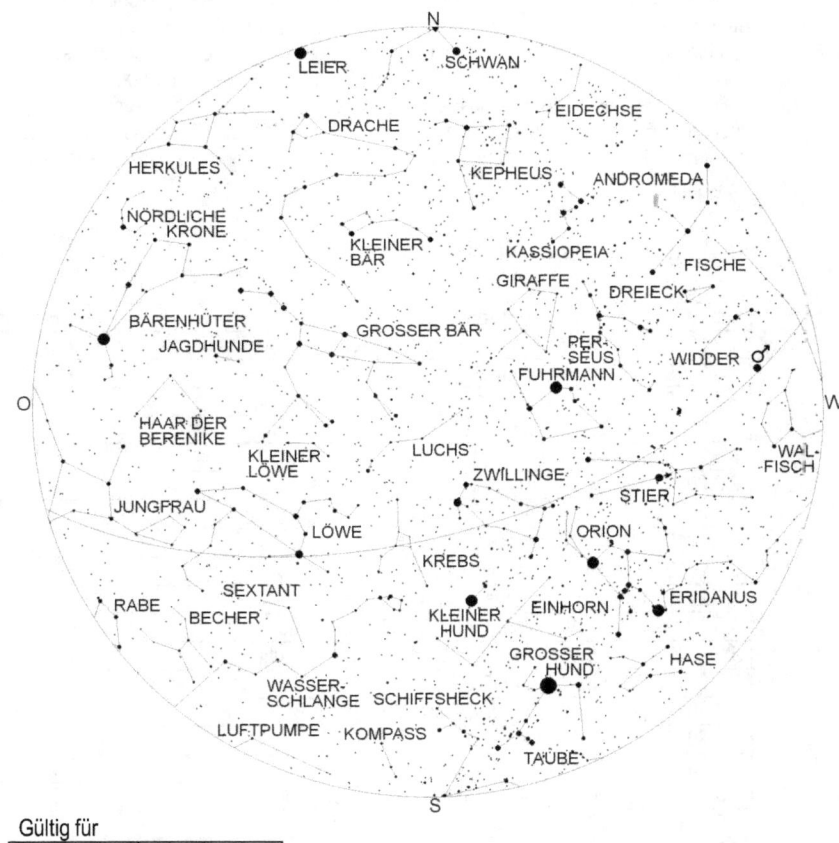

Gültig für

1.11. 6 Uhr	15.11. 5 Uhr
1.12. 4 Uhr	15.12. 3 Uhr
1.1. 2 Uhr	15.1. 1 Uhr
1.2. 0 Uhr	15.2. 23 Uhr
1.3. 22 Uhr	15.3. 21 Uhr
1.4. 20 Uhr	15.4. 19 Uhr

Die Wintersternbilder stehen noch alle über dem Horizont, sind aber jetzt fast alle im westlichen Teil des Himmels versammelt. Der Kleine Hund mit Prokion und die Zwillingssterne Kastor und Pollux erreichen jetzt ihren höchsten Stand. Das lichtschwache Sternbild Krebs steht kurz vor der Kulmination und der Löwe hoch im Südosten. Südlich des Krebses erkennt man den Kopf der Wasserschlange und den hellsten Stern dieses Sternbildes, Alphard, was auf arabisch der „Alleinstehende" heißt, weil er der einzig helle Stern in diesem Gebiet ist. Im Südosten erkennt man unter dem Löwen die lichtschwachen Sterne von Wasserschlange, Becher und Sextant, während im Osten die Jungfrau schon zum größten Teil über den Horizont erschienen ist. Im Nordosten erblickt man einen hellen, orangenen Stern. Es ist Arktur der hellste Stern im Bärenhüter, der auch der vierthellste Stern des Himmels ist. Auch die anderen Sterne dieses Sternbildes sind inzwischen aufgegangen und auch die Nördliche Krone steht jetzt schon über dem Horizont. Der Grosse Bär strebt jetzt immer höher in den Himmel, während sein Gegenstück, die Kassiopeia immer tiefer sinkt.

Astronomische Ereignisse

Datum	Uhrzeit	Ereignis	Elongation
1.3.2019	10:23:37	Mond 3,8° nördlich Nunki	57,1°
1.3.2019	19:50:36	Mond 7' südlich Saturn	52,9°
2.3.2019	03:48:54	Mond 11' südlich Pluto	48,8°
2.3.2019	12:03:01	Mond im absteigenden Knoten	
2.3.2019	20:47:26	Vesta 3,8° südlich Neptun	4,2°
2.3.2019	22:19:30	Mond 1,65° südlich Venus	40,6°
3.3.2019	01:27:10	Mond 5,95° südlich Beta Capricorni	38,1°
4.3.2019	01:41:47	Pallas stationär, dann rückläufig	
4.3.2019	12:59:30	Mond in Erdferne	
4.3.2019	13:58:59	Venus 4,1° südlich Beta Capricorni	39,8°
4.3.2019	21:21:48	Mond 14' südlich Delta Capricorni	19,9°
5.3.2019	06:26:47	Merkur stationär, dann rückläufig	
6.3.2019	00:55:34	Juno 7,9° südlich Aldebaran	83,9°
6.3.2019	16:19:12	Mond 3,7° südlich Neptun	1,0°
6.3.2019	17:04:05	Neumond	-3,9°
6.3.2019	20:03:57	Mond 4,9' nördlich Vesta	4,2°
7.3.2019	02:00:25	Neptun in Konjunktion zur Sonne	58'
7.3.2019	13:00:00	Merkur in größter Nordbreite	
7.3.2019	13:45:43	Mond 9,15° südlich Merkur	10,5°
7.3.2019	23:12:37	Vesta in Konjunktion zur Sonne	4,5°
9.3.2019	22:53:35	Mond in größter Südbreite	
10.3.2019	04:41:46	Mond 5,7° südlich Uranus	39,2°
10.3.2019	12:03:48	Mond 16,8° südlich Hamal	42,7°
11.3.2019	12:02:59	Mond 6,6° südlich Mars	54,1°

Datum	Uhrzeit	Ereignis	Elongation
12.3.2019	12:52:25	Mond 9,3° südlich der Plejaden	66,3°
13.3.2019	10:37:49	Mond 1° nördlich Aldebaran	77,0°
13.3.2019	16:58:04	Mond 8,7° nördlich Juno	79,7°
14.3.2019	08:45:21	Mond 9,1° südlich Elnath	88,6°
14.3.2019	10:27:41	Venus im absteigenden Knoten	
14.3.2019	11:27:12	Erstes Viertel	
15.3.2019	02:47:40	Merkur in unterer Konjunktion zur Sonne	3,5°
15.3.2019	05:45:21	Mond 1,9° südlich Eta Geminorum	99,2°
15.3.2019	05:48:22	Vesta 8,75° südlich Merkur	3,5°
15.3.2019	08:18:40	Mond 1,8° südlich Mü Geminorum	101,0°
15.3.2019	13:24:15	Mond 4,6° nördlich Alhena	103,7°
15.3.2019	16:07:32	Mond 3,9° südlich Epsilon Geminorum	105,2°
16.3.2019	12:04:39	Mond 11,3° südlich Kastor	113,7°
16.3.2019	16:08:19	Mond 7,4° südlich Pollux	116,8°
16.3.2019	17:22:18	Mond im aufsteigenden Knoten	
17.3.2019	13:30:56	Mond 53' südlich M44	130,4°
19.3.2019	02:14:14	Mond 1,8° nördlich Regulus	151,3°
19.3.2019	20:46:25	Mond in Erdnähe	
20.3.2019	22:58:46	Frühlingsanfang	
21.3.2019	02:42:56	Vollmond	
21.3.2019	16:49:32	Mond 1,7° nördlich Porrima	169,9°
22.3.2019	07:36:55	Merkur 3,4° nördlich Neptun	13,5°
22.3.2019	08:24:04	Venus 2,3° nördlich Delta Capricorni	36,8°
22.3.2019	13:05:14	Mond 6,9° nördlich Spika	157,4°
22.3.2019	18:04:52	Mond in größter Nordbreite	
23.3.2019	08:25:28	Mond 21,05° südlich Pallas	147,6°
24.3.2019	02:53:34	Mond 3,6° nördlich Zuben-el-dschenubi	137,8°
25.3.2019	13:09:56	Mond 2,3° nördlich Akrab	121,1°
25.3.2019	21:56:05	Mond 7,74° nördlich Antares	114,8°
26.3.2019	09:45:36	Mond 3,6° südlich Ceres	110,8°
27.3.2019	02:37:45	Mond 1,1° nördlich Jupiter	102,1°
27.3.2019	12:43:15	Merkur stationär, dann rechtläufig	
28.3.2019	05:09:50	Letztes Viertel	
28.3.2019	17:17:25	Mond 4° nördlich Nunki	84,4°
29.3.2019	05:23:49	Mond 54' südlich Saturn	78,5°
29.3.2019	13:51:40	Mond 17' südlich Pluto	75,0°
29.3.2019	14:08:21	Mond im absteigenden Knoten	
30.3.2019	09:11:04	Mond 6,4° südlich Beta Capricorni	65,1°
30.3.2019	15:29:14	Mars 3,2° südlich der Plejaden	50,0°
30.3.2019	23:48:40	Merkur im absteigenden Knoten	

Planeten

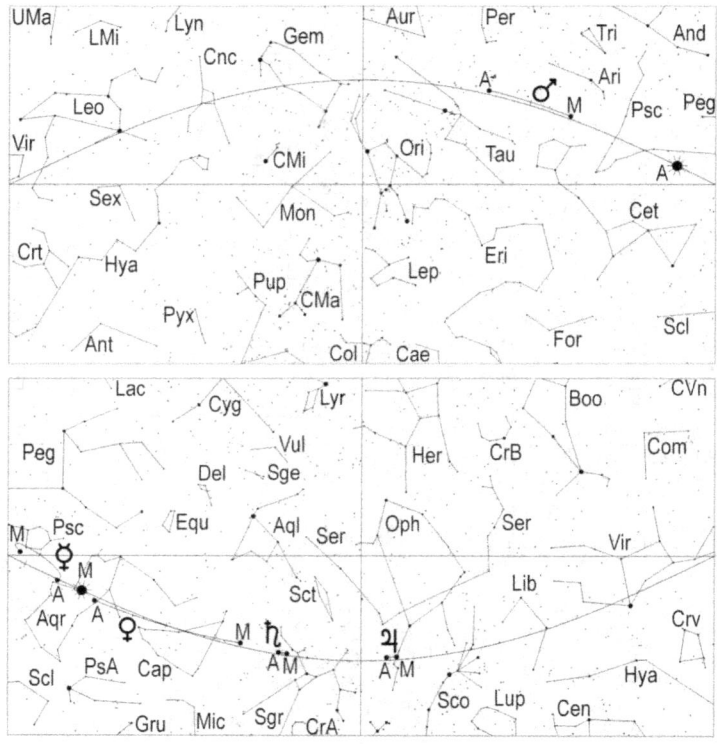

Merkur kann bis zum 6.3. am Abendhimmel tief im Westen beobachtet werden. Er geht am 1. um 19.48 Uhr und am 6. um 19.37 Uhr unter. Seine Helligkeit beträgt am 1. –0,1 mag und am 6. nur noch 1,5 mag.
Am 5. wird er rückläufig und steht 10 Tage später in unterer Konjunktion zur Sonne. Im Fernrohr zeigt Merkur eine Sichel, deren Beleuchtungsgrad vom 1. bis zum 6. von 34% auf 8% abnimmt und deren Durchmesser von 7,7" auf 9" ansteigt.

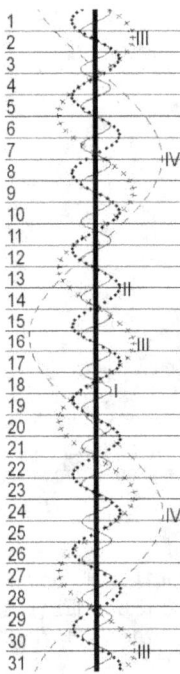

Stellung der 4 hellen Jupitermonde im März 2019

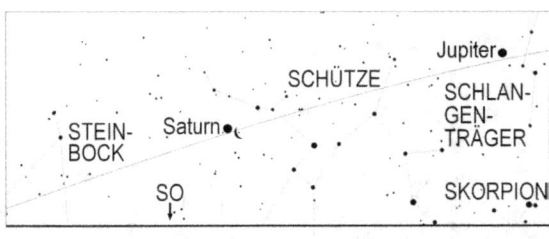

Mond, Jupiter und Saturn am Morgen des 29.3.2019 um 4.30 Uhr MEZ

Venus am Morgenhimmel wandert durch die Sternbilder Steinbock und Wassermann. Ihr Aufgang erfolgt am Monatsersten um 5.31 Uhr und am Monatsletzten um 5.07 Uhr MEZ (6.07 Uhr MESZ). Allerdings verfrüht sich der Sonnenaufgang im gleichen Zeitraum von 7.08 Uhr auf 6.04 Uhr MEZ (7.04 Uhr MESZ), so daß sich ihre Sichtbarkeit im Laufe des Monats beachtlich verschlechtert. Der Scheibchendurchmesser nimmt auf 13,2" ab, während der Beleuchtungsgrad auf 91% ansteigt.

Mars wandert vom Widder in den Stier und passiert am 30. die Plejaden 3,2° südlich. Er versinkt am 1. um 23.39 Uhr und am 31. um 23.35 Uhr MEZ (0.35 Uhr MESZ) unter dem Horizont. Seine Helligkeit geht weiter auf 1,4 mag zurück, womit er weniger hell leuchtet als Aldebaran.

Jupiter im Schlangenträger, verlangsamt seine Bewegung und verfrüht seinen Aufgang von 3.09 Uhr auf 1.22 Uhr MEZ (2.22 Uhr MESZ). Seine Helligkeit steigt im Laufe des Monats auf −2,2 mag und sein Scheibchendurchmesser auf 39,8".

Saturn im Sternbild Schützen verlagert seinen Aufgang von 4.56 Uhr zu Monatsbeginn auf 3.05 Uhr (4.05 Uhr MESZ) am Monatsende.

Uranus im Sternbild Fische kann in den ersten zwei Monatsdritteln gegen Ende der Abenddämmerung mit einem Fernrohr (Aufsuchkarte, Seite 123) tief im Westen im Sternbild Widder aufgesucht werden. Sein Untergang verfrüht sich von 22.35 Uhr am Monatsersten, auf 21.40 Uhr zur Monatsmitte auf 20.45Uhr (21.45 Uhr MESZ) am Monatsende.

Neptun steht am 7.3. in Konjunktion zur Sonne und ist nicht beobachtbar.

Klein- und Zwergplaneten

Ceres wandert rechtläufig durch den Schlangenträger und geht am 1. um 1.41 Uhr und am 31. um 0.04 Uhr MEZ (1.04 Uhr MESZ) auf. Ihre Kulmination erfolgt am 1. um 6.25 Uhr und am 31. um 4.41 Uhr MEZ (5.41 Uhr MESZ). Ihre Helligkeit nimmt von 8,6 mag auf 8,2 mag zu. Sie kann am besten kurz vor Dämmerungsbeginn mit einem Fernrohr oder lichtstarken Feldstecher aufgesucht werden. (Aufsuchkarte, Seite 72)

Pallas, in der Jungfrau, wird am 4. stationär und setzt zu Ihrer Oppositionsschleife an. Ihr Aufgang verfrüht sich von 21.32 Uhr zu Monatsbeginn auf 18.32 Uhr MEZ (19.32 Uhr MESZ) am 31., womit sie die ganze Nacht über dem Horizont steht. Ihre Kulmination verschiebt sich von 4.01 Uhr auf 1.55 Uhr MEZ (2.55 Uhr MESZ), wobei sie am Monatsende eine Höhe von 56° erreicht. Ihre Helligkeit steigt auf 7,9 mag an und sie wird zu einem Feldstecherobjekt. (Aufsuchkarte, Seite 31 und Seite 63)

Juno wandert vom Stier in die nördlichen Gebiete des Orions. Kulmination und Untergang erfolgen am 1. um 18.12 Uhr bzw. 1.00 Uhr, am 15. um 17.45 Uhr bzw. 0.38 Uhr und am 31. um 17.10 Uhr MEZ (18.10 Uhr MESZ) bzw. 0.15 Uhr MEZ (1.15 Uhr MESZ). Ihre Helligkeit nimmt von 9,3 mag auf 9,7 mag ab. Trotzdem kann sie noch zum Ende der Dämmerung mit einem Fernrohr aufgesucht werden. (Aufsuchkarte, Seite 32 und Seite 63)

Vesta steht am 7. in Konjunktion zur Sonne und kann nicht beobachtet werden.

Periodische Sternschnuppenströme

Der März gehört zu den Monaten mit der geringsten Aktivität an Meteoren. Vom 22.3. bis zum 26.4. sind die Alpha-Virginiden aktiv, die am 18.4. ein schwach ausgeprägtes Maximum erreichen. Es sind nur wenige, recht langsame Sternschnuppen zu erwarten.

Sonnenuntergang und Dämmerung

	Astr. Anf.	Naut. Anf.	Bürg. Anf.	Auf- gang	Kulm.	Unter- gang	Bürg. Ende	Naut. Ende	Astr. Ende	Zeitgl.
1.3.2019	5:21	5:58	6:35	7:08	12:36	18:05	18:38	19:16	19:53	12m28s
2.3.2019	5:19	5:56	6:33	7:06	12:36	18:07	18:39	19:17	19:55	12m16s
3.3.2019	5:17	5:54	6:31	7:04	12:36	18:09	18:41	19:19	19:56	12m04s
4.3.2019	5:15	5:52	6:29	7:02	12:36	18:10	18:43	19:20	19:58	11m52s
5.3.2019	5:13	5:50	6:27	7:00	12:36	18:12	18:44	19:22	20:00	11m39s

	Astr. Anf.	Naut. Anf.	Bürg. Anf.	Aufgang	Kulm.	Untergang	Bürg. Ende	Naut. Ende	Astr. Ende	Zeitgl.
6.3.2019	5:11	5:48	6:25	6:58	12:35	18:14	18:46	19:24	20:01	11m25s
7.3.2019	5:08	5:46	6:23	6:56	12:35	18:15	18:48	19:25	20:03	11m12s
8.3.2019	5:06	5:44	6:21	6:54	12:35	18:17	18:49	19:27	20:05	10m57s
9.3.2019	5:04	5:42	6:19	6:51	12:35	18:18	18:51	19:29	20:06	10m43s
10.3.2019	5:02	5:40	6:17	6:49	12:34	18:20	18:52	19:30	20:08	10m28s
11.3.2019	4:59	5:38	6:15	6:47	12:34	18:22	18:54	19:32	20:10	10m13s
12.3.2019	4:57	5:36	6:13	6:45	12:34	18:23	18:56	19:34	20:12	9m57s
13.3.2019	4:55	5:34	6:11	6:43	12:34	18:25	18:57	19:35	20:13	9m41s
14.3.2019	4:53	5:31	6:08	6:41	12:33	18:27	18:59	19:37	20:15	9m25s
15.3.2019	4:50	5:29	6:06	6:38	12:33	18:28	19:01	19:39	20:17	9m08s
16.3.2019	4:48	5:27	6:04	6:36	12:33	18:30	19:02	19:40	20:19	8m51s
17.3.2019	4:45	5:25	6:02	6:34	12:32	18:31	19:04	19:42	20:20	8m34s
18.3.2019	4:43	5:22	6:00	6:32	12:32	18:33	19:05	19:44	20:22	8m17s
19.3.2019	4:41	5:20	5:58	6:30	12:32	18:35	19:07	19:45	20:24	8m00s
20.3.2019	4:38	5:18	5:56	6:27	12:32	18:36	19:09	19:47	20:26	7m42s
21.3.2019	4:36	5:16	5:53	6:25	12:31	18:38	19:10	19:49	20:28	7m24s
22.3.2019	4:33	5:13	5:51	6:23	12:31	18:39	19:12	19:50	20:30	7m06s
23.3.2019	4:31	5:11	5:49	6:21	12:31	18:41	19:14	19:52	20:32	6m48s
24.3.2019	4:28	5:09	5:47	6:19	12:30	18:43	19:15	19:54	20:34	6m30s
25.3.2019	4:26	5:06	5:45	6:17	12:30	18:44	19:17	19:55	20:35	6m12s
26.3.2019	4:23	5:04	5:43	6:14	12:30	18:46	19:19	19:57	20:37	5m54s
27.3.2019	4:21	5:01	5:40	6:12	12:29	18:47	19:20	19:59	20:39	5m36s
28.3.2019	4:18	4:59	5:38	6:10	12:29	18:49	19:22	20:01	20:41	5m18s
29.3.2019	4:16	4:57	5:36	6:08	12:29	18:51	19:24	20:02	20:43	5m00s
30.3.2019	4:13	4:54	5:34	6:06	12:29	18:52	19:25	20:04	20:45	4m41s
31.3.2019	4:10	4:52	5:31	6:04	12:28	18:54	19:27	20:06	20:47	4m24s

Mondlauf

	Rektaszension	Deklination	Elong.	Phase	mag	Aufgang	Kulm.	Untergang
1.3.2019	18h37m06,5s	-22°06'25"	61,9°	0,26	-8,8	4:28	8:43	12:57
2.3.2019	19h28m15,1s	-21°52'46"	51,0°	0,19	-8,2	5:15	9:31	13:51
3.3.2019	20h18m24,4s	-20°42'46"	40,2°	0,12	-7,4	5:54	10:19	14:49
4.3.2019	21h07m18,2s	-18°41'19"	29,4°	0,06	-6,6	6:26	11:05	15:51
5.3.2019	21h54m50,5s	-15°54'57"	18,8°	0,03	-5,7	6:54	11:50	16:54
6.3.2019	22h41m07,3s	-12°31'10"	8,5°	0,01 ●	-4,7	7:18	12:34	17:58
7.3.2019	23h26m25,3s	-8°38'12"	5,2°	0	-4,3	7:40	13:16	19:03
8.3.2019	0h11m10,6s	-4°24'34"	14,9°	0,02	-5,4	8:00	13:59	20:08
9.3.2019	0h55m56,2s	0°00'45"	25,8°	0,05	-6,4	8:20	14:41	21:15
10.3.2019	1h41m20,3s	4°28'26"	37,0°	0,1	-7,3	8:41	15:25	22:21
11.3.2019	2h28m04,4s	8°48'17"	48,4°	0,17	-8,0	9:04	16:11	23:31
12.3.2019	3h16m50,0s	12°49'03"	60,0°	0,25	-8,7	9:31	16:59	
13.3.2019	4h08m14,6s	16°17'54"	71,9°	0,34	-9,4	10:03	17:51	0:40
14.3.2019	5h02m42,9s	19°00'33"	84,1°	0,45 ☽	-9,9	10:42	18:46	1:49

	Rektaszension	Deklination	Elong.	Phase	mag	Aufgang	Kulm.	Untergang
15.3.2019	6h00m16,3s	20°41'56"	96,6°	0,56	-10,4	11:32	19:43	2:55
16.3.2019	7h00m24,8s	21°08'18"	109,5°	0,67	-10,9	12:33	20:43	3:55
17.3.2019	8h02m06,4s	20°10'23"	122,8°	0,77	-11,3	13:45	21:43	4:47
18.3.2019	9h04m02,9s	17°46'44"	136,3°	0,86	-11,7	15:05	22:42	5:30
19.3.2019	10h05m03,4s	14°05'27"	150,1°	0,93	-12,1	16:27	23:39	6:05
20.3.2019	11h04m24,9s	9°23'26"	163,9°	0,98	-12,5	17:51		6:35
21.3.2019	12h01m57,1s	4°03'26"	175,2°	1 ○	-12,8	19:14	0:34	7:03
22.3.2019	12h57m55,8s	-1°29'46"	166,7°	0,99	-12,5	20:34	1:28	7:28
23.3.2019	13h52m49,4s	-6°52'45"	153,5°	0,95	-12,2	21:53	2:20	7:53
24.3.2019	14h47m07,3s	-11°45'36"	140,5°	0,89	-11,8	23:08	3:11	8:20
25.3.2019	15h41m11,2s	-15°53'00"	127,9°	0,81	-11,4		4:03	8:50
26.3.2019	16h35m09,1s	-19°04'26"	115,7°	0,72	-11,0	0:19	4:55	9:24
27.3.2019	17h28m54,9s	-21°13'46"	103,9°	0,62	-10,6	1:25	5:46	10:04
28.3.2019	18h22m09,9s	-22°18'51"	92,4°	0,52 ☽	-10,1	2:22	6:37	10:50
29.3.2019	19h14m30,2s	-22°20'49"	81,3°	0,42	-9,7	3:13	7:27	11:43
30.3.2019	20h05m33,5s	-21°23'27"	70,3°	0,33	-9,2	3:54	8:15	12:40
31.3.2019	20h55m05,7s	-19°32'24"	59,5°	0,25	-8,6	4:29	9:02	13:41

Jupitermond-Ereignisse

Datum	Uhrzeit (MEZ)	Mond	Erscheinung	Phase
2.3.2019	06:38:09	Europa	Verfinsterung	Anfang
3.3.2019	06:21:52	Io	Schattenvorübergang	Anfang
4.3.2019	04:14:46	Ganymed	Durchgang	Ende
4.3.2019	06:17:18	Europa	Durchgang	Ende
5.3.2019	04:17:35	Io	Durchgang	Ende
11.3.2019	03:59:23	Europa	Schattenvorübergang	Anfang
11.3.2019	05:31:34	Io	Verfinsterung	Anfang
11.3.2019	06:07:42	Ganymed	Durchgang	Anfang
11.3.2019	06:21:08	Europa	Schattenvorübergang	Ende
11.3.2019	06:28:17	Europa	Durchgang	Anfang
12.3.2019	04:00:21	Io	Durchgang	Anfang
12.3.2019	04:55:11	Io	Schattenvorübergang	Ende
12.3.2019	06:12:06	Io	Durchgang	Ende
13.3.2019	03:26:08	Io	Bedeckung	Ende
13.3.2019	03:32:43	Europa	Bedeckung	Ende
18.3.2019	04:58:08	Ganymed	Schattenvorübergang	Anfang
19.3.2019	04:37:17	Io	Schattenvorübergang	Anfang
19.3.2019	05:53:53	Io	Durchgang	Anfang
20.3.2019	03:31:50	Europa	Verfinsterung	Ende
20.3.2019	03:42:22	Europa	Bedeckung	Anfang
20.3.2019	05:18:52	Io	Bedeckung	Ende
20.3.2019	06:08:19	Europa	Bedeckung	Ende

Datum	Uhrzeit (MEZ)	Mond	Erscheinung	Phase
27.3.2019	03:43:42	Europa	Verfinsterung	Anfang
27.3.2019	03:45:34	Io	Verfinsterung	Anfang
28.3.2019	03:10:55	Io	Schattenvorübergang	Ende
28.3.2019	04:26:10	Io	Durchgang	Ende
29.3.2019	03:11:12	Europa	Durchgang	Ende
29.3.2019	04:05:06	Ganymed	Bedeckung	Anfan

April

Sternenhimmel

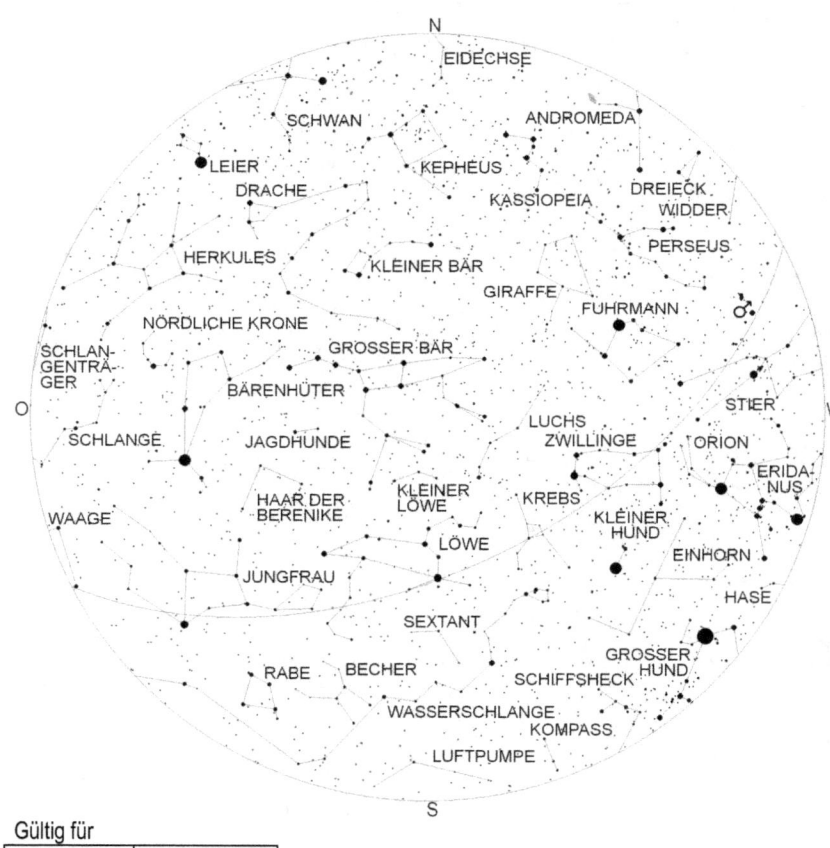

Gültig für

1.12. 6 Uhr	15.12. 5 Uhr
1.1. 4 Uhr	15.1. 3 Uhr
1.2. 2 Uhr	15.2. 1 Uhr
1.3. 0 Uhr	15.3. 23 Uhr
1.4. 22 Uhr	15.4. 21 Uhr

Die Wintersternbilder verschwinden jetzt vom Himmel, wenn auch das aus den Sternen Kapella, Aldebaran, Rigel, Sirius, Prokion und Pollux gebildete Wintersechseck noch vollständig über dem Horizont steht. Der Hase ist schon fast vollständig verschwunden, Stier und Grosser Hund werden ihm bald folgen. Auch der rote Planet Mars ist noch zu sehen. Der Orion ist noch vollständig tief im Südwesten zu sehen. In der gleichen Richtung, aber höher sind die Zwillinge zu finden.
Im Süden erreicht jetzt der Löwe seinen höchsten Stand. Südlich des Löwens findet man die lichtschwachen Sternbilder Sextant, Becher, Wasserschlange und bei guter Horizontsicht auch das Sternbild Luftpumpe. Bemerkenswert ist, daß der Kopf der Wasserschlange schon in südwestlicher Richtung zu finden ist, während ihr Schwanz noch nicht aufgegangen ist. Im Südosten ist jetzt das Sternbild Jungfrau mit seinen hellen Hauptstern Spika aufgegangen. Südlich der Jungfrau erkennt man vier Sterne dritter Größe, die das Sternbild Rabe formen.
Nördlich der Jungfrau stehen der Bärenhüter mit seinen hellen Stern Arktur und die Nördliche Krone. Arktur bildet zusammen mit Regulus im Löwen und Spika in der Jungfrau die markante Sternfigur des Frühlingsdreiecks. Zwischen Löwe und Bärenhüter liegt das Sternbild Haar der Berenike. In diesem Sternbild existiert eine auffällige Konzentration von Fixsternen vierter Größe und schwächer, welche einen offenen Sternhaufen bilden, der ca. 290 Lichtjahre entfernt ist und nach der lateinischen Bezeichnung des Sternbildes, Coma Berenices, Coma-Berenices-Sternhaufen heißt.
Über dem Löwen ist das kleine Sternild des Kleinen Löwens zu finden, über dem – hoch im Zenit – der Große Bär steht. Der zweitöstlichste helle Stern dieses Sternbildes, Mizar ist besonders interessant, denn er ist ein Mehrfachsternsystem. Schon mit bloßem Auge ist bei guten Sichtbedingungen neben diesem ein Stern 4. Größe, Alkor genannt, zu sehen, wobei immer noch nicht endgültig geklärt ist, ob er ein Hintergrundstern ist oder gravitativ an Mizar gekoppelt ist. Im Fernrohr erkennt man, daß Mizar selbst doppelt ist. Beide Sterne sind wiederum Doppelsterne, was aber nur durch Spektralanalyse nachweisbar ist.

Frühlingssternbilder

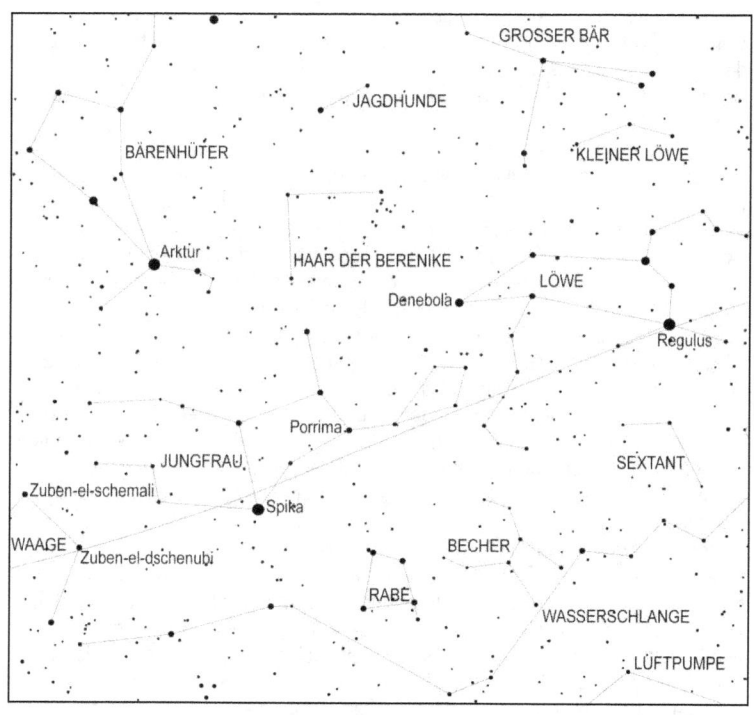

Astronomische Ereignisse

Datum	Uhrzeit	Ereignis	Elongation
1.4.2019	01:23:11	Mond in Erdferne	
1.4.2019	02:09:03	Mond 40' südlich Delta Capricorni	47,3°
2.4.2019	03:55:27	Mond 3,5° südlich Venus	34,5°
2.4.2019	19:45:39	Merkur 23' nördlich Neptun	25,5°
2.4.2019	23:37:20	Mond 3,9° südlich Neptun	25,8°
2.4.2019	23:45:03	Mond 4,25° südlich Merkur	25,5°
3.4.2019	21:16:18	Juno 16,1° südlich Elnath	68,5°
4.4.2019	03:30:29	Mond 39' südlich Vesta	14,6°
5.4.2019	09:50:35	Neumond	-5°
6.4.2019	00:06:30	Mond in größter Südbreite	

Datum	Uhrzeit	Ereignis	Elongation
6.4.2019	14:15:18	Mond 5,4° südlich Uranus	14,5°
6.4.2019	20:09:46	Mond 16,3° südlich Hamal	17,2°
8.4.2019	20:34:37	Mond 8,8° südlich der Plejaden	40,6°
9.4.2019	06:44:04	Ceres stationär, dann rückläufig	
9.4.2019	06:45:59	Mond 5,6° südlich Mars	45,7°
9.4.2019	17:44:44	Mond 1,7° nördlich Aldebaran	50,7°
10.4.2019	02:18:01	Pallasopposition	
10.4.2019	04:45:24	Venus 18' südlich Neptun	32,6°
10.4.2019	08:39:29	Merkur im Aphel	
10.4.2019	14:19:33	Mond 8,5° südlich Elnath	61,7°
10.4.2019	18:04:51	Jupiter stationär, dann rückläufig	
10.4.2019	21:36:07	Mond 7,4° nördlich Juno	65,0°
11.4.2019	10:07:03	Mond 1,5° südlich Eta Geminorum	72,0°
11.4.2019	13:29:00	Mond 1,2° südlich Mü Geminorum	73,7°
11.4.2019	20:52:03	Merkur in größter westlicher Elongation	27,7°
11.4.2019	21:17:23	Mond 5,1° nördlich Alhena	77,8°
12.4.2019	00:03:43	Mond 3,8° südlich Epsilon Geminorum	78,4°
12.4.2019	19:08:31	Mond im aufsteigenden Knoten	
12.4.2019	19:41:00	Mond 10,7° südlich Kastor	88,0°
12.4.2019	20:06:00	Erstes Viertel	
13.4.2019	00:45:15	Mond 7,3° südlich Pollux	90,7°
13.4.2019	22:20:19	Mond 33' südlich M44	103,9°
15.4.2019	09:37:15	Mond 1,9° nördlich Regulus	123,9°
16.4.2019	22:37:51	Mond in Erdnähe	
16.4.2019	23:07:37	Mars 6,5° nördlich Aldebaran	43,7°
18.4.2019	03:33:11	Venus im Aphel	
18.4.2019	05:01:53	Mond 1,8° nördlich Porrima	161,7°
18.4.2019	22:53:50	Mond 6,9° nördlich Spika	171,0°
18.4.2019	23:43:15	Mond in größter Nordbreite	
19.4.2019	10:05:44	Mond 27,2° südlich Pallas	148,5°
19.4.2019	12:12:15	Vollmond	
20.4.2019	13:20:55	Mond 3,7° nördlich Zuben-el-dschenubi	164,8°
21.4.2019	21:03:16	Mond 2,2° nördlich Akrab	148,0°
22.4.2019	09:47:27	Mond 7,3° nördlich Antares	141,7°
22.4.2019	17:25:55	Mond 2,95° südlich Ceres	138,3°
23.4.2019	00:06:54	Uranus in Konjunktion zur Sonne	29'
23.4.2019	13:18:04	Mond 1,1° nördlich Jupiter	128,6°
24.4.2019	23:48:56	Mond 3,45° nördlich Nunki	111,8°
25.4.2019	10:09:00	Pluto stationär, dann rückläufig	
25.4.2019	14:38:56	Vesta 1,4° südlich Merkur	23,9°
25.4.2019	15:57:10	Mond 48' südlich Saturn	104,4°
25.4.2019	16:01:29	Mond im absteigenden Knoten	
25.4.2019	20:09:48	Mond 25' südlich Pluto	102,1°

Datum	Uhrzeit	Ereignis	Elongation
26.4.2019	16:53:55	Mond 6,2° südlich Beta Capricorni	91,8°
26.4.2019	23:18:27	Letztes Viertel	
28.4.2019	11:30:37	Mond 48' südlich Delta Capricorni	73,6°
28.4.2019	19:36:19	Mond in Erdferne	
28.4.2019	20:29:31	Juno 8° südlich Eta Geminorum	55,5°
30.4.2019	03:33:55	Saturn stationär, dann rückläufig	
30.4.2019	08:37:20	Mond 4,3° südlich Neptun	51,7°
30.4.2019	14:42:33	Merkur in größter Südbreite	

Planeten

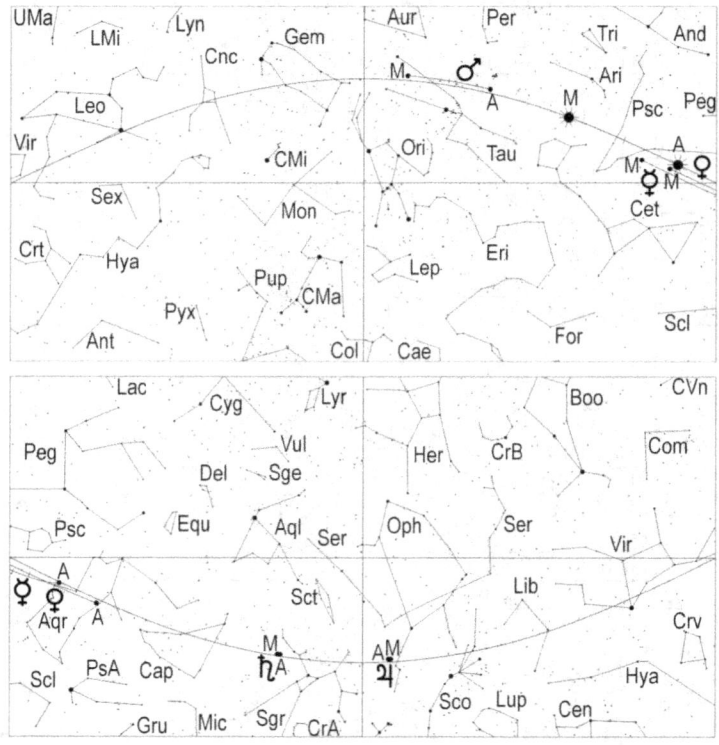

Merkur erreicht am 11. seine größte westliche Elongation mit 27,7°, kann aber in unseren Breiten nicht freiäugig am Morgenhimmel beobachtet werden, da es, wenn

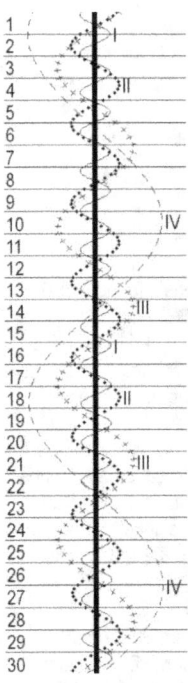

Stellung der 4
hellen Jupiter-
monde im
April 2019

er um 5.04 Uhr MEZ (6.04 Uhr MESZ) aufgeht, schon zu hell ist, um den 0,4 mag hellen Planeten am Morgenhimmel zu sehen. Südlich von 35° nördlicher Breite ergibt sich allerdings eine Morgensichtbarkeit.

Venus hat auch keine wesentlich größere Elongation als Merkur, kann aber wegen ihrer großen Helligkeit tief im Westen kurz vor Sonnenaufgang beobachtet werden. Ihr Aufgang erfolgt am 1. um 5.06 Uhr MEZ (6.06 Uhr MESZ) und am 30. um 4.19 Uhr MEZ (5.19 Uhr MESZ). Zum Monatsende ist das Venusscheibchen zu 96% beleuchtet.

Mars durchläuft den Stier und zieht am 16. 6,5° nördlich an Aldebaran vorbei, der inzwischen fast doppelt so hell wie der rote Planet ist. Er geht am 1. um 23.34 Uhr MEZ (0.34 Uhr MESZ) und am 30. um 23.20 Uhr MEZ (0.20 Uhr MESZ) unter.

Jupiter wird am 10. stationär und setzt zu seiner Oppositionsschleife an. Er verfrüht seinen Aufgang von 1.18 Uhr MEZ (2.18 Uhr MESZ) auf 23.18 Uhr MEZ (0.18 Uhr MESZ) zu Monatsende. Seine Helligkeit steigt auf –2,5 mag und sein Scheibchendurchmesser auf 43". Er ist das auffälligste Objekt der 2. Nachthälfte, wenn der Mond nicht über dem Horizont steht.

Saturn setzt am Monatsletzten zur Oppositionsschleife an und verbessert im Laufe des Monats seine Sichtbarkeit merklich. Geht er am 1. noch um 3.01 Uhr MEZ (4.01 Uhr MESZ) auf, so erfolgt sein Aufgang am 30. schon um 1.10 Uhr MEZ (2.10 Uhr MESZ). Seine Helligkeit nimmt unmerklich von 0,6 mag auf 0,5 mag zu. Im Fernrohr ist gut sein weit geöffneter Ring zu sehen.

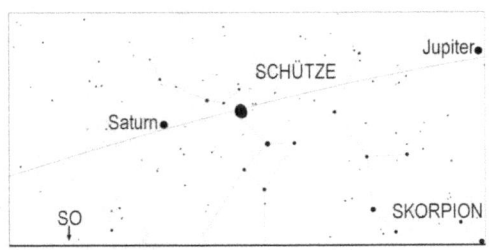

Mond, Jupiter und Saturn am Morgen des 25.4.2019
um 3 Uhr MEZ (4 Uhr MESZ)

Uranus im Sternbild Widder steht am 23. April in Konjunktion zur Sonne und ist im April unbeobachtbar.

Neptun hat noch einen zu geringen Winkelabstand von der Sonne, um ihn beobachten zu können.

Klein- und Zwergplaneten

Ceres setzt am 9. zur Oppositionsschleife an und verlagert ihren Aufgang von 0.01 Uhr MEZ (1.01 Uhr MESZ) am 1. auf 22.01 Uhr (23.01 Uhr MESZ) am Monatsletzten. Sie kann am besten zur Kulmination, die am 1. um 4.41 Uhr MEZ (5.41 Uhr MESZ) und am 30. um 2.42 Uhr MEZ (3.42 Uhr MESZ) erfolgt, mit einem Feldstecher aufgesucht werden. Ihre Helligkeit steigt von 8,2 mag auf 7,6 mag. (Aufsuchkarte, Seite 72).

Pallas, erreicht am 10. seine Opposition zur Sonne und kann die ganze Nacht über mit einem Fernglas beobachtet werden. Sie wandert rückläufig von der Jungfrau in den Bärenhüter und erreicht immer höhere Deklinationen. Ihre Helligkeit beträgt am Oppositionstag 7,9 mag und geht im Laufe des Monats leicht auf 8,2 mag zurück. (Aufsuchkarten, Seite 31 und Seite 63).

Juno durchwandert die nördlichen Gebiete des Orions und wird im Laufe des Monats unbeobachtbar. Ihr Untergang verfrüht sich von 0.13 Uhr MEZ (1.13 Uhr MESZ) am 1. auf 23.24 Uhr MEZ (0.24 Uhr MESZ) am 30. Ihre Helligkeit geht weiter zurück von 9,7 mag auf 10 mag. Zum erfolgreichen Aufsuchen dürfte ein größeres Fernrohr mit über 10 cm Objektivdurchmesser nötig sein, doch wird es selbst damit sehr schwierig diesen Kleinplaneten zum Monatsende aufzuspüren. (Aufsuchkarte Seite 32 und Seite 63)

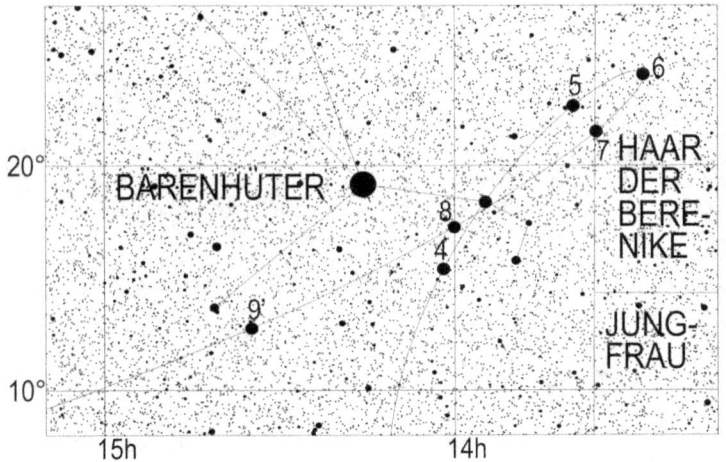

Lauf des Kleinplaneten Pallas von April 2019 bis September 2019. Die Zahl gibt die Position zum 1. des entsprechenden Monats an, also 5 die Position am 1.5.

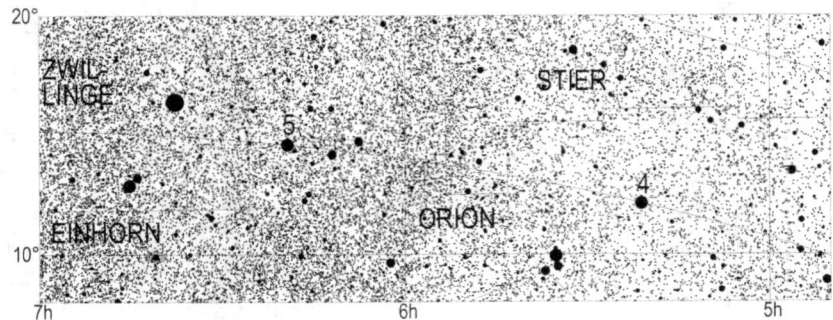

Lauf des Kleinplaneten Juno von März 2019 bis Mai 2019. Die Zahl gibt die Position zum 1. des entsprechenden Monats an, also 4 die Position am 1.4.

Vesta ist im April unbeobachtbar.

Pluto, im Ostteil des Schützen, setzt am 25. zu seiner Oppositionsschleife an, weshalb er in diesem Monat erwähnt wird. Er ist mit einer Helligkeit von 14,3 mag nur in Fernrohren mit mindestens 30 cm Objektivdurchmesser sichtbar. (Aufsuchkarte, Seite **Fehler! Textmarke nicht definiert.**).

Periodische Sternschnuppenströme

Vom 16.4. bis zum 25.4. sind die Lyriden aktiv, die ihr Maximum am 23.4. um 4 Uhr mit 7 Meteoren pro Stunde erreichen. Die Lyriden sind schnellere Meteore unter denen sich auch hellere Exemplare befinden. Leider beeinträchtigt der noch recht volle Mond die Beobachtung. Vom 1.4. bis 7.4. kann man die Kappa-Serpentiden beobachten, schnellere Meteore mit einer Maximalrate von 2 Sternschnuppen pro Stunde. Ihr Maximum erreichen die Kappa-Serpentiden am 6.4. Da ein Tag zuvor Neumond ist, gibt es keine Beeinträchtigungen. Bis zum 26.4. sind Meteore des schwachen Stroms der Virginiden zu sehen, der am 18. sein Maximum erreicht. Ab dem 19.4. erscheinen die ersten Eta-Aquariden am Morgenhimmel.

Sonnenuntergang und Dämmerung

	Astr. Anf.	Naut. Anf.	Bürg. Anf.	Aufgang	Kulm.	Untergang	Bürg. Ende	Naut. Ende	Astr. Ende	Zeitgl.
1.4.2019	4:08	4:50	5:29	6:02	12:28	18:55	19:28	20:08	20:49	4m06s
2.4.2019	4:05	4:47	5:27	6:00	12:28	18:57	19:30	20:09	20:52	3m48s
3.4.2019	4:03	4:45	5:25	5:57	12:27	18:58	19:32	20:11	20:54	3m30s
4.4.2019	4:00	4:42	5:22	5:55	12:27	19:00	19:33	20:13	20:56	3m13s
5.4.2019	3:57	4:40	5:20	5:53	12:27	19:02	19:35	20:15	20:58	2m55s
6.4.2019	3:55	4:38	5:18	5:51	12:27	19:03	19:37	20:16	21:00	2m38s
7.4.2019	3:52	4:35	5:16	5:49	12:26	19:05	19:38	20:18	21:02	2m21s
8.4.2019	3:49	4:33	5:13	5:47	12:26	19:06	19:40	20:20	21:05	2m04s
9.4.2019	3:47	4:30	5:11	5:45	12:26	19:08	19:42	20:22	21:07	1m48s
10.4.2019	3:44	4:28	5:09	5:43	12:25	19:10	19:43	20:24	21:09	1m31s
11.4.2019	3:41	4:25	5:07	5:41	12:25	19:11	19:45	20:26	21:11	1m15s
12.4.2019	3:38	4:23	5:05	5:38	12:25	19:13	19:47	20:28	21:14	1m00s
13.4.2019	3:36	4:21	5:02	5:36	12:25	19:14	19:48	20:30	21:16	0m44s
14.4.2019	3:33	4:18	5:00	5:34	12:24	19:16	19:50	20:32	21:18	0m29s
15.4.2019	3:30	4:16	4:58	5:32	12:24	19:17	19:52	20:33	21:21	0m14s
16.4.2019	3:27	4:13	4:56	5:30	12:24	19:19	19:53	20:35	21:23	0m00s
17.4.2019	3:24	4:11	4:54	5:28	12:24	19:21	19:55	20:37	21:25	-0m14s
18.4.2019	3:22	4:09	4:51	5:26	12:23	19:22	19:57	20:39	21:28	-0m28s
19.4.2019	3:19	4:06	4:49	5:24	12:23	19:24	19:58	20:41	21:30	-0m41s
20.4.2019	3:16	4:04	4:47	5:22	12:23	19:25	20:00	20:43	21:33	-0m55s
21.4.2019	3:13	4:02	4:45	5:20	12:23	19:27	20:02	20:45	21:35	-1m07s
22.4.2019	3:10	3:59	4:43	5:18	12:23	19:29	20:03	20:47	21:38	-1m20s
23.4.2019	3:07	3:57	4:41	5:16	12:22	19:30	20:05	20:49	21:41	-1m31s
24.4.2019	3:04	3:55	4:39	5:14	12:22	19:32	20:07	20:51	21:43	-1m43s
25.4.2019	3:01	3:52	4:36	5:12	12:22	19:33	20:08	20:53	21:46	-1m54s
26.4.2019	2:58	3:50	4:34	5:10	12:22	19:35	20:10	20:56	21:48	-2m04s
27.4.2019	2:55	3:48	4:32	5:09	12:22	19:36	20:12	20:58	21:51	-2m14s
28.4.2019	2:52	3:45	4:30	5:07	12:22	19:38	20:14	21:00	21:54	-2m23s
29.4.2019	2:49	3:43	4:28	5:05	12:21	19:39	20:15	21:02	21:57	-2m32s
30.4.2019	2:45	3:41	4:26	5:03	12:21	19:41	20:17	21:04	21:59	-2m40s

Mondlauf

	Rektaszension	Deklination	Elong.	Phase	mag	Auf-gang	Kulm.	Unter-gang
1.4.2019	21h43m04,7s	-16°54'26"	48,8°	0,17	-8,0	4:58	9:47	14:44
2.4.2019	22h29m40,4s	-13°36'58"	38,0°	0,11	-7,3	5:23	10:31	15:48
3.4.2019	23h15m12,5s	-9°47'49"	27,2°	0,06	-6,4	5:45	11:14	16:53
4.4.2019	0h00m09,1s	-5°35'08"	16,5°	0,02	-5,5	6:05	11:57	17:59
5.4.2019	0h45m03,3s	-1°07'40"	6,7°	0 ●	-4,5	6:25	12:39	19:05
6.4.2019	1h30m32,3s	3°25'04"	8,4°	0,01	-4,7	6:46	13:23	20:13
7.4.2019	2h17m14,6s	7°52'29"	19,0°	0,03	-5,8	7:08	14:09	21:23
8.4.2019	3h05m47,3s	12°02'40"	30,5°	0,07	-6,8	7:34	14:57	22:32
9.4.2019	3h56m42,1s	15°42'24"	42,3°	0,13	-7,7	8:04	15:48	23:43
10.4.2019	4h50m17,7s	18°37'31"	54,4°	0,21	-8,5	8:40	16:41	
11.4.2019	5h46m32,2s	20°33'51"	66,7°	0,3	-9,1	9:26	17:37	0:49
12.4.2019	6h44m57,1s	21°18'59"	79,3°	0,41 ☽	-9,7	10:22	18:35	1:51
13.4.2019	7h44m39,4s	20°44'40"	92,1°	0,52	-10,3	11:29	19:33	2:43
14.4.2019	8h44m34,1s	18°48'56"	105,2°	0,63	-10,7	12:43	20:31	3:28
15.4.2019	9h43m44,1s	15°37'09"	118,5°	0,74	-11,2	14:02	21:26	4:04
16.4.2019	10h41m35,2s	11°21'35"	132,0°	0,83	-11,6	15:24	22:20	4:35
17.4.2019	11h38m01,4s	6°19'46"	145,5°	0,91	-12,0	16:45	23:13	5:02
18.4.2019	12h33m19,5s	0°52'32"	158,9°	0,97	-12,3	18:05		5:27
19.4.2019	13h27m58,5s	-4°38'03"	171,5°	0,99 ○	-12,6	19:25	0:05	5:52
20.4.2019	14h22m29,3s	-9°50'42"	171,8°	1	-12,6	20:43	0:57	6:17
21.4.2019	15h17m14,7s	-14°26'25"	159,9°	0,97	-12,3	21:58	1:49	6:45
22.4.2019	16h12m22,3s	-18°10'02"	147,4°	0,92	-11,9	23:09	2:42	7:18
23.4.2019	17h07m41,0s	-20°51'06"	135,2°	0,85	-11,5		3:34	7:56
24.4.2019	18h02m43,1s	-22°24'21"	123,4°	0,77	-11,2	0:12	4:27	8:40
25.4.2019	18h56m52,0s	-22°49'27"	111,9°	0,69	-10,8	1:07	5:19	9:31
26.4.2019	19h49m33,8s	-22°10'09"	100,7°	0,59 ☾	-10,4	1:53	6:09	10:27
27.4.2019	20h40m26,0s	-20°32'55"	89,7°	0,5	-10,0	2:30	6:57	11:28
28.4.2019	21h29m23,1s	-18°05'35"	78,8°	0,4	-9,5	3:01	7:43	12:31
29.4.2019	22h16m35,3s	-14°56'20"	68,0°	0,31	-9,0	3:28	8:27	13:35
30.4.2019	23h02m26,0s	-11°13'14"	57,2°	0,23	-8,5	3:50	9:10	14:39

Jupitermond-Ereignisse

Datum	Uhrzeit (MEZ)	Mond	Erscheinung	Phase
3.4.2019	05:38:29	Io	Verfinsterung	Anfang
4.4.2019	02:52:55	Io	Schattenvorübergang	Anfang
4.4.2019	04:05:38	Io	Durchgang	Anfang
4.4.2019	05:04:34	Io	Schattenvorübergang	Ende
5.4.2019	03:02:56	Ganymed	Verfinsterung	Anfang
5.4.2019	03:14:54	Europa	Durchgang	Anfang
5.4.2019	03:16:57	Europa	Schattenvorübergang	Ende
5.4.2019	03:28:50	Io	Bedeckung	Ende
5.4.2019	05:13:03	Ganymed	Verfinsterung	Ende
11.4.2019	04:46:33	Io	Schattenvorübergang	Anfang
12.4.2019	01:59:41	Io	Verfinsterung	Anfang
12.4.2019	03:26:53	Europa	Schattenvorübergang	Anfang
12.4.2019	05:18:14	Io	Bedeckung	Ende
13.4.2019	01:26:40	Io	Schattenvorübergang	Ende
13.4.2019	02:34:45	Io	Durchgang	Ende
14.4.2019	02:55:22	Europa	Bedeckung	Ende
16.4.2019	01:16:50	Ganymed	Durchgang	Anfang
16.4.2019	03:25:53	Ganymed	Durchgang	Ende
19.4.2019	03:52:43	Io	Verfinsterung	Anfang
20.4.2019	01:08:38	Io	Schattenvorübergang	Anfang
20.4.2019	02:11:53	Io	Durchgang	Anfang
20.4.2019	03:20:24	Io	Schattenvorübergang	Ende
20.4.2019	04:23:30	Io	Durchgang	Ende
21.4.2019	01:33:31	Io	Bedeckung	Ende
23.4.2019	00:47:13	Ganymed	Schattenvorübergang	Anfang
23.4.2019	02:58:42	Ganymed	Schattenvorübergang	Ende
23.4.2019	04:52:50	Ganymed	Durchgang	Anfang
27.4.2019	03:02:24	Io	Schattenvorübergang	Anfang
27.4.2019	03:59:38	Io	Durchgang	Anfang
28.4.2019	03:20:37	Io	Bedeckung	Ende
28.4.2019	03:24:45	Europa	Verfinsterung	Anfang
29.4.2019	00:38:02	Io	Durchgang	Ende
30.4.2019	02:00:31	Europa	Durchgang	Ende
30.4.2019	04:44:34	Ganymed	Schattenvorübergang	Anfang

Mai

Sternenhimmel

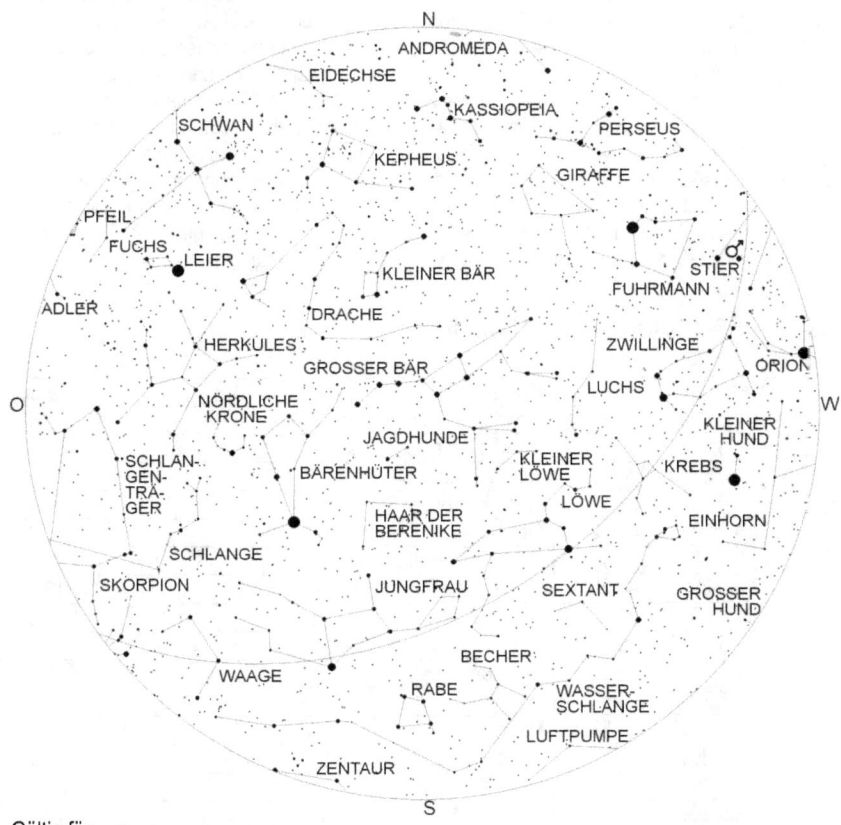

Gültig für

1.1. 6 Uhr	15.1. 5 Uhr
1.2. 4 Uhr	15.2. 3 Uhr
1.3. 2 Uhr	15.3. 2 Uhr
1.4. 0 Uhr	15.4. 23 Uhr
1.5. 22 Uhr	15.5. 21 Uhr

Die Wintersternbilder sind fast vollständig verschwunden. Nur noch der Fuhrmann, die Zwillinge, der Krebs und der Kleine Hund sind noch vollständig zu sehen. Tief im Nordwesten kann noch der rote Planet Mars gesehen werden. Er ist inzwischen nur noch etwa so hell wie Kastor.
Tief im Süden erstreckt sich das riesige, aber unauffällige Sternbild Wasserschlange fast über den gesamten Himmel von Südost bis Südwest. Über dieser sind der Rabe, der Becher und der Sextant zu sehen, von denen aber nur ersteres auffällig ist. Halbhoch im Südwesten ist der Löwe zu finden, während gerade die Jungfrau kulminiert. Nordnordöstlich von dieser ist das Sternbild Bärenhüter mit dem orangerotem Arktur zu sehen. Östlich von diesen ist das halbrund der nördlichen Krone und das weniger charakteristische Sternbild des Herkules zu sehen. Im Ostsüdosten geht gerade der Schlangenträger auf. Etwas höher ist der vordere Teil der Schlange zu sehen. Im Südosten erkennt man das Sternbild Waage, dessen Hauptstern, Zuben-el-dschenubi fast genau auf der Ekliptik liegt. Er ist ein weiter Doppelstern und schon in einem Fernglas problemlos auflösbar.

Astronomische Ereignisse

Datum	Uhrzeit	Ereignis	Elongation
2.5.2019	13:35:31	Mond 4° südlich Venus	27,5°
2.5.2019	15:07:53	Mond 17' südlich Vesta	28,1°
2.5.2019	20:33:41	Juno 7,8° südlich Mü Geminorum	53,5°
3.5.2019	02:19:05	Mond in größter Südbreite	
3.5.2019	06:02:09	Mond 3,8° südlich Merkur	19,0°
3.5.2019	09:15:52	Vesta 3,8° südlich Venus	27,3°
4.5.2019	00:05:20	Mond 5,5° südlich Uranus	10,1°
4.5.2019	01:34:45	Mond 16,7° südlich Hamal	11,3°
4.5.2019	18:21:07	Mars 4,3° südlich Elnath	38,7°
4.5.2019	23:45:35	Neumond	-4,6°
6.5.2019	01:48:07	Mond 9,1° südlich der Plejaden	13,7°
6.5.2019	23:56:35	Mond 1,5° nördlich Aldebaran	24,5°
7.5.2019	21:48:16	Mond 8,4° südlich Elnath	36,1°
8.5.2019	01:07:49	Mond 4,1° südlich Mars	37,6°
8.5.2019	09:13:24	Merkur 1,4° südlich Uranus	14,1°
8.5.2019	17:03:48	Mond 58' südlich Eta Geminorum	45,9°
8.5.2019	19:01:04	Merkur 12,4° südlich Hamal	14,0°
8.5.2019	20:58:13	Mond 1° südlich Mü Geminorum	47,6°
9.5.2019	01:34:25	Mond 6,4° nördlich Juno	50,7°
9.5.2019	02:17:32	Mond 4,9° nördlich Alhena	51,1°
9.5.2019	04:17:52	Mond 3,8° südlich Epsilon Geminorum	52,0°
9.5.2019	19:50:13	Mond im aufsteigenden Knoten	
10.5.2019	01:30:33	Mond 10,9° südlich Kastor	61,9°
10.5.2019	03:40:12	Juno 1,4° südlich Alhena	50,5°
10.5.2019	04:58:26	Mond 7,2° südlich Pollux	64,4°

Datum	Uhrzeit	Ereignis	Elongation
10.5.2019	06:49:50	Venus in größter Südbreite	
11.5.2019	03:37:42	Mond 37' südlich M44	77,4°
12.5.2019	02:12:22	Erstes Viertel	
12.5.2019	14:43:09	Mond 2,5° nördlich Regulus	96,9°
13.5.2019	06:17:04	Juno 10,1° südlich Epsilon Geminorum	48,1°
13.5.2019	22:13:14	Mond in Erdnähe	
15.5.2019	11:15:15	Mond 1,8° nördlich Porrima	134,6°
16.5.2019	03:58:24	Mond in größter Nordbreite	
16.5.2019	08:12:41	Mond 6,85° nördlich Spika	146,1°
16.5.2019	10:18:40	Mond 28,7° südlich Pallas	128,1°
17.5.2019	22:01:27	Mond 3,5° nördlich Zuben-el-dschenubi	166,3°
18.5.2019	09:13:30	Venus 1,15° südlich Uranus	23,2°
18.5.2019	13:10:54	Venus 12,3° südlich Hamal	21,7°
18.5.2019	22:11:26	Vollmond	
19.5.2019	08:34:43	Mond 1,95° nördlich Akrab	173,5°
19.5.2019	16:14:43	Merkur im aufsteigenden Knoten	
19.5.2019	17:07:08	Mond 7,5° nördlich Antares	167,5°
19.5.2019	18:14:23	Mond 1,7° südlich Ceres	168,3°
20.5.2019	17:05:13	Mond 1,2° nördlich Jupiter	157,3°
21.5.2019	05:34:36	Merkur 3,9° südlich der Plejaden	0,5°
21.5.2019	14:07:08	Merkur in oberer Konjunktion zur Sonne	20'
21.5.2019	20:27:23	Mars 2° nördlich Eta Geminorum	33,2°
22.5.2019	02:04:59	Uranus 11,1° südlich Hamal	24,7°
22.5.2019	10:46:02	Mond 3,4° nördlich Nunki	137,4°
22.5.2019	19:21:32	Ceres 8,9° nördlich Antares	170,2°
22.5.2019	20:11:55	Mond im absteigenden Knoten	
22.5.2019	22:05:13	Mond 1,2° südlich Saturn	131,4°
23.5.2019	05:18:33	Mond 55' südlich Pluto	128,6°
23.5.2019	23:28:25	Mond 6,8° südlich Beta Capricorni	118,1°
24.5.2019	08:17:38	Merkur im Perihel	
24.5.2019	16:26:47	Mars 2° nördlich Mü Geminorum	32,3°
25.5.2019	18:15:18	Mond 54' südlich Delta Capricorni	100,4°
26.5.2019	12:39:35	Merkur 6,7° nördlich Aldebaran	6,2°
26.5.2019	14:26:56	Mond in Erdferne	
26.5.2019	17:33:43	Letztes Viertel	
27.5.2019	18:07:42	Mond 4,2° südlich Neptun	77,6°
28.5.2019	23:37:17	Ceresopposition	
29.5.2019	21:39:46	Mars 7,9° nördlich Alhena	30,7°
30.5.2019	07:13:15	Mond in größter Südbreite	
30.5.2019	22:20:10	Mond 14' südlich Vesta	43,3°
31.5.2019	10:42:40	Mond 16,5° südlich Hamal	33,1°
31.5.2019	12:01:07	Mond 5,3° südlich Uranus	35,1°

Planeten

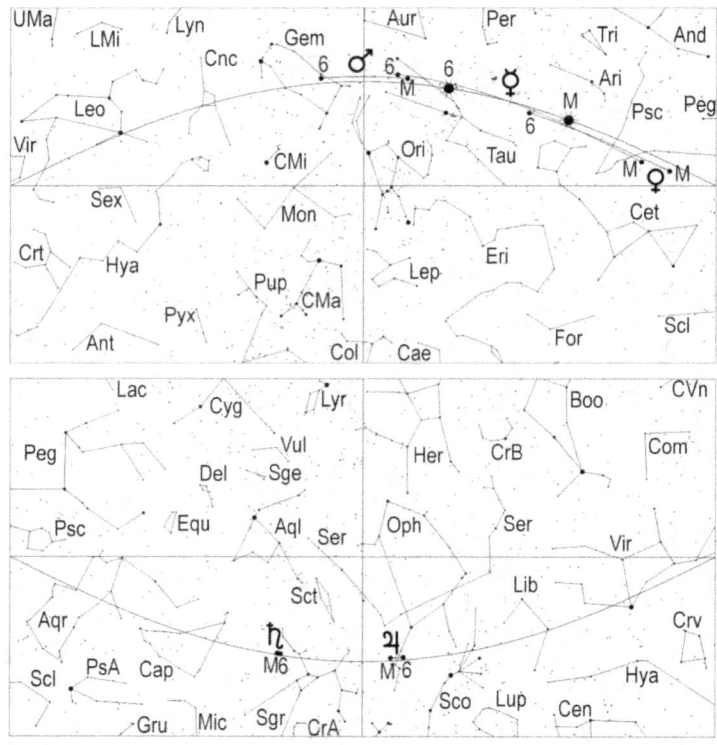

Merkur ist im Mai nicht zu sehen. Er steht am 21. in Konjunktion zur Sonne.

Venus kann am Morgenhimmel tief im Westen kurz vor Sonnenaufgang beobachtet werden. Sie geht am 1. um 4.18 Uhr MEZ (5.18 Uhr MESZ) und am 31. um 3.33 Uhr MEZ (4.33 Uhr MESZ) auf. Die Sonne folgt um 5.01 Uhr MEZ (6.01 Uhr MESZ) bzw. 4.21 Uhr MEZ (5.21 Uhr MESZ), so daß die Sichtbarkeit sehr ungünstig ist. Am 31. ist das Venusscheibchen mit einem Durchmesser von 10,5" zu 99% beleuchtet.

Mars wandert vom Stier in die Zwillinge und passiert hierbei am 4. Elnath 4,3° südlich, am 21. Eta Geminorum 2° nördlich und am 24. Mü Geminorum 2° nördlich. Sein Untergang verfrüht sich von 23.20 Uhr MEZ (0.20 Uhr MESZ) am 1., auf 23.07 Uhr MEZ (0.07 Uhr MESZ) am 15. und auf 22.46 Uhr (23.46 Uhr MESZ) am 31. Da gleichzeitig die Tageslänge immer mehr zunimmt, verkürzt sich seine Sichtbarkeit im Laufe des Monats beachtlich. Zum Monatsende ist Mars nur noch für kurze Zeit horizontnah in der Abenddämmerung zu sehen. Seine Helligkeit sinkt von 1,6 mag auf 1,8 mag, womit er im Laufe des Monats lichtschwächer als Kastor wird.

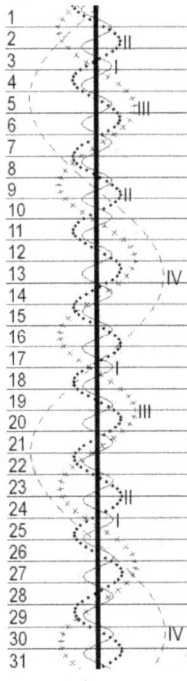

Jupiter verlagert seinen Aufgang immer weiter in die erste Nachthälfte. Am 1. erscheint er um 23.13 Uhr MEZ (0.13 Uhr MESZ) über dem Horizont, am Monatsletzten schon um 21.02 Uhr MEZ (22.02 Uhr MESZ). Er wandert rückläufig durch den Schlangenträger und erreicht am Monatsende eine Helligkeit von −2,6 mag bei einem Winkeldurchmesser von 45,8".

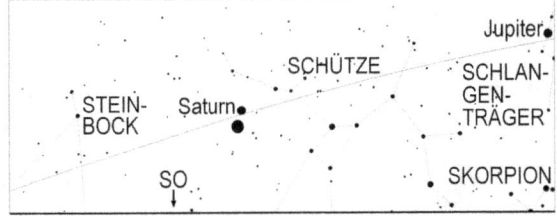

Mond und Saturn am Morgen des 23.5.2019 um 1 Uhr MEZ (2 Uhr MESZ)

Saturn, rückläufig im Schützen, verfrüht seinen Aufgang von 1.06 Uhr MEZ (2.06 Uhr MESZ) auf 22.57 Uhr (23.57 Uhr MESZ) am Monatsende, womit er während großer Teil der kurzen Nacht zu sehen ist.

Stellung der 4 hellen Jupitermonde im Mai 2019

Neptun ist immer noch unbeobachtbar. Er geht am Monatsletzten um 1.33 Uhr (2.33 Uhr MESZ) auf, was ihn aber kaum die Möglichkeit bietet, ausreichend Höhe zu gewinnen, um erfolgreich mit einem Fernrohr aufgesucht werden zu können.

Klein- und Zwergplaneten

Ceres wandert rückläufig vom Schlangenträger in den Skorpion und steht am 28. in Opposition zur Sonne. Ihr Aufgang verfrüht sich von 21.56 Uhr MEZ (22.56 Uhr MESZ) am 1. auf 19.37 Uhr MEZ (20.37 Uhr MESZ) am 31. Ihre Helligkeit steigt von 7,6 mag auf 7,0 mag zur Oppositionszeit, was Ceres zu einem leichten Feldstecherobjekt macht, daß am besten zur Kulmination, die am 1. um 2.37 Uhr

MEZ (3.37 Uhr MESZ) und am 31. um 0.14 Uhr MEZ(1.14 Uhr MESZ) erfolgt, beobachtet werden kann. (Aufsuchkarte, Seite 72)

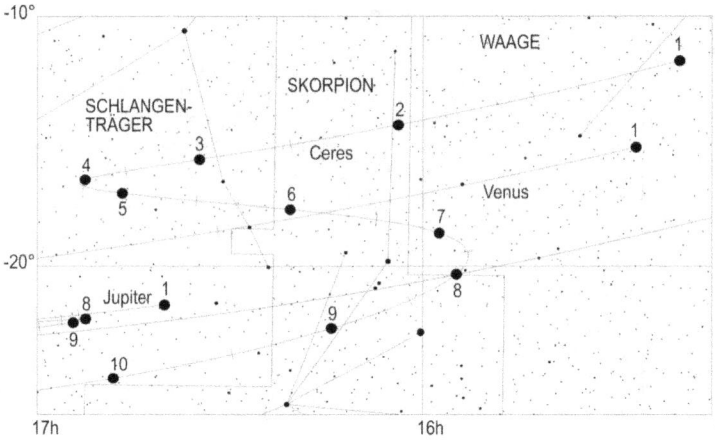

Lauf des Zwergplaneten Ceres im Jahr 2019. Die Zahl gibt die Position zum 1. des entsprechenden Monats an, also 4 die Position am 1.4.

Pallas wandert rückläufig vom Bärenhüter in das Sternbild Haar der Berenike und steht die ganze Nacht über dem Horizont. Sie kann am besten in den späten Abendstunden mit einem lichtstärkeren Fernglas aufgesucht werden. Ihre Helligkeit geht von 8,3 mag auf 8,9 mag zurück. (Aufsuchkarte, Seite 63).

Juno wechselt vom Orion in die Zwillinge und wird im Mai endgültig unbeobachtbar. Am 1. geht der 10 mag helle Kleinplanet um 23.23 Uhr MEZ (0.23 Uhr MESZ) unter und am 15. versinkt sie um 22.58 Uhr MEZ (23.58 Uhr MESZ) unter dem Horizont. Selbst mit sehr großen Fernrohren wird es spätestens ab diesem Zeitpunkt nicht mehr möglich sein, Juno aufzusuchen. (Aufsuchkarte, Seite 63).

Vesta ist immer noch unbeobachtbar.

Periodische Sternschnuppenströme

Bis zum 28.5. sind die Eta-Aquariden aktiv, die am 8.5. um 3 Uhr ihr Maximum erreichen. Die Eta-Aquariden sind Reste des Halleyschen Kometen. In unseren Breiten können von den sehr schnellen Eta Aquariden bis zu 10 Meteore beobachtet werden, in südlichen Breiten bis zu fünfmal mehr. Der Mond stört 2019 nicht bei der Beobachtung der Eta-Aquariden, weil dieser schon in den Abendstunden untergeht, während der Radiant erst in den Morgenstunden aufgeht.

Vom 7.5. bis 12.5. ist der eher schwache Strom der Eta-Lyriden aktiv, der am 10.5. sein Maximum mit bis zu 3 Meteoren pro Stunde erreicht.

Sonnenuntergang und Dämmerung

	Astr. Anf.	Naut. Anf.	Bürg. Anf.	Aufgang	Kulm.	Untergang	Bürg. Ende	Naut. Ende	Astr. Ende	Zeitgl.
1.5.2019	2:42	3:38	4:24	5:01	12:21	19:42	20:19	21:06	22:02	-2m48s
2.5.2019	2:39	3:36	4:22	4:59	12:21	19:44	20:20	21:08	22:05	-2m55s
3.5.2019	2:36	3:34	4:20	4:58	12:21	19:46	20:22	21:10	22:08	-3m02s
4.5.2019	2:33	3:31	4:19	4:56	12:21	19:47	20:24	21:12	22:11	-3m08s
5.5.2019	2:30	3:29	4:17	4:54	12:21	19:49	20:26	21:14	22:14	-3m14s
6.5.2019	2:27	3:27	4:15	4:52	12:21	19:50	20:27	21:17	22:17	-3m19s
7.5.2019	2:23	3:25	4:13	4:51	12:21	19:51	20:29	21:19	22:20	-3m23s
8.5.2019	2:20	3:22	4:11	4:49	12:21	19:53	20:31	21:21	22:23	-3m27s
9.5.2019	2:17	3:20	4:09	4:48	12:20	19:54	20:32	21:23	22:26	-3m30s
10.5.2019	2:14	3:18	4:08	4:46	12:20	19:56	20:34	21:25	22:30	-3m33s
11.5.2019	2:10	3:16	4:06	4:44	12:20	19:57	20:36	21:27	22:33	-3m35s
12.5.2019	2:07	3:14	4:04	4:43	12:20	19:59	20:37	21:29	22:36	-3m37s
13.5.2019	2:04	3:11	4:03	4:41	12:20	20:00	20:39	21:31	22:40	-3m38s
14.5.2019	2:00	3:09	4:01	4:40	12:20	20:02	20:41	21:33	22:43	-3m39s
15.5.2019	1:57	3:07	3:59	4:38	12:20	20:03	20:42	21:35	22:47	-3m39s
16.5.2019	1:54	3:05	3:58	4:37	12:20	20:04	20:44	21:38	22:50	-3m38s
17.5.2019	1:50	3:03	3:56	4:36	12:20	20:06	20:46	21:40	22:54	-3m37s
18.5.2019	1:46	3:01	3:55	4:34	12:20	20:07	20:47	21:42	22:58	-3m36s
19.5.2019	1:43	2:59	3:53	4:33	12:21	20:08	20:49	21:44	23:02	-3m33s
20.5.2019	1:39	2:57	3:52	4:32	12:21	20:10	20:50	21:46	23:06	-3m31s
21.5.2019	1:35	2:55	3:51	4:31	12:21	20:11	20:52	21:48	23:10	-3m27s
22.5.2019	1:31	2:53	3:49	4:29	12:21	20:12	20:53	21:50	23:14	-3m23s
23.5.2019	1:27	2:52	3:48	4:28	12:21	20:14	20:55	21:52	23:19	-3m19s
24.5.2019	1:23	2:50	3:47	4:27	12:21	20:15	20:56	21:53	23:23	-3m14s
25.5.2019	1:19	2:48	3:45	4:26	12:21	20:16	20:58	21:55	23:28	-3m09s
26.5.2019	1:14	2:46	3:44	4:25	12:21	20:17	20:59	21:57	23:33	-3m03s
27.5.2019	1:09	2:45	3:43	4:24	12:21	20:18	21:01	21:59	23:39	-2m56s
28.5.2019	1:04	2:43	3:42	4:23	12:21	20:20	21:02	22:01	23:45	-2m49s
29.5.2019	0:58	2:41	3:41	4:22	12:21	20:21	21:03	22:02	23:52	-2m42s
30.5.2019	0:51	2:40	3:40	4:21	12:22	20:22	21:05	22:04	23:59	-2m34s
31.5.2019	0:43	2:38	3:39	4:21	12:22	20:23	21:06	22:06		-2m26s

Mondlauf

	Rektaszension	Deklination	Elong.	Phase	mag	Aufgang	Kulm.	Untergang
1.5.2019	23h47m27,7s	-7°04'10"	46,2°	0,15	-7,8	4:11	9:53	15:45
2.5.2019	0h32m18,3s	-2°37'16"	35,2°	0,09	-7,1	4:30	10:35	16:52
3.5.2019	1h17m39,4s	1°58'40"	24,0°	0,04	-6,2	4:51	11:19	18:00

	Rektaszension	Deklination	Elong.	Phase	mag	Aufgang	Kulm.	Untergang
4.5.2019	2h04m13,1s	6°33'31"	12,8°	0,01 ●	-5,2	5:12	12:04	19:10
5.5.2019	2h52m40,0s	10°55'20"	4,6°	0	-4,3	5:36	12:52	20:21
6.5.2019	3h43m33,3s	14°50'18"	12,9°	0,01	-5,2	6:04	13:43	21:33
7.5.2019	4h37m12,3s	18°03'08"	24,8°	0,05	-6,3	6:39	14:37	22:43
8.5.2019	5h33m32,3s	20°18'23"	37,2°	0,1	-7,3	7:23	15:33	23:47
9.5.2019	6h31m59,4s	21°22'40"	49,9°	0,18	-8,2	8:16	16:31	
10.5.2019	7h31m33,3s	21°07'27"	62,7°	0,27	-9,0	9:20	17:29	0:43
11.5.2019	8h31m02,4s	19°31'03"	75,7°	0,38	-9,6	10:31	18:26	1:30
12.5.2019	9h29m26,6s	16°39'08"	88,8°	0,49 ☽	-10,1	11:48	19:21	2:08
13.5.2019	10h26m12,6s	12°43'27"	102,0°	0,6	-10,6	13:07	20:14	2:39
14.5.2019	11h21m18,5s	7°59'43"	115,2°	0,71	-11,1	14:25	21:05	3:06
15.5.2019	12h15m07,0s	2°45'54"	128,4°	0,81	-11,4	15:44	21:56	3:31
16.5.2019	13h08m15,2s	-2°39'07"	141,6°	0,89	-11,8	17:02	22:46	3:54
17.5.2019	14h01m23,1s	-7°56'18"	154,7°	0,95	-12,1	18:20	23:37	4:18
18.5.2019	14h55m04,6s	-12°47'11"	167,3°	0,99 ○	-12,4	19:36		4:44
19.5.2019	15h49m38,7s	-16°54'59"	176,0°	1	-12,6	20:49	0:29	5:14
20.5.2019	16h45m02,9s	-20°05'53"	166,2°	0,99	-12,4	21:57	1:22	5:49
21.5.2019	17h40m51,0s	-22°10'24"	154,4°	0,95	-12,0	22:57	2:15	6:30
22.5.2019	18h36m19,4s	-23°04'32"	142,6°	0,9	-11,7	23:48	3:08	7:19
23.5.2019	19h30m38,7s	-22°49'38"	131,1°	0,83	-11,3		4:00	8:13
24.5.2019	20h23m09,4s	-21°31'28"	119,9°	0,75	-11,0	0:29	4:49	9:14
25.5.2019	21h13m31,3s	-19°18'29"	108,9°	0,66	-10,6	1:03	5:37	10:16
26.5.2019	22h01m46,0s	-16°20'01"	98,0°	0,57 ☾	-10,3	1:31	6:22	11:20
27.5.2019	22h48m13,5s	-12°45'09"	87,1°	0,47	-9,9	1:55	7:05	12:25
28.5.2019	23h33m26,7s	-8°42'22"	76,2°	0,38	-9,4	2:16	7:48	13:30
29.5.2019	0h18m06,9s	-4°19'37"	65,2°	0,29	-8,9	2:36	8:30	14:35
30.5.2019	1h03m00,2s	0°15'01"	54,0°	0,21	-8,3	2:55	9:13	15:43
31.5.2019	1h48m54,9s	4°52'39"	42,5°	0,13	-7,6	3:16	9:57	16:51

Jupitermond-Ereignisse

Datum	Uhrzeit (MEZ)	Mond	Erscheinung	Phase
4.5.2019	00:27:16	Ganymed	Bedeckung	Ende
5.5.2019	02:07:20	Io	Verfinsterung	Anfang
6.5.2019	00:13:01	Io	Durchgang	Anfang
6.5.2019	01:36:37	Io	Schattenvorübergang	Ende
6.5.2019	02:24:31	Io	Durchgang	Ende
7.5.2019	00:22:46	Europa	Schattenvorübergang	Anfang
7.5.2019	01:55:10	Europa	Durchgang	Anfang
7.5.2019	02:47:23	Europa	Schattenvorübergang	Ende
7.5.2019	04:19:19	Europa	Durchgang	Ende
11.5.2019	01:06:05	Ganymed	Verfinsterung	Ende
11.5.2019	01:42:41	Ganymed	Bedeckung	Anfang
11.5.2019	03:52:44	Ganymed	Bedeckung	Ende
12.5.2019	04:00:41	Io	Verfinsterung	Anfang
13.5.2019	01:18:41	Io	Schattenvorübergang	Anfang
13.5.2019	01:58:42	Io	Durchgang	Anfang
13.5.2019	03:30:37	Io	Schattenvorübergang	Ende
13.5.2019	04:10:10	Io	Durchgang	Ende
14.5.2019	01:18:24	Io	Bedeckung	Ende
14.5.2019	02:56:18	Europa	Schattenvorübergang	Anfang
14.5.2019	04:12:26	Europa	Durchgang	Anfang
16.5.2019	01:34:24	Europa	Bedeckung	Ende
18.5.2019	02:47:53	Ganymed	Verfinsterung	Anfang
20.5.2019	03:12:42	Io	Schattenvorübergang	Anfang
20.5.2019	03:43:40	Io	Durchgang	Anfang
21.5.2019	00:22:30	Io	Verfinsterung	Anfang
21.5.2019	03:02:55	Io	Bedeckung	Ende
21.5.2019	23:53:07	Io	Schattenvorübergang	Ende
22.5.2019	00:21:10	Io	Durchgang	Ende
23.5.2019	00:31:09	Europa	Verfinsterung	Anfang
23.5.2019	03:51:29	Europa	Bedeckung	Ende
28.5.2019	02:16:09	Io	Verfinsterung	Anfang
28.5.2019	22:54:37	Ganymed	Schattenvorübergang	Ende
28.5.2019	23:35:17	Io	Schattenvorübergang	Anfang
28.5.2019	23:54:03	Io	Durchgang	Anfang
29.5.2019	00:05:32	Ganymed	Durchgang	Ende
29.5.2019	01:47:18	Io	Schattenvorübergang	Ende
29.5.2019	02:05:27	Io	Durchgang	Ende
29.5.2019	23:12:58	Io	Bedeckung	Ende
30.5.2019	03:07:09	Europa	Verfinsterung	Anfang
31.5.2019	23:47:08	Europa	Schattenvorübergang	Ende

Juni

Sternenhimmel

Gültig für

1.2. 6 Uhr	15.2. 5 Uhr
1.3. 4 Uhr	15.3. 3 Uhr
1.4. 2 Uhr	15.4. 1 Uhr
1.5. 0 Uhr	15.5. 23 Uhr
1.6. 22 Uhr	15.6. 21 Uhr

Jetzt sind die Nächte am kürzesten. Zu unserer Standardbeobachtungszeit, am Monatsersten um 22 Uhr MEZ, ist immer noch Restdämmerung im Nordwesten vorhanden, wenngleich es ausreichend dunkel ist die Sternbilder zu beobachten und zu identifizieren. In allen Gebieten nördlich von 48,5° nördlicher Breite wird es zum Zeitpunkt der Sommersonnenwende überhaupt nicht richtig dunkel, wenn dies auch erst nördlich des 52 Breitengrades auffallen dürfte.

Der helle Stern Arktur im Bärenhüter ist hoch im Süden zu finden. Unterhalb von diesem findet man die Jungfrau mit Spika. Auch der Kopf des Skorpions mit Antares ist tief im Südosten beobachtbar. Etwas weiter östlich, in gleicher Höhe wie Antares, erkennt man im Horizontdunst den Planeten Jupiter. Oberhalb von diesem ist der Schlangenträger mit der Schlange zu sehen. Tief im Osten erkennt man einen hellen Stern – es ist Atair – der Hauptstern des Adlers. Höher im Osten ist ein noch hellerer Stern sichtbar, es ist Wega, der hellste Stern des kleinen Sternbildes Leier und der fünft hellste Stern des Himmels. Weiter nordöstlich erblickt man das kreuzförmige Sternbild Schwan, dessen hellster Stern Deneb zusammen mit Wega und Atair das sogenannte Sommerdreieck bildet. Zwischen Leier und Bärenhüter befinden sich die Sternbilder Herkules und Nördliche Krone. Auf der westlichen Himmelshälfte befinden sich der Löwe, der Kopf der Wasserschlange, der Krebs und das untergehende Sternbild Zwillinge. Tief im Süden kann man bei klarem Himmel die nördlichsten Sterne des Wolfs und des Zentauren sehen.

Astronomische Ereignisse

Datum	Uhrzeit	Ereignis	Elongation
1.6.2019	02:01:34	Merkur 3,6° südlich Elnath	12,5°
1.6.2019	03:23:30	Mars 55' südlich Epsilon Geminorum	29,9°
1.6.2019	20:06:56	Mond 3,9° südlich Venus	19,9°
1.6.2019	23:53:02	Pallas stationär, dann rechtläufig	
2.6.2019	09:32:25	Mond 8,8° südlich der Plejaden	12,0°
3.6.2019	06:06:27	Mond 1,5° nördlich Aldebaran	4,2°
3.6.2019	11:02:02	Neumond	-3°
3.6.2019	13:00:00	Merkur in größter Nordbreite	
4.6.2019	03:33:05	Mond 8,6° südlich Elnath	9,1°
4.6.2019	17:47:55	Mond 4,2° südlich Merkur	16,1°
5.6.2019	00:08:30	Mond 1,3° südlich Eta Geminorum	19,7°
5.6.2019	02:39:20	Mond 1,2° südlich Mü Geminorum	21,3°
5.6.2019	07:35:28	Mond 5,2° nördlich Alhena	24,0°
5.6.2019	10:10:35	Mond 3,35° südlich Epsilon Geminorum	25,4°
5.6.2019	16:41:39	Mond 2,1° südlich Mars	28,5°
5.6.2019	23:46:19	Mond im aufsteigenden Knoten	
6.6.2019	05:28:38	Mond 6,2° nördlich Juno	36,0°
6.6.2019	06:10:43	Mond 10,7° südlich Kastor	36,4°
6.6.2019	10:05:46	Mond 6,8° südlich Pollux	38,6°
6.6.2019	21:03:21	Merkur 3° nördlich Eta Geminorum	17,9°

Datum	Uhrzeit	Ereignis	Elongation
7.6.2019	07:04:25	Juno 16,9° südlich Kastor	35,6°
7.6.2019	07:51:19	Mond 15' südlich M44	50,6°
7.6.2019	21:49:35	Merkur 2,9° nördlich Mü Geminorum	18,7°
8.6.2019	00:53:12	Mond in Erdnähe	
8.6.2019	09:35:48	Venus 5,2° südlich der Plejaden	17,5°
8.6.2019	22:04:57	Mond 2,3° nördlich Regulus	71,8°
9.6.2019	21:10:18	Merkur 8,8° nördlich Alhena	20,2°
10.6.2019	06:59:25	Erstes Viertel	
10.6.2019	16:28:31	Jupiteropposition	
10.6.2019	18:17:31	Merkur 1' südlich Epsilon Geminorum	20,7°
11.6.2019	16:40:12	Mond 2° nördlich Porrima	108,4°
12.6.2019	08:07:55	Mond in größter Nordbreite	
12.6.2019	12:46:14	Mond 7,3° nördlich Spika	119,2°
12.6.2019	14:11:52	Mond 27,5° südlich Pallas	106,9°
12.6.2019	14:28:49	Juno 13,2° südlich Pollux	32,8°
14.6.2019	06:28:42	Mond 3,55° nördlich Zuben-el-dschenubi	141,3°
14.6.2019	06:40:03	Vesta in größter Südbreite	
14.6.2019	20:44:02	Vesta 16,9° südlich Hamal	46,4°
15.6.2019	14:27:38	Mond 2,3° nördlich Akrab	157,9°
15.6.2019	15:15:03	Mond 28' nördlich Ceres	158,3°
16.6.2019	02:57:47	Mond 7° nördlich Antares	164,3°
16.6.2019	18:44:45	Mond 1,4° nördlich Jupiter	172,2°
17.6.2019	09:30:44	Vollmond	
17.6.2019	22:04:33	Venus 4,8° nördlich Aldebaran	15,7°
18.6.2019	01:47:38	Vesta 5,8° südlich Uranus	51,1°
18.6.2019	05:30:53	Ceres 1,6° nördlich Akrab	156,3°
18.6.2019	15:35:24	Merkur 14' nördlich Mars	24,4°
18.6.2019	17:06:17	Mond 3,4° nördlich Nunki	164,1°
19.6.2019	01:35:46	Merkur 8,9° südlich Kastor	24,5°
19.6.2019	02:50:49	Mond im absteigenden Knoten	
19.6.2019	05:43:10	Mond 1,2° südlich Saturn	158,5°
19.6.2019	10:31:43	Mars 9° südlich Kastor	24,2°
19.6.2019	12:41:52	Mond 30' südlich Pluto	155,3°
20.6.2019	09:51:19	Mond 6,7° südlich Beta Capricorni	144,2°
21.6.2019	06:21:20	Merkur 5,7° südlich Pollux	24,8°
21.6.2019	16:54:43	Sommeranfang	
22.6.2019	01:21:29	Mond 1,4° südlich Delta Capricorni	126,5°
22.6.2019	05:12:12	Neptun stationär, dann rückläufig	
23.6.2019	08:35:08	Mond in Erdferne	
23.6.2019	08:40:41	Mars 5,6° südlich Pollux	22,9°
24.6.2019	00:15:23	Merkur in größter östlicher Elongation	25,15°
24.6.2019	00:40:51	Mond 4,75° südlich Neptun	103,5°
25.6.2019	10:46:30	Letztes Viertel	

Datum	Uhrzeit	Ereignis	Elongation
26.6.2019	14:30:40	Mond in größter Südbreite	
26.6.2019	23:03:23	Merkur im absteigenden Knoten	
27.6.2019	13:43:19	Venus 5,7° südlich Elnath	13,1°
27.6.2019	19:30:47	Mond 16,7° südlich Hamal	58,4°
27.6.2019	21:59:48	Mond 5,7° südlich Uranus	60,1°
28.6.2019	04:19:12	Mond 28' nördlich Vesta	59,0°
29.6.2019	19:56:39	Mond 9° südlich der Plejaden	37,7°
30.6.2019	17:38:27	Mond 1,7° nördlich Aldebaran	27,8°

Planeten

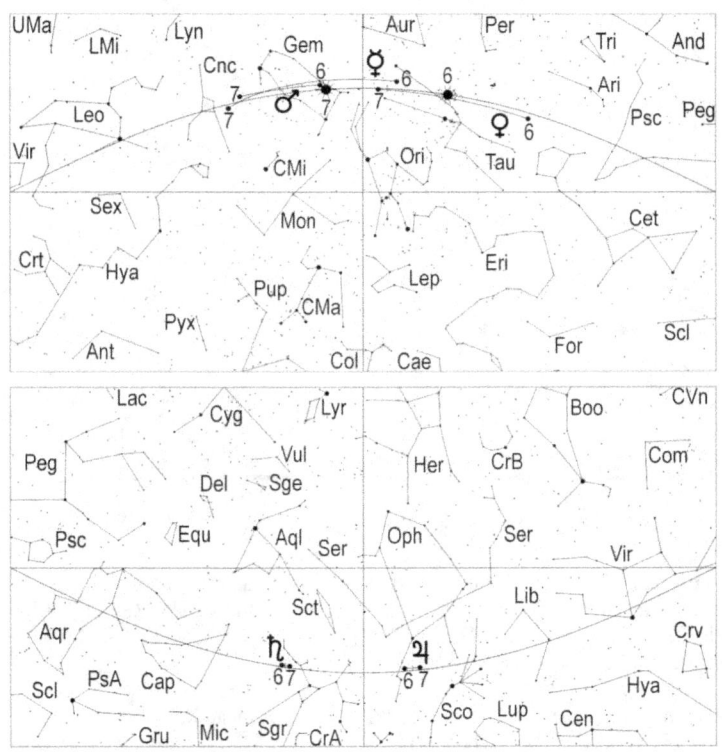

Merkur erreicht am 24. mit 25,15° seine größte östliche Elongation und es kommt zu einer Abendsichtbarkeit, die vom 4.6. bis zum 14.6. dauert. Am 4. geht der –0,9 mag helle Planet um 21.56 Uhr MEZ (22.56 Uhr MESZ) unter, am 9. versinkt der –0,4 mag helle Planet um 22.12 Uhr MEZ (23.12 Uhr MESZ) unter dem Horizont und am 14. geht der –0,1 mag helle Merkur um 22.19 Uhr MEZ (23.19 Uhr MESZ) unter. Etwa 40 Minuten vorher kann man ihn tief in der Abenddämmerung erkennen. Sein Scheibchendurchmesser nimmt in diesem Zeitraum von 5,7" auf 6,7" zu, während die beleuchtete Fläche von 91% auf 63% zurückgeht. Am Tag der Elongation versinkt der nur noch 0,6 mag helle Planet um 22.07 Uhr MEZ (23.07 Uhr MESZ) unter dem Horizont, was nicht ausreicht, ihn in der Dämmerung zu beobachten. Am 18. ist das Merkurscheibchen halb beleuchtet.

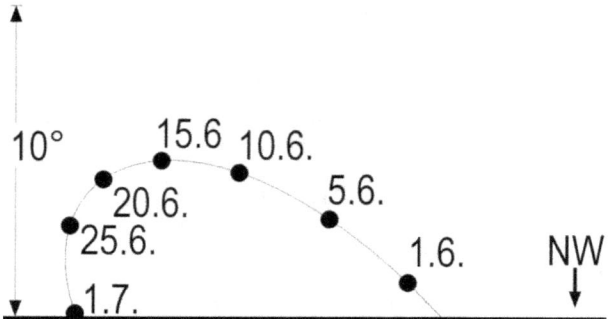

Position des Planeten Merkur 1 Stunde nach Sonnenuntergang

Venus ist weiterhin am Morgenhimmel zu sehen, allerdings nur sehr kurz und horizontnah kurz vor Sonnenaufgang. Sie geht am 1. um 3.33 Uhr MEZ (4.33 Uhr MESZ), am 15. um 3.23 Uhr MEZ (4.23 Uhr MESZ) und am 30. um 3.27 Uhr MEZ (4.27 Uhr MESZ) auf – ca. 50 Minuten vor der Sonne.

Mars im Sternbild Zwillinge kann nur noch bis zum 3. tief im Nordwesten gegen Ende der Abenddämmerung beobachtet werden. Der 1,8 mag helle Planet versinkt an diesem Tag um 22.42 Uhr MEZ (23.42 Uhr MESZ) unter dem Horizont. Für den Rest des Monats ist Mars nicht mehr freiäugig sichtbar.

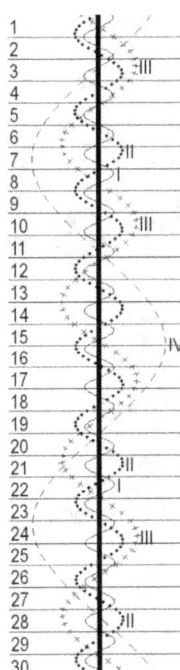

Jupiter, rückläufig im Sternbild Schlangenträger, erreicht am 10. seine Oppositionsstellung und ist daher die ganze kurze Nacht über zu sehen. Seine Helligkeit beträgt am Oppositionstag −2,6 mag und sein Scheibchendurchmesser 46". Er ist ein interessantes Fernrohrobjekt, wenn auch wegen seiner geringen Höhe die Luftunruhe Probleme bei der Erkennung von Oberflächendetails bereiten dürfte.

Saturn, rückläufig im Schützen wird im Laufe des Monats zum Planeten der gesamten Nacht. Am 1.6. geht er um 22.57 Uhr (23.57 Uhr MESZ), am 15.6. um 22.00 Uhr (23.00 Uhr MESZ) und am Monatsletzten um 21.01 Uhr (22.01 Uhr MESZ) auf. Seine Helligkeit steigt leicht von 0,3 mag auf 0,1 mag. Schon in kleinen Fernrohren ist sein Ring zu erkennen.

Uranus kann im letzten Monatsdrittel mit einem Fernrohr im westlichen Teil des Sternbildes Widder aufgesucht werden (Aufsuchkarte, Seite 123). Sein Aufgang erfolgt am 20.6. um 1.39 Uhr (2.39 Uhr MESZ) und am Monatsletzten um 1.00 Uhr (2.00 Uhr MESZ). Etwa eine Stunde nach seinem Aufgang lohnt es sich, nach ihn, in der beginnenden Dämmerung, Ausschau zu halten.

Stellung der 4 hellen Jupitermonde im Juni 2019

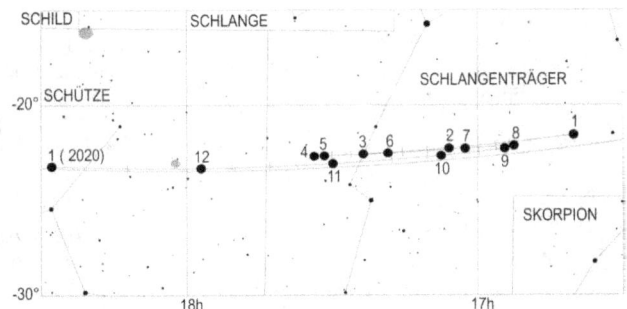

Lauf des Planeten Jupiter im Jahr 2019. Die Zahl gibt die Position zum 1. des entsprechenden Monats an, also 4 die Position am 1.4.

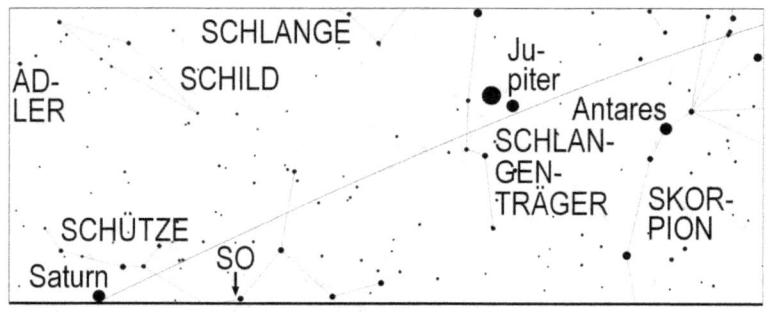

Mond und Saturn am 16.6.2019 um 22Uhr MEZ (23 Uhr MESZ)

Neptun im Wassermann, kann wieder am Morgenhimmel mit einem Fernrohr aufgesucht werden (Aufsuchkarte, Seite 113), wenn dies auch im ersten Monatsdrittel noch sehr schwierig sein dürfte. Er übertritt den Horizont am 1.6. um 1.30 Uhr (2.30 Uhr MESZ), am 15.6. um 0.34 Uhr (1.34 Uhr MESZ) und am Monatsletzten schon um 23.32 Uhr (0.32 Uhr MESZ). Am 22. wird der sonnenfernste Planet stationär und setzt zu seiner Oppositionsschleife an.

Klein- und Zwergplaneten

Ceres, deren Helligkeit im Laufe des Monats von 7,0 mag auf 7,8 mag sinkt, wandert rückläufig vom Skorpion in die Waage. Sie kann in der ersten Nachthälfte nach Dämmerungsende aufgesucht werden. Ihre Kulmination erreicht sie am 15. um 22.58 Uhr MEZ (23.58 Uhr MESZ) und am 30. um, 21.50 Uhr MEZ (22.50 Uhr MESZ). An diesem Tag versinkt sie um 2.20 Uhr MEZ (3.20 Uhr MESZ) unter dem Horizont. (Aufsuchkarte, Seite 72)

Pallas beendet am 1. ihre Oppositionsschleife und bewegt sich rechtläufig durch das Sternbild Haar der Berenike. Sie steht immer noch fast die ganze Nacht über dem Horizont. Am 30. erfolgt ihr Untergang um 3.25 Uhr MEZ (4.25 Uhr MESZ). Ihre Helligkeit geht von 8,9 mag auf 9,4 mag zurück, so daß ein Feldstecher nicht mehr ausreichen dürfte, sie erfolgreich aufzusuchen. (Aufsuchkarte, Seite 63)

Juno kann im Juni nicht beobachtet werden.

Vesta ist ebenfalls unbeobachtbar. Am 30.6. geht der 8,2 mag helle Kleinplanet um 1.38 Uhr MEZ (2.38 Uhr MESZ) auf, was allerdings noch nicht früh genug ist, um ihn am Morgenhimmel aufzustöbern. (Aufsuchkarte, Seite 135)

Periodische Sternschnuppenströme

Vom 11.6. bis zum 21.6. kann man die Juni-Lyriden beobachten, die zum Zeitpunkt ihres Maximums am 16.6. um 23 Uhr bis zu 3 Meteore pro Stunde hervorbringen. Leider ist am nächsten Tag Vollmond, was die Beobachtung erschwert. Während des ganzen Monats sind die langsam fliegenden Meteore der Scorpius-Sagittariiden zu registrieren, welche am 13. ihr Maximum erreichen. Ihre Beobachtung wird in diesem Jahr zum Zeitpunkt des Maximums durch den in unmittelbarer Nachbarschaft des Radianten befindlichen, fast vollen Mond hochgradig erschwert.
Zwischen dem 26.6. und dem 30.6. sind die Juni-Bootiden aktiv, die ihr Maximum am 28.6. um 15 Uhr erreiichen. Es sind bis zu 5, langsamere Meteore pro Stunde zu erwarten, doch können höhere Fallraten nicht gänzlich ausgeschlossen werden.

Sonnenuntergang und Dämmerung

	Astr. Anf.	Naut. Anf.	Bürg. Anf.	Aufgang	Kulm.	Untergang	Bürg. Ende	Naut. Ende	Astr. Ende	Zeitgl.
1.6.2019	0:27	2:37	3:38	4:20	12:22	20:24	21:07	22:08	0:16	-2m17s
2.6.2019	----	2:36	3:37	4:19	12:22	20:25	21:08	22:09	----	-2m08s
3.6.2019	----	2:34	3:36	4:19	12:22	20:26	21:09	22:11	----	-1m58s
4.6.2019	----	2:33	3:35	4:18	12:22	20:27	21:10	22:12	----	-1m48s
5.6.2019	----	2:32	3:34	4:17	12:23	20:28	21:12	22:14	----	-1m38s
6.6.2019	----	2:31	3:34	4:17	12:23	20:29	21:13	22:15	----	-1m27s
7.6.2019	----	2:30	3:33	4:16	12:23	20:29	21:14	22:16	----	-1m16s
8.6.2019	----	2:29	3:33	4:16	12:23	20:30	21:14	22:18	----	-1m05s
9.6.2019	----	2:28	3:32	4:15	12:23	20:31	21:15	22:19	----	-0m53s
10.6.2019	----	2:27	3:32	4:15	12:23	20:32	21:16	22:20	----	-0m42s
11.6.2019	----	2:27	3:31	4:15	12:24	20:32	21:17	22:21	----	-0m30s
12.6.2019	----	2:26	3:31	4:15	12:24	20:33	21:18	22:22	----	-0m18s
13.6.2019	----	2:25	3:31	4:14	12:24	20:34	21:18	22:23	----	-0m05s
14.6.2019	----	2:25	3:30	4:14	12:24	20:34	21:19	22:24	----	0m06s
15.6.2019	----	2:24	3:30	4:14	12:24	20:35	21:20	22:24	----	0m19s
16.6.2019	----	2:24	3:30	4:14	12:25	20:35	21:20	22:25	----	0m31s
17.6.2019	----	2:24	3:30	4:14	12:25	20:36	21:21	22:26	----	0m44s
18.6.2019	----	2:24	3:30	4:14	12:25	20:36	21:21	22:26	----	0m57s
19.6.2019	----	2:24	3:30	4:14	12:25	20:36	21:21	22:27	----	1m10s
20.6.2019	----	2:24	3:30	4:14	12:26	20:37	21:22	22:27	----	1m23s
21.6.2019	----	2:24	3:30	4:14	12:26	20:37	21:22	22:27	----	1m36s
22.6.2019	----	2:24	3:30	4:15	12:26	20:37	21:22	22:27	----	1m49s
23.6.2019	----	2:24	3:31	4:15	12:26	20:37	21:22	22:27	----	2m02s
24.6.2019	----	2:25	3:31	4:15	12:26	20:37	21:22	22:27	----	2m15s
25.6.2019	----	2:25	3:31	4:15	12:27	20:37	21:22	22:27	----	2m28s
26.6.2019	----	2:26	3:32	4:16	12:27	20:37	21:22	22:27	----	2m40s
27.6.2019	----	2:26	3:32	4:16	12:27	20:37	21:22	22:27	----	2m53s
28.6.2019	----	2:27	3:33	4:17	12:27	20:37	21:22	22:26	----	3m06s

	Astr. Anf.	Naut. Anf.	Bürg. Anf.	Aufgang	Kulm.	Untergang	Bürg. Ende	Naut. Ende	Astr. Ende	Zeitgl.
29.6.2019	---	2:28	3:33	4:17	12:27	20:37	21:22	22:26	---	3m18s
30.6.2019	---	2:29	3:34	4:18	12:28	20:37	21:21	22:25	---	3m30s

Mondlauf

	Rektaszension	Deklination	Elong.	Phase	mag	Aufgang	Kulm.	Untergang
1.6.2019	2h36m38,9s	9°22'31"	30,8°	0,07	-6,8	3:38	10:44	18:03
2.6.2019	3h26m55,0s	13°31'34"	18,8°	0,03	-5,8	4:04	11:33	19:16
3.6.2019	4h20m12,7s	17°04'13"	6,8°	0 ●	-4,6	4:36	12:27	20:28
4.6.2019	5h16m37,6s	19°43'25"	7,3°	0	-4,7	5:17	13:24	21:37
5.6.2019	6h15m40,3s	21°13'05"	19,9°	0,03	-6,0	6:07	14:23	22:38
6.6.2019	7h16m15,1s	21°21'40"	33,0°	0,08	-7,1	7:09	15:23	23:30
7.6.2019	8h16m55,7s	20°05'25"	46,3°	0,16	-8,0	8:20	16:21	
8.6.2019	9h16m22,2s	17°29'34"	59,6°	0,25	-8,8	9:37	17:18	0:11
9.6.2019	10h13m45,8s	13°46'44"	72,9°	0,35	-9,5	10:55	18:11	0:44
10.6.2019	11h08m56,3s	9°13'48"	86,2°	0,47 ☽	-10,0	12:14	19:03	1:12
11.6.2019	12h02m15,4s	4°09'05"	99,3°	0,58	-10,5	13:32	19:52	1:37
12.6.2019	12h54m23,9s	-1°09'21"	112,3°	0,69	-10,9	14:48	20:41	2:00
13.6.2019	13h46m09,4s	-6°24'16"	125,2°	0,79	-11,3	16:04	21:31	2:22
14.6.2019	14h38m16,6s	-11°19'14"	138,0°	0,87	-11,6	17:19	22:21	2:47
15.6.2019	15h31m18,7s	-15°38'46"	150,5°	0,94	-11,9	18:32	23:13	3:14
16.6.2019	16h25m29,4s	-19°08'53"	162,8°	0,98	-12,2	19:42		3:46
17.6.2019	17h20m37,8s	-21°38'15"	174,7°	1 ○	-12,5	20:45	0:05	4:24
18.6.2019	18h16m08,1s	-22°59'37"	172,8°	1	-12,5	21:40	0:58	5:09
19.6.2019	19h11m09,0s	-23°10'55"	161,3°	0,97	-12,1	22:25	1:50	6:01
20.6.2019	20h04m48,3s	-22°15'22"	149,9°	0,93	-11,8	23:03	2:41	7:00
21.6.2019	20h56m28,4s	-20°20'16"	138,7°	0,88	-11,5	23:34	3:30	8:02
22.6.2019	21h45m54,7s	-17°35'09"	127,7°	0,81	-11,2	23:59	4:16	9:06
23.6.2019	22h33m15,5s	-14°10'09"	116,7°	0,72	-10,9		5:00	10:10
24.6.2019	23h18m57,1s	-10°14'49"	105,9°	0,64	-10,5	0:21	5:43	11:15
25.6.2019	0h03m37,7s	-5°57'51"	94,9°	0,54 ☾	-10,2	0:41	6:25	12:20
26.6.2019	0h48m03,5s	-1°27'20"	83,9°	0,45	-9,8	1:00	7:07	13:26
27.6.2019	1h33m04,7s	3°08'31"	72,7°	0,35	-9,3	1:20	7:50	14:32
28.6.2019	2h19m33,9s	7°40'31"	61,2°	0,26	-8,7	1:40	8:34	15:42
29.6.2019	3h08m22,4s	11°57'28"	49,3°	0,17	-8,1	2:04	9:22	16:54
30.6.2019	4h00m13,5s	15°45'25"	37,1°	0,1	-7,3	2:33	10:14	18:07

Jupitermond-Ereignisse

Datum	Uhrzeit (MEZ)	Mond	Erscheinung	Phase
1.6.2019	00:14:23	Europa	Durchgang	Ende
5.6.2019	00:35:42	Ganymed	Schattenvorübergang	Anfang

Datum	Uhrzeit (MEZ)	Mond	Erscheinung	Phase
5.6.2019	01:13:28	Ganymed	Durchgang	Anfang
5.6.2019	01:29:32	Io	Schattenvorübergang	Anfang
5.6.2019	01:38:03	Io	Durchgang	Anfang
5.6.2019	02:53:59	Ganymed	Schattenvorübergang	Ende
5.6.2019	03:22:46	Ganymed	Durchgang	Ende
5.6.2019	03:41:34	Io	Schattenvorübergang	Ende
5.6.2019	03:49:27	Io	Durchgang	Ende
5.6.2019	22:38:25	Io	Verfinsterung	Anfang
6.6.2019	00:56:41	Io	Bedeckung	Ende
6.6.2019	22:10:10	Io	Schattenvorübergang	Ende
6.6.2019	22:15:28	Io	Durchgang	Ende
7.6.2019	23:55:19	Europa	Schattenvorübergang	Anfang
8.6.2019	00:04:10	Europa	Durchgang	Anfang
8.6.2019	02:21:51	Europa	Schattenvorübergang	Ende
8.6.2019	02:28:26	Europa	Durchgang	Ende
9.6.2019	21:30:05	Europa	Bedeckung	Ende
12.6.2019	03:21:58	Io	Durchgang	Anfang
12.6.2019	03:23:51	Io	Schattenvorübergang	Anfang
13.6.2019	00:29:15	Io	Bedeckung	Anfang
13.6.2019	02:44:14	Io	Verfinsterung	Ende
13.6.2019	21:48:00	Io	Durchgang	Anfang
13.6.2019	21:52:29	Io	Schattenvorübergang	Anfang
13.6.2019	23:59:24	Io	Durchgang	Ende
14.6.2019	00:04:33	Io	Schattenvorübergang	Ende
14.6.2019	21:12:45	Io	Verfinsterung	Ende
15.6.2019	02:18:10	Europa	Durchgang	Anfang
15.6.2019	02:29:56	Europa	Schattenvorübergang	Anfang
15.6.2019	21:01:01	Ganymed	Verfinsterung	Ende
16.6.2019	21:19:46	Europa	Bedeckung	Anfang
17.6.2019	00:05:10	Europa	Verfinsterung	Ende
20.6.2019	02:13:06	Io	Bedeckung	Anfang
20.6.2019	23:32:07	Io	Durchgang	Anfang
20.6.2019	23:46:56	Io	Schattenvorübergang	Anfang
21.6.2019	01:43:32	Io	Durchgang	Ende
21.6.2019	01:59:02	Io	Schattenvorübergang	Ende
21.6.2019	23:07:01	Io	Verfinsterung	Ende
22.6.2019	21:31:29	Ganymed	Bedeckung	Anfang
23.6.2019	01:01:21	Ganymed	Verfinsterung	Ende
23.6.2019	23:35:18	Europa	Bedeckung	Anfang
28.6.2019	01:16:39	Io	Durchgang	Anfang
28.6.2019	01:41:28	Io	Schattenvorübergang	Anfang
28.6.2019	22:23:29	Io	Bedeckung	Anfang
29.6.2019	01:01:29	Io	Verfinsterung	Ende
29.6.2019	21:54:17	Io	Durchgang	Ende
29.6.2019	22:22:13	Io	Schattenvorübergang	Ende
30.6.2019	00:49:36	Ganymed	Bedeckung	Anfang

Juli

Sternenhimmel

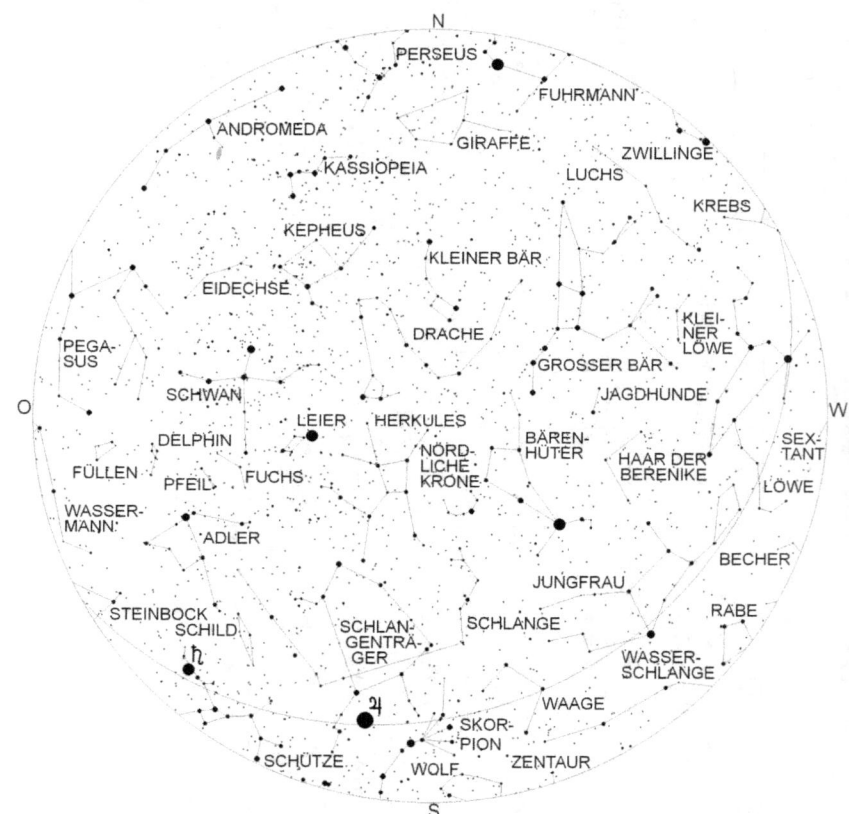

Gültig für

1.3. 6 Uhr	15.3. 5 Uhr
1.4. 4 Uhr	15.4. 3 Uhr
1.5. 2 Uhr	15.5. 1 Uhr
1.6. 0 Uhr	15.6. 23 Uhr
1.7. 22 Uhr	15.7. 21 Uhr

Zur Standardbeobachtungszeit, den Monatsersten um 22 Uhr ist im Nordwesten immer noch eine Restdämmerung zu sehen und in den nördlichen Teilen Deutschlands wird es in der ersten Monatshälfte überhaupt nicht vollständig dunkel, doch ist es zu dieser Zeit dunkel genug, um die wichtigsten Sternbilder zu sehen und zu bestimmen.

Tief im Süden steht der Skorpion mit seinem hellen Stern Antares, der zu den größten Sternen überhaupt gehört. Im Skorpion befinden sich mehrere Doppelsterne, die schon mit kleinen Fernrohren getrennt werden können. Einer ist der Scherenstern Akrab, der schon mit Fernrohren ab 5 cm Öffnung aufgelöst werden kann. Der nur knapp östlich davon gelegene Stern Jabbah ist sogar schon im Feldstecher trennbar und entpuppt sich in Fernrohren mit mehr als 6 cm Öffnung als Dreifachstern.

Im Südsüdosten geht gerade das Sternbild Schütze auf, in dem sich in diesem Jahr der Planet Saturn befindet. Zwischen Schütze und Skorpion, im südlichen Teil des Schlangenträgers, erkennt man ein sehr helles Objekt und zwar den Planeten Jupiter.

Westlich des Skorpions befindet sich die Waage. Nordwestlich davon findet man die Tierkreissternbilder Jungfrau und Löwe, die bald unter dem Horizont versinken werden.

Oberhalb des Schlangenträgers steht das wenig charakteristische Sternbild Herkules, welches dem Fernrohrbeobachter den Doppelstern Ras Algheti (Alpha Herculis) sowie die Kugelsternhaufen M 13 und M 92 bietet. Westlich des Herkules erkennt man das Halbrund der Nördlichen Krone und den Bärenhüter mit Arktur.

Hoch im Südosten findet man die Sternbilder Schwan, Leier und Adler, deren hellste Sterne Wega, Deneb und Atair das Sommerdreieck bilden. Das Sternbild Schwan liegt direkt in der Milchstraße und zeigt im Fernglas eine enorme Sternenfülle.

Sommersternbilder

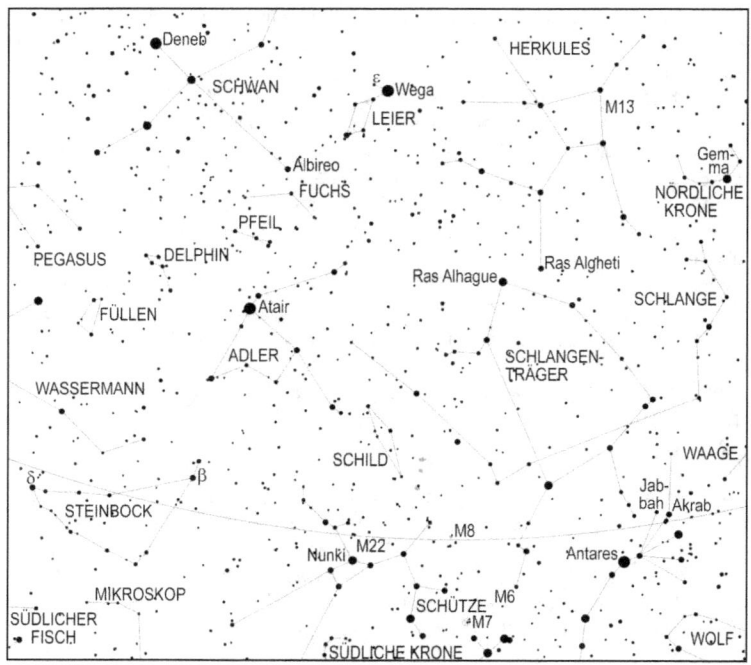

Astronomische Ereignisse

Datum	Uhrzeit	Ereignis	Elongation
1.7.2019	14:13:30	Mond 8,1° südlich Elnath	16,7°
1.7.2019	22:57:29	Mond 2,55° südlich Venus	11,9°
2.7.2019	07:45:02	Mond 1° südlich Eta Geminorum	6,5°
2.7.2019	11:42:03	Mond 45' südlich Mü Geminorum	4,8°
2.7.2019	18:34:00	Mond 5,3° nördlich Alhena	1,2°
2.7.2019	20:16:20	Neumond	39'
2.7.2019	20:24:07	Totale Sonnenfinsternis, maximale Dauer: 4m33s, in Mitteleuropa nicht sichtbar	
2.7.2019	20:48:09	Mond 3,6° südlich Epsilon Geminorum	0,7°
3.7.2019	07:53:40	Mond im aufsteigenden Knoten	
3.7.2019	16:02:56	Mond 10,4° südlich Kastor	11,1°
3.7.2019	20:26:19	Mond 7° südlich Pollux	13,6°
4.7.2019	05:43:29	Mond 41' südlich Mars	18,9°

Datum	Uhrzeit	Ereignis	Elongation
4.7.2019	08:30:47	Mond 2,6° nördlich Merkur	20,5°
4.7.2019	11:21:38	Mond 6,5° nördlich Juno	22,1°
4.7.2019	17:11:43	Mond 6,3' südlich M44	25,2°
5.7.2019	06:18:01	Mond in Erdnähe	
5.7.2019	13:47:08	Venus im aufsteigenden Knoten	
6.7.2019	03:42:10	Mond 2,3° nördlich Regulus	45,3°
6.7.2019	16:46:00	Venus 55' nördlich Eta Geminorum	10,6°
7.7.2019	05:25:51	Merkur stationär, dann rückläufig	
7.7.2019	07:55:37	Merkur im Aphel	
7.7.2019	14:32:34	Merkur 3,8° südlich Mars	18,4°
8.7.2019	04:44:11	Venus 56' nördlich Mü Geminorum	10,2°
9.7.2019	00:06:32	Mond 1,7° nördlich Porrima	83,6°
9.7.2019	11:54:59	Erstes Viertel	
9.7.2019	13:19:02	Mond in größter Nordbreite	
9.7.2019	18:07:47	Saturnopposition	
9.7.2019	19:23:06	Mond 7,1° nördlich Spika	94,0°
10.7.2019	03:39:42	Mond 26,1° südlich Pallas	88,1°
10.7.2019	07:50:31	Juno 6,5° südlich M44	19,8°
10.7.2019	22:49:43	Venus 7° nördlich Alhena	9,5°
11.7.2019	10:30:38	Mond 3,9° nördlich Zuben-el-dschenubi	114,7°
12.7.2019	03:06:07	Venus 1,8° südlich Epsilon Geminorum	9,1°
12.7.2019	14:54:28	Mond 2,4° nördlich Ceres	129,3°
12.7.2019	21:35:39	Mond 1,9° nördlich Akrab	132,7°
13.7.2019	08:35:38	Mond 7,5° nördlich Antares	138,2°
13.7.2019	20:13:37	Mond 1,5° nördlich Jupiter	144,0°
13.7.2019	22:12:41	Mars 6,1' südlich M44	16,4°
14.7.2019	15:48:34	Plutoopposition	
16.7.2019	01:39:53	Mond 3,05° nördlich Nunki	168,9°
16.7.2019	09:03:03	Mond 42' südlich Saturn	173,2°
16.7.2019	10:05:38	Mond im absteigenden Knoten	
16.7.2019	17:11:38	Mond 35' südlich Pluto	177,4°
16.7.2019	19:42:47	Partielle Mondfinsternis, Eintritt Halbschatten	
16.7.2019	21:01:52	Partielle Mondfinsternis, Eintritt Kernschatten	
16.7.2019	22:30:56	Partielle Mondfinsternis, Mitte der Finsternis, Grösse: 0,6564	
16.7.2019	22:38:20	Vollmond	
17.7.2019	00:00:00	Partielle Mondfinsternis, Austritt Kernschatten	
17.7.2019	01:19:05	Partielle Mondfinsternis, Austritt Halbschatten	
17.7.2019	15:23:33	Mond 6,7° südlich Beta Capricorni	169,4°
18.7.2019	19:27:32	Mars in größter Nordbreite	
19.7.2019	10:30:55	Mond 58' südlich Delta Capricorni	152,1°
20.7.2019	01:16:02	Ceres stationär, dann rechtläufig	
21.7.2019	00:38:08	Mond in Erdferne	

Datum	Uhrzeit	Ereignis	Elongation
21.7.2019	09:59:20	Mond 4,3° südlich Neptun	129,8°
21.7.2019	13:34:02	Merkur in unterer Konjunktion zur Sonne	-5°
21.7.2019	16:26:16	Venus 9,6° südlich Kastor	6,6°
23.7.2019	17:12:55	Venus 6,1° südlich Pollux	6,0°
23.7.2019	22:01:04	Mond in größter Südbreite	
24.7.2019	03:45:52	Juno 5,85° südlich Mars	13,2°
24.7.2019	11:30:46	Merkur 5,7° südlich Venus	5,8°
25.7.2019	02:18:08	Letztes Viertel	
25.7.2019	02:31:53	Mond 16,9° südlich Hamal	84,0°
25.7.2019	08:57:27	Mond 5,3° südlich Uranus	85,6°
26.7.2019	06:51:13	Merkur 11,6° südlich Pollux	8,8°
26.7.2019	09:33:03	Mond 2° nördlich Vesta	74,9°
27.7.2019	03:40:24	Mond 9° südlich der Plejaden	63,6°
27.7.2019	13:58:19	Merkur in größter Südbreite	
28.7.2019	01:13:57	Mond 1,4° nördlich Aldebaran	54,8°
28.7.2019	23:01:42	Mond 8,6° südlich Elnath	43,0°
29.7.2019	19:32:56	Mond 1,2° südlich Eta Geminorum	32,2°
29.7.2019	22:04:14	Mond 1,2° südlich Mü Geminorum	30,9°
30.7.2019	02:45:22	Mond 5,1° nördlich Alhena	28,0°
30.7.2019	05:04:08	Mond 3,4° südlich Epsilon Geminorum	26,6°
30.7.2019	18:02:05	Mond im aufsteigenden Knoten	
31.7.2019	01:02:23	Mond 10,7° südlich Kastor	15,7°
31.7.2019	02:33:41	Mond 3,7° nördlich Merkur	14,2°
31.7.2019	04:30:23	Mond 6,9° südlich Pollux	13,7°
31.7.2019	19:42:36	Merkur stationär, dann rechtläufig	
31.7.2019	22:11:42	Mond 22' südlich Venus	3,8°

Planeten

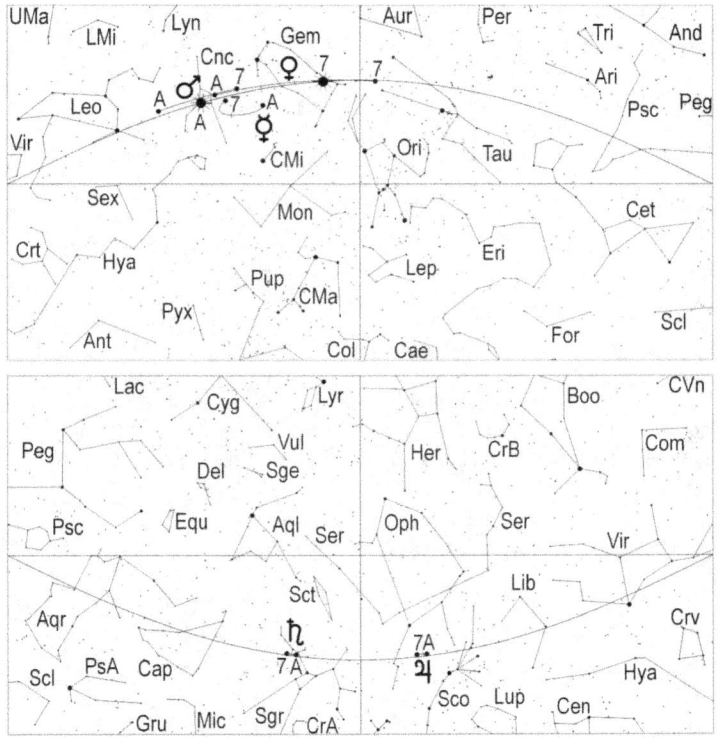

Merkur steht am 21. in unterer Konjunktion zur Sonne und ist im Juli nicht zu sehen.

Venus kann bis zum 13. tief im Nordwesten kurz vor Sonnenaufgang beobachtet werden. Sie geht am 1. um 3.28 Uhr MEZ (4.28 Uhr MESZ) und am 13. um 3.44 Uhr MEZ (4.44 Uhr MESZ) auf. 45 Minuten später folgt die Sonne. Nach dem 13. ist Venus für längere Zeit unbeobachtbar.

Mars kann im Juli nicht beobachtet werden, weil er zu nah bei der Sonne steht.

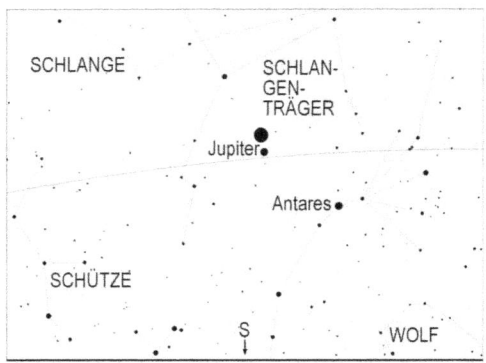

Mond und Jupiter am Abend des 13.7.2019 um 22 Uhr MEZ

Jupiter, rückläufig im Schlangenträger, zieht sich langsam vom Morgenhimmel zurück. Am 1. geht er um 3 Uhr MEZ (4 Uhr MESZ) unter und am 31. um 0.53 Uhr MEZ (1.53 Uhr MESZ). Seine Helligkeit geht leicht zurück von −2,6 mag auf −2,4 mag. Für Fernrohrbeobachter ist er nach wie vor sehr interessant, auch wenn es, wegen seiner geringen Höhe, häufig Probleme bei der Erkennung von Details, wegen der Luftunruhe, geben dürfte.

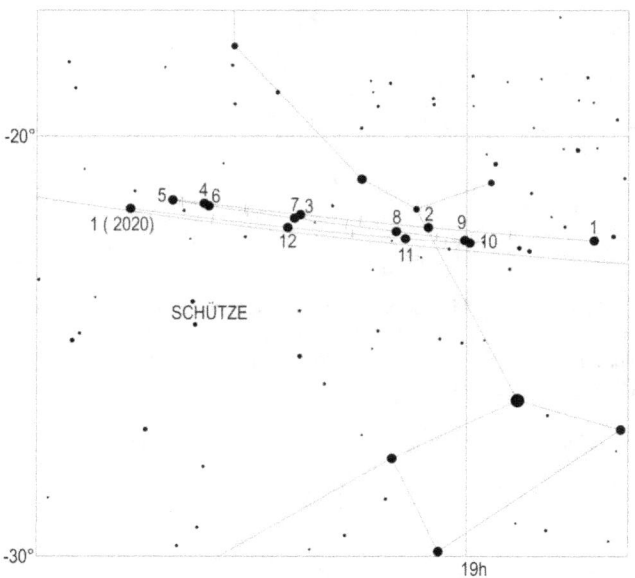

Lauf des Planeten Saturn während der Oppositionsperiode im Jahr 2019. Die Zahl gibt die Position zum 1. des entsprechenden Monats an, also 4 die Position am 1.4.

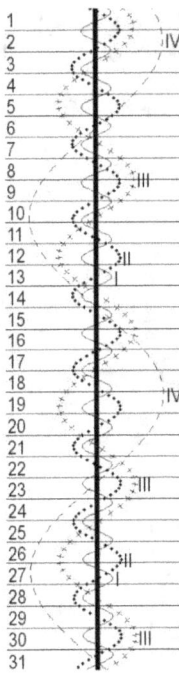

Stellung der 4 hellen Jupitermonde im Juli 2019
(Aufsuchkarte, Seite 72)

Saturn erreicht am 9. seine Oppositionsstellung und ist die ganze Nacht über zu sehen. Seine Helligkeit beträgt am Oppositionstag 0,1 mag. Im Fernrohr kann sehr deutlich sein weit geöffneter Ring gesehen werden.

Uranus, rechtläufig im Sternbild Widder, erscheint am 1. um 0.56 Uhr MEZ (1.56 Uhr MESZ), am 15. um 0.02 Uhr MEZ (1.02 Uhr MESZ) und am 31. um 22.56 Uhr MEZ (23.56 Uhr MESZ) über dem Horizont. Kurz vor Einbruch der Morgendämmerung kann der 5,8 mag helle Planet mit einem Fernglas aufgesucht werden (Aufsuchkarte, Seite 123).

Neptun, rückläufig im Wassermann, geht am Monatsletzten bereits um 21.29 Uhr (22.29 Uhr MESZ) auf. Der 7,8 mag helle Neptun kann am besten kurz vor Einbruch der Morgendämmerung aufgesucht werden (Aufsuchkarte, Seite 113), wo er zum Monatsende schon seinen höchsten Stand erreicht.

Klein- und Zwergplaneten

Ceres beendet am 20. ihre Oppositionsschleife im Sternbild Waage. Sie versinkt am 1. um 2.16 Uhr MEZ (0.16 Uhr MESZ), am 15. um 1.13 Uhr MEZ (2.13 Uhr MESZ) und am 31. um 0.06 Uhr MEZ (1.06 Uhr MESZ) unter dem Horizont. Ihre Helligkeit geht von 7,8 mag auf 8,4 mag zurück, wodurch sich ihre Beobachtung erschwert. Trotzdem kann man noch zum Ende der Dämmerung Ceres mit einem lichtstarken Fernglas oder einem Fernrohr aufsuchen.

Pallas rechtläufig im Bärenhüter geht am 1. um 3.21 Uhr MEZ (4.21 Uhr MESZ) und am 31. um 1.22 Uhr MEZ (2.22 Uhr MESZ) unter. Ihre Helligkeit sinkt von 9,4 mag auf 9,8 mag, doch kann man sie immer noch, nach Ende der Abenddämmerung, mit einem Fernrohr aufsuchen. (Aufsuchkarte, Seite 63).

Juno ist unbeobachtbar.

Vesta durchwandert rechtläufig den Kopf des Walfisches und erscheint am 1. um 1.38 Uhr MEZ (2.38 Uhr MESZ), am 15. um 0.56 Uhr MEZ (1.56 Uhr MESZ) und am 31. um 0.08 Uhr MEZ (1.08 Uhr MESZ) über dem Horizont. Ab der Monatsmitte sollte es möglich sein, diesen Kleinplaneten, dessen Helligkeit von 8,2 mag auf 8,0 mag steigt, mit einem Fernrohr, kurz vor Beginn der Morgendämmerung, aufzusuchen. (Aufsuchkarte, Seite 135).

Pluto erreicht am 14. seine Opposition. Da seine Helligkeit nur 14,2 mag beträgt, ist zur Beobachtung ein Fernrohr von mindestens 30 cm Durchmesser nötig. Er befindet sich im Ostteil des Sternbildes Schütze.
Pluto kann mit geeigneten Geräten zwischen April und Oktober aufgesucht werden. Zur Identifikation ist die folgende Sternkarte zu benutzen.

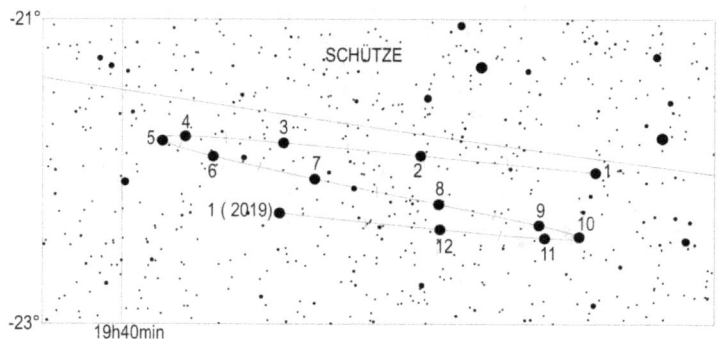

Lauf des Zwergplaneten Pluto im Jahr 2019. Die Zahl gibt die Position zum 1. des entsprechenden Monats an, also 4 die Position am 1.4.

Periodische Sternschnuppenströme

Am 29.7. um 8 Uhr erreicht der Meteorstrom der Delta-Aquariden mit bis zu 3 Meteoren pro Stunde sein Hauptmaximum. Dieser Strom, der aus zwei Teilströmen, den nördlichen Delta-Aquariden und den südlichen Delta-Aquariden besteht, ist vom 8.7. bis zum 25.8. aktiv. Er hat ein Nebenmaximum am 27.7. um 1 Uhr mit einem Meteor pro Stunde. Der abnehmende Mond stört 2019 zumindest etwas bei der Beobachtung des Nebenmaximums. Ab dem 17.7. tauchen die ersten Perseiden auf.

Sonnenuntergang und Dämmerung

	Astr. Anf.	Naut. Anf.	Bürg. Anf.	Auf- gang	Kulm.	Unter- gang	Bürg. Ende	Naut. Ende	Astr. Ende	Zeitgl.
1.7.2019	----	2:30	3:35	4:19	12:28	20:36	21:21	22:25	----	3m42s
2.7.2019	----	2:31	3:36	4:19	12:28	20:36	21:21	22:24	----	3m54s
3.7.2019	----	2:32	3:36	4:20	12:28	20:36	21:20	22:23	----	4m05s
4.7.2019	----	2:33	3:37	4:21	12:28	20:35	21:20	22:22	----	4m16s
5.7.2019	----	2:34	3:38	4:21	12:29	20:35	21:19	22:21	----	4m27s
6.7.2019	----	2:36	3:39	4:22	12:29	20:34	21:18	22:20	----	4m38s
7.7.2019	----	2:37	3:40	4:23	12:29	20:34	21:18	22:19	----	4m48s
8.7.2019	----	2:38	3:41	4:24	12:29	20:33	21:17	22:18	----	4m58s
9.7.2019	----	2:40	3:42	4:25	12:29	20:33	21:16	22:17	----	5m07s
10.7.2019	----	2:41	3:43	4:26	12:29	20:32	21:15	22:16	----	5m16s

	Astr. Anf.	Naut. Anf.	Bürg. Anf.	Auf- gang	Kulm.	Unter- gang	Bürg. Ende	Naut. Ende	Astr. Ende	Zeitgl.
11.7.2019	----	2:43	3:44	4:27	12:30	20:31	21:14	22:15	----	5m24s
12.7.2019	----	2:45	3:45	4:28	12:30	20:31	21:13	22:13	----	5m32s
13.7.2019	0:47	2:46	3:47	4:29	12:30	20:30	21:12	22:12	0:13	5m40s
14.7.2019	0:57	2:48	3:48	4:30	12:30	20:29	21:11	22:10	23:56	5m47s
15.7.2019	1:04	2:50	3:49	4:31	12:30	20:28	21:10	22:09	23:50	5m54s
16.7.2019	1:11	2:52	3:50	4:32	12:30	20:27	21:09	22:07	23:45	6m00s
17.7.2019	1:16	2:53	3:52	4:33	12:30	20:26	21:08	22:05	23:40	6m05s
18.7.2019	1:21	2:55	3:53	4:34	12:30	20:25	21:07	22:04	23:35	6m10s
19.7.2019	1:26	2:57	3:54	4:35	12:30	20:24	21:06	22:02	23:31	6m15s
20.7.2019	1:31	2:59	3:56	4:37	12:30	20:23	21:04	22:00	23:26	6m19s
21.7.2019	1:35	3:01	3:57	4:38	12:30	20:22	21:03	21:59	23:22	6m22s
22.7.2019	1:40	3:03	3:59	4:39	12:31	20:21	21:01	21:57	23:18	6m25s
23.7.2019	1:44	3:05	4:00	4:40	12:31	20:19	21:00	21:55	23:14	6m27s
24.7.2019	1:48	3:07	4:02	4:42	12:31	20:18	20:59	21:53	23:10	6m29s
25.7.2019	1:51	3:09	4:03	4:43	12:31	20:17	20:57	21:51	23:07	6m30s
26.7.2019	1:55	3:11	4:04	4:44	12:31	20:16	20:55	21:49	23:03	6m31s
27.7.2019	1:59	3:13	4:06	4:46	12:31	20:14	20:54	21:47	22:59	6m31s
28.7.2019	2:02	3:15	4:08	4:47	12:31	20:13	20:52	21:45	22:56	6m30s
29.7.2019	2:06	3:17	4:09	4:48	12:31	20:11	20:51	21:43	22:52	6m29s
30.7.2019	2:09	3:19	4:11	4:50	12:31	20:10	20:49	21:41	22:49	6m27s
31.7.2019	2:12	3:21	4:12	4:51	12:30	20:08	20:47	21:39	22:45	6m25s

Mondlauf

	Rektaszension	Deklination	Elong.	Phase	mag	Auf- gang	Kulm.	Unter- gang
1.7.2019	4h55m32,1s	18°47'43"	24,4°	0,04	-6,3	3:09	11:09	19:19
2.7.2019	5h54m10,1s	20°46'33"	11,4°	0,01 ●	-5,1	3:55	12:08	20:24
3.7.2019	6h55m16,3s	21°26'24"	2,1°	0	-4,2	4:52	13:09	21:22
4.7.2019	7h57m22,1s	20°38'28"	15,7°	0,02	-5,6	6:02	14:10	22:08
5.7.2019	8h58m47,7s	18°24'04"	29,4°	0,06	-6,8	7:19	15:10	22:46
6.7.2019	9h58m15,8s	14°54'35"	43,2°	0,13	-7,8	8:40	16:06	23:17
7.7.2019	10h55m12,0s	10°28'10"	56,8°	0,23	-8,7	10:01	16:59	23:43
8.7.2019	11h49m43,3s	5°25'33"	70,3°	0,33	-9,3	11:21	17:50	
9.7.2019	12h42m24,9s	0°06'50"	83,5°	0,44 ◐	-9,9	12:38	18:40	0:06
10.7.2019	13h34m05,1s	-5°09'47"	96,5°	0,56	-10,4	13:54	19:29	0:28
11.7.2019	14h25m33,7s	-10°08'20"	109,2°	0,67	-10,8	15:09	20:18	0:52
12.7.2019	15h17m32,4s	-14°34'31"	121,7°	0,76	-11,1	16:21	21:08	1:18
13.7.2019	16h10m27,8s	-18°15'37"	133,9°	0,85	-11,5	17:31	21:59	1:48
14.7.2019	17h04m25,0s	-21°00'49"	145,9°	0,91	-11,8	18:36	22:51	2:22
15.7.2019	17h59m04,4s	-22°42'04"	157,7°	0,96	-12,1	19:33	23:43	3:04
16.7.2019	18h53m45,6s	-23°15'17"	169,5°	0,99 ○	-12,3	20:22		3:54
17.7.2019	19h47m38,4s	-22°41'06"	179,1°	1	-12,6	21:02	0:35	4:49
18.7.2019	20h39m57,7s	-21°04'37"	168,0°	0,99	-12,3	21:35	1:24	5:51
19.7.2019	21h30m16,0s	-18°34'13"	157,0°	0,96	-12,0	22:02	2:11	6:54

	Rektaszension	Deklination	Elong.	Phase	mag	Aufgang	Kulm.	Untergang
20.7.2019	22h18m27,8s	-15°19'57"	146,0°	0,92	-11,7	22:25	2:56	7:58
21.7.2019	23h04m47,9s	-11°32'07"	135,1°	0,85	-11,4	22:46	3:39	9:03
22.7.2019	23h49m46,6s	-7°20'21"	124,2°	0,78	-11,1	23:05	4:21	10:07
23.7.2019	0h34m04,2s	-2°53'35"	113,3°	0,7	-10,8	23:24	5:03	11:12
24.7.2019	1h18m27,4s	1°39'47"	102,3°	0,61	-10,4	23:44	5:44	12:17
25.7.2019	2h03m47,1s	6°11'09"	91,1°	0,51 ☾	-10,1		6:27	13:25
26.7.2019	2h50m55,8s	10°30'46"	79,6°	0,41	-9,6	0:05	7:13	14:33
27.7.2019	3h40m43,5s	14°26'57"	67,8°	0,31	-9,1	0:31	8:01	15:45
28.7.2019	4h33m49,4s	17°45'17"	55,6°	0,22	-8,5	1:02	8:54	16:56
29.7.2019	5h30m30,0s	20°09'07"	42,9°	0,13	-7,8	1:43	9:50	18:05
30.7.2019	6h30m24,0s	21°21'26"	29,8°	0,07	-6,8	2:34	10:51	19:07
31.7.2019	7h32m26,1s	21°08'49"	16,3°	0,02	-5,7	3:38	11:52	19:59

Finsternisse

Am 2. Juli kann über dem südlichen Pazifik, in Chile und Argentinien eine totale Sonnenfinsternis mit einer maximalen Länge von 4m33s beobachtet werden. Sie kann in weiten Teilen Südamerikas ials partielle Sonnenfinsternis beobachtet werden. In Europa ist sie nicht zu sehen.

Am 16. Juli ereignet sich eine partielle Mondfinsternis, bei der der Mond in Mitteleuropa während der Halbschattenphase aufgeht. Der Mondaufgang erfolgt an diesem Tag in Hamburg um 20.36 Uhr MEZ (21.36 Uhr MESZ), in Berlin um 20.16 Uhr MEZ (21.16 Uhr MESZ), in Leipzig um 20.15 Uhr MEZ (21.15 Uhr MESZ), in Dresden um 20.07 Uhr MEZ (21.07 Uhr MESZ), in Hannover um 20.31 Uhr MEZ (21.31 Uhr MESZ), in Köln um 20.35 Uhr MEZ (21.35 Uhr MESZ), in Frankfurt um 20.24 Uhr MEZ (21.24 Uhr MESZ), in Nürnberg um 20.11 Uhr MEZ (21.11 Uhr MESZ), in Stuttgart um 20.16 Uhr MEZ (21.16 Uhr MESZ), in München um 20.03 Uhr MEZ (21.03 Uhr MESZ), in Bern um 20.15 Uhr MEZ (21.15 Uhr MESZ) und in Wien um 19.43 Uhr MEZ (20.43 Uhr MESZ) auf.
Zum Maximum um 22.31 Uhr MEZ (23.31 Uhr MESZ) befinden sich 65% des Mondes im Kernschatten.

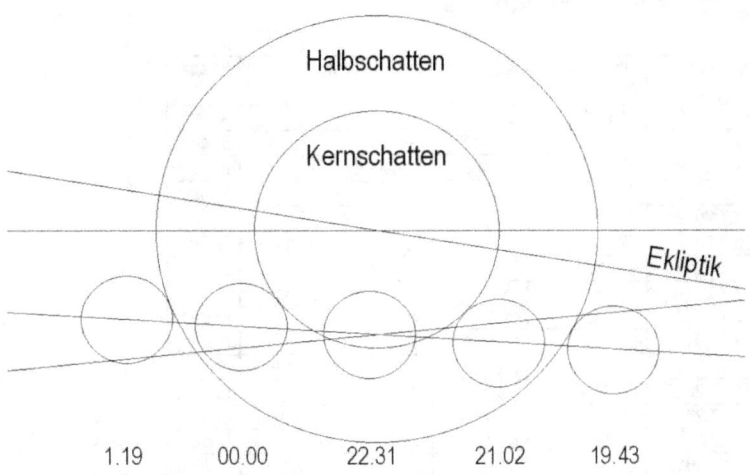

Verlauf der Mondfinsternis vom 27.7.2018. Alle Zeiten in MEZ

Jupitermond-Ereignisse

Datum	Uhrzeit (MEZ)	Mond	Erscheinung	Phase
1.7.2019	01:51:37	Europa	Bedeckung	Anfang
2.7.2019	22:21:03	Europa	Durchgang	Ende
2.7.2019	23:25:54	Europa	Schattenvorübergang	Ende
6.7.2019	00:08:32	Io	Bedeckung	Anfang
6.7.2019	21:28:09	Io	Durchgang	Anfang
6.7.2019	22:04:44	Io	Schattenvorübergang	Anfang
6.7.2019	23:39:39	Io	Durchgang	Ende
7.7.2019	00:16:54	Io	Schattenvorübergang	Ende
7.7.2019	21:24:46	Io	Verfinsterung	Ende
9.7.2019	22:13:20	Europa	Durchgang	Anfang
9.7.2019	23:33:13	Europa	Schattenvorübergang	Anfang
10.7.2019	00:38:46	Europa	Durchgang	Ende
10.7.2019	22:52:34	Ganymed	Schattenvorübergang	Ende
11.7.2019	21:12:33	Europa	Verfinsterung	Ende
13.7.2019	23:14:17	Io	Durchgang	Anfang
13.7.2019	23:59:27	Io	Schattenvorübergang	Anfang
14.7.2019	23:19:33	Io	Verfinsterung	Ende
17.7.2019	00:32:29	Europa	Durchgang	Anfang
17.7.2019	21:10:12	Ganymed	Durchgang	Anfang
17.7.2019	23:26:40	Ganymed	Durchgang	Ende
18.7.2019	00:28:02	Ganymed	Schattenvorübergang	Anfang
18.7.2019	23:48:46	Europa	Verfinsterung	Ende
21.7.2019	22:08:11	Io	Bedeckung	Anfang
22.7.2019	21:39:58	Io	Durchgang	Ende
22.7.2019	22:35:13	Io	Schattenvorübergang	Ende
25.7.2019	22:00:27	Europa	Bedeckung	Anfang
28.7.2019	21:00:32	Ganymed	Verfinsterung	Ende
28.7.2019	23:56:24	Io	Bedeckung	Anfang
29.7.2019	21:16:41	Io	Durchgang	Anfang
29.7.2019	22:17:50	Io	Schattenvorübergang	Anfang
29.7.2019	23:28:25	Io	Durchgang	Ende
30.7.2019	21:38:13	Io	Verfinsterung	Ende

August

Sternenhimmel

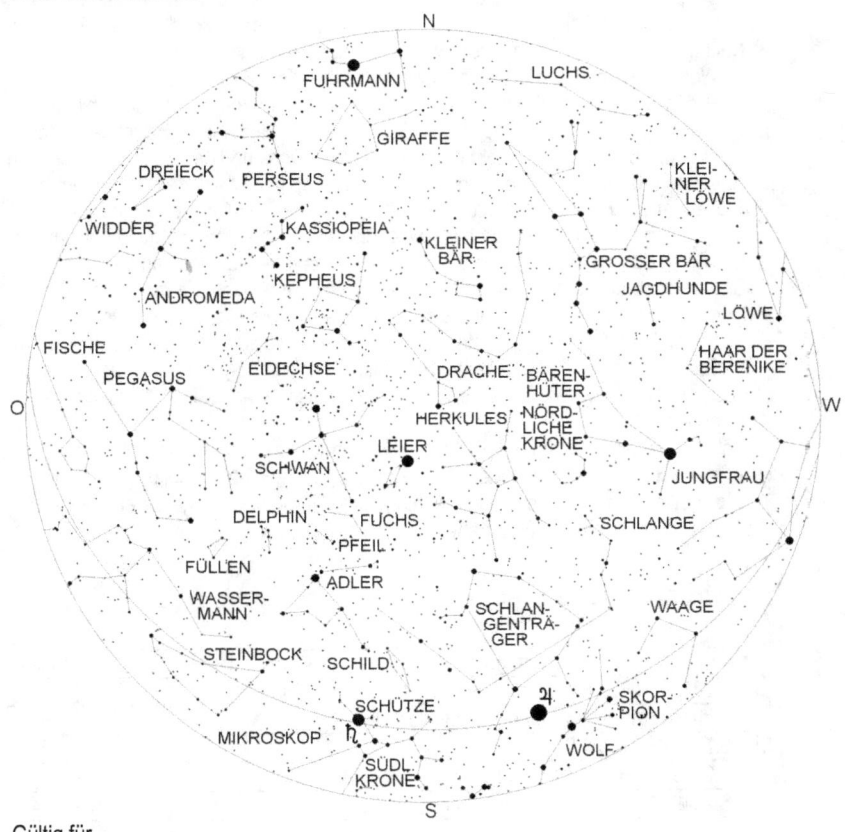

Gültig für

1.5. 4 Uhr	15.5. 3 Uhr
1.6. 2 Uhr	15.6. 1 Uhr
1.7. 0 Uhr	15.7. 23 Uhr
1.8. 22 Uhr	15.8. 21 Uhr

Tief im Süden ist jetzt das Sternbild Schütze, in dem sich zur Zeit der Planet Saturn aufhält, zu sehen. Für Fernrohrbeobachter ist dieses Sternbild sehr interessant, denn es gibt zahlreiche helle Sternhaufen und Nebel, wie den Lagunennebel in diesem Sternbild. Knapp über dem Südwesthorizont sind noch der Skorpion und die Waage zu sehen. Zwischen Schütze und Skorpion, im Südteil des Schlangenträgers, hält sich zur Zeit der Planet Jupiter auf – das zur Zeit nach dem Mond hellste Objekt des Nachthimmels. Im Westen verschwinden gerade die Jungfrau und der Löwe. Höher im Westen erkennt man Arktur im Bärenhüter und die nördliche Krone.

Über den Sternbildern Skorpion und Schütze sind die ausgedehnten Sternbilder Schlange und Schlangenträger sowie der Adler mit seinem hellen Hauptstern Atair zu finden. Hoch im Süden sieht man die Leier mit Wega und den Schwan mit seinem Hauptstern Deneb. In beiden Sternbildern gibt es bemerkenswerte Doppelsterne: Albireo im Schwan, der das südliche Ende des kreuzförmigen Sternbildes bildet, ist ein schon im Feldstecher trennbarer Doppelstern mit schönen orange-blau Kontrast. Der Stern Epsilon Lyrae, der sich nordöstlich von Wega befindet, kann bei guten Sichtbedingungen schon freiäugig getrennt werden. In einem Fernrohr ab ca. 6 cm-Durchmesser erkennt man, daß beide Komponenten wiederum Doppelsterne sind. Auch der Stern Beta Lyrae ist ein schon mit einem Fernglas auflösbarer Doppelstern. Im Südosten ist das lichtschwache Sternbild Steinbock aufgegangen. Auch Teile der ebenfalls lichtschwachen Tierkreissternbilder Wassermann und Fische sind bereits zu sehen.

Höher über dem Horizont erkennt man die Sternbilder Andromeda und Pegasus, zwei typische Herbststernbilder. Das bekannte Herbstviereck, gebildet aus den südwestlichsten Stern der Andromeda und drei Sternen des Pegasus erinnert jetzt an ein himmlisches Vorfahrtstraßenschild.

Astronomische Ereignisse

Datum	Uhrzeit	Ereignis	Elongation
1.8.2019	00:47:59	Ceres im absteigenden Knoten	
1.8.2019	01:52:58	Mond 22' südlich M44	1,6°
1.8.2019	04:12:00	Neumond	1,9°
1.8.2019	19:40:57	Mond 6,15° nördlich Juno	9,4°
1.8.2019	21:47:27	Mond 42' nördlich Mars	10,4°
2.8.2019	08:20:50	Mond in Erdnähe	
2.8.2019	12:15:39	Mond 2,7° nördlich Regulus	19,1°
3.8.2019	07:07:52	Venus 16' südlich M44	3,2°
5.8.2019	05:30:56	Mond 1,9° nördlich Porrima	56,8°
5.8.2019	19:31:24	Mond in größter Nordbreite	
5.8.2019	23:48:33	Merkur 9,3° südlich Pollux	18,2°
6.8.2019	02:18:54	Mond 7° nördlich Spika	68,4°
6.8.2019	21:11:20	Mond 24,8° südlich Pallas	71,6°
7.8.2019	16:23:10	Mond 3,6° nördlich Zuben-el-dschenubi	88,9°
7.8.2019	18:31:06	Erstes Viertel	
8.8.2019	10:12:59	Venus im Perihel	

Datum	Uhrzeit	Ereignis	Elongation
9.8.2019	00:42:04	Mond 3,35° nördlich Ceres	105,6°
9.8.2019	03:53:22	Mond 2° nördlich Akrab	107,1°
9.8.2019	12:43:46	Mond 7,4° nördlich Antares	111,6°
10.8.2019	00:07:55	Merkur in größter westlicher Elongation	19,1°
10.8.2019	00:59:08	Mond 1,6° nördlich Jupiter	117,4°
11.8.2019	17:27:19	Jupiter stationär, dann rechtläufig	
12.8.2019	06:25:32	Uranus stationär, dann rückläufig	
12.8.2019	07:45:17	Mond 3,4° nördlich Nunki	143,2°
12.8.2019	10:42:33	Mond 28' südlich Saturn	145,5°
12.8.2019	15:44:27	Mond im absteigenden Knoten	
12.8.2019	23:30:40	Mond 44' südlich Pluto	151,3°
13.8.2019	21:57:18	Mond 7° südlich Beta Capricorni	161,8°
14.8.2019	07:08:34	Venus in oberer Konjunktion zur Sonne	1,3°
15.8.2019	13:29:22	Vollmond	
15.8.2019	15:14:47	Mond 1,1° südlich Delta Capricorni	176,9°
15.8.2019	15:31:05	Merkur im aufsteigenden Knoten	
17.8.2019	11:39:34	Mond in Erdferne	
17.8.2019	11:54:40	Merkur 55' südlich M44	16,5°
17.8.2019	14:09:50	Mond 4,3° südlich Neptun	156,4°
17.8.2019	16:48:18	Juno 5,1° südlich Venus	1,6°
18.8.2019	00:52:47	Mars 42' nördlich Regulus	5,2°
20.8.2019	03:18:31	Mond in größter Südbreite	
20.8.2019	07:34:11	Merkur im Perihel	
21.8.2019	05:31:14	Venus 58' nördlich Regulus	2,3°
21.8.2019	08:39:07	Ceres 1,9° südlich Akrab	95,5°
21.8.2019	11:49:21	Mond 16,4° südlich Hamal	109,9°
21.8.2019	15:50:49	Mond 5,4° südlich Uranus	111,7°
22.8.2019	22:44:12	Juno in Konjunktion zur Sonne	-3,3°
23.8.2019	06:49:16	Mond 3,4° nördlich Vesta	94,5°
23.8.2019	13:50:26	Mond 8,7° südlich der Plejaden	89,8°
23.8.2019	15:56:14	Letztes Viertel	
24.8.2019	12:01:58	Mond 1,9° nördlich Aldebaran	80,0°
24.8.2019	13:34:08	Venus 19' nördlich Mars	3,1°
25.8.2019	09:06:01	Mond 8° südlich Elnath	69,1°
26.8.2019	03:34:17	Mond 57' südlich Eta Geminorum	58,9°
26.8.2019	07:31:42	Mond 39' südlich Mü Geminorum	57,2°
26.8.2019	14:43:22	Mond 5,4° nördlich Alhena	53,4°
26.8.2019	17:02:19	Mond 3,5° südlich Epsilon Geminorum	52,2°
27.8.2019	02:49:00	Mond im aufsteigenden Knoten	
27.8.2019	07:14:17	Juno 3,9° südlich Regulus	3,6°
27.8.2019	12:35:03	Mond 10,3° südlich Kastor	41,3°
27.8.2019	16:58:33	Mond 6,9° südlich Pollux	38,9°
28.8.2019	13:41:32	Mond 5,4' südlich M44	27,2°

Datum	Uhrzeit	Ereignis	Elongation
29.8.2019	04:14:15	Merkur 1,4° nördlich Regulus	5,4°
29.8.2019	17:30:00	Juno 5,15° südlich Merkur	4,7°
29.8.2019	23:29:56	Mond 2,25° nördlich Regulus	6,2°
30.8.2019	00:59:44	Mond 6,2° nördlich Juno	4,8°
30.8.2019	01:38:54	Mond 1,1° nördlich Merkur	5,3°
30.8.2019	01:58:40	Venus in größter Nordbreite	
30.8.2019	10:54:26	Mond 2,5° nördlich Mars	1,5°
30.8.2019	11:37:16	Neumond	3,9°
30.8.2019	14:00:00	Merkur in größter Nordbreite	
30.8.2019	16:53:10	Mond in Erdnähe	
30.8.2019	18:28:30	Mond 1,95° nördlich Venus	4,7°

Planeten

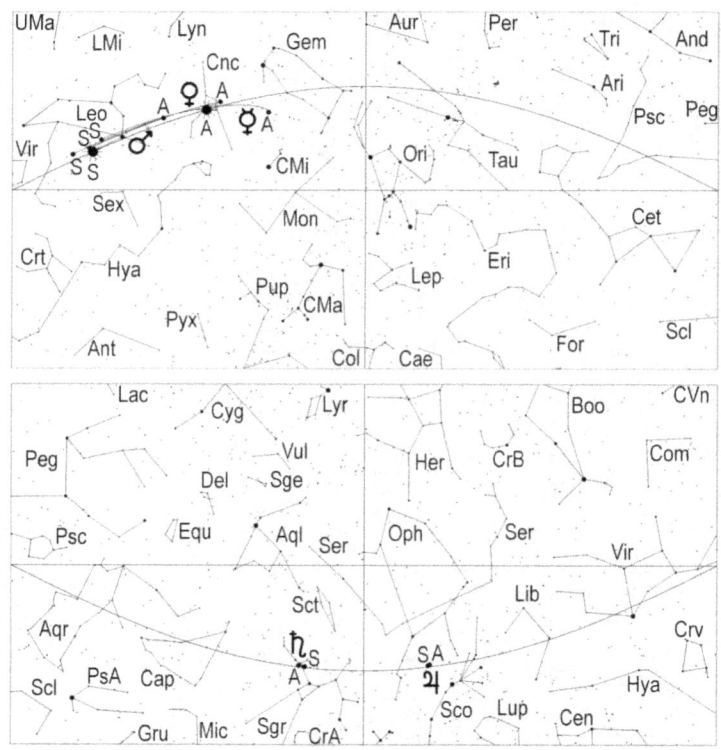

Merkur erreicht am 10. mit 19,1° seine größte westliche Elongation zur Sonne und kann zwischen dem 8. und dem 24. am Morgenhimmel beobachtet werden. Er hat am 8. eine Helligkeit von 0,4 mag und erscheint um 3.31 Uhr MEZ (4.31 Uhr MESZ) über dem Horizont. Am Tag der größten Elongation ist Merkur 0,1 mag hell und erscheint um 3.29 Uhr MEZ (4.29 Uhr MESZ) über dem Horizont. Sein Aufgang erfolgt am 15. um 3.36 Uhr MEZ (4.36 Uhr MESZ), am 20. um 3.57 Uhr MEZ (4.57 Uhr MESZ) und am 24. um 4.21 Uhr MEZ (5.21 Uhr MESZ). Seine Helligkeit steigt von −0,6 mag am 15, auf −1,0 mag am 20. schließlich auf −1,3 mag am 24., so daß er trotz der Verspätung seines Aufgangs noch in der Morgendämmerung erkannt werden kann.

Während der Morgensichtbarkeit sinkt sein Scheibchendurchmesser von 8" am 8., auf 6,6" am 15., 5,8" am 20. und auf 5,4" am 24. Sein beleuchteter Anteil wächst während dessen von 25% am 8., auf 64% am 15., auf 88% am 20. und auf 97% am 24. Die Halbphase (Dichotomie) tritt am 13. ein.

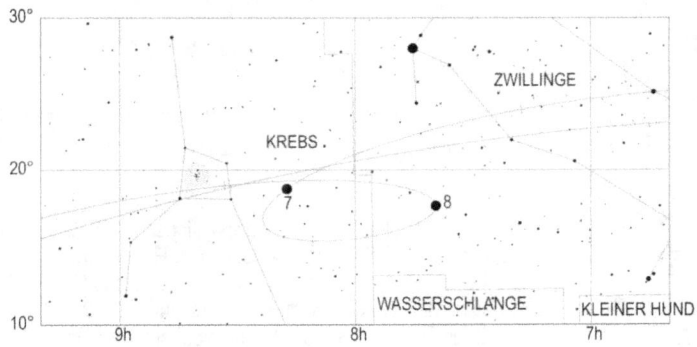

Lauf des Planeten Merkur von Juni bis August 2019. Die Zahl gibt die Position zum 1. des entsprechenden Monats an, also 8 die Position am 1.8.

Position des Planeten Merkur 1 Stunde vor Sonnenaufgang

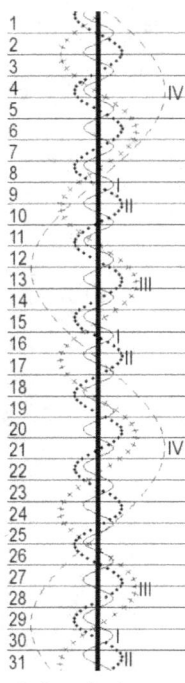

Stellung der 4 hellen Jupitermonde im August 2019

Venus steht am 14. in oberer Konjunktion zur Sonne und kann nicht beobachtet werden.

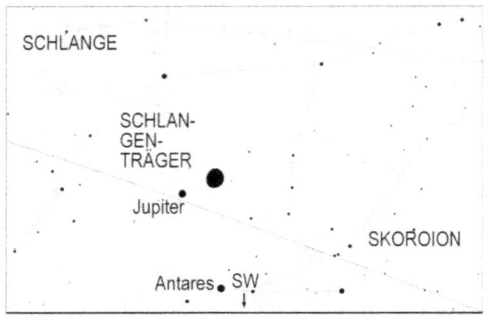

Mond und Jupiter am 9.8.2018 um 23 Uhr MEZ

Jupiter, beendet am 11. seine Oppositionsschleife und ist das auffälligste Objekt am Abendhimmel. Er geht am 1. um 0.49 Uhr MEZ (1.49 Uhr MESZ), am 15. um 23.49 Uhr MEZ (0.49 Uhr MESZ) und am 31. um 22.48 Uhr MEZ (23.48 Uhr MESZ) unter. Seine Helligkeit geht leicht auf –2,2 mag zurück.

Saturn, rückläufig im Schützen, zieht sich von der zweiten Nachthälfte zurück und geht am 1. um 3.02 Uhr MEZ (4.02 Uhr MESZ), am 15. um 2.03 Uhr MEZ (3.03 Uhr MESZ) und am Monatsletzten um 0.56 Uhr (1.56 Uhr MESZ) unter.

Uranus, setzt am 12. im Sternbild Widder zu seiner Oppositionsschleife an und geht am 1. um 22.52 Uhr MEZ (23.52 Uhr MESZ), am 15. um 21.57 Uhr MEZ (22.57 Uhr MESZ) und am 31. bereits um 20.54 Uhr (21.54 Uhr MESZ) auf. Er kann am besten, unmittelbar vor Beginn der Morgendämmerung, mit einem Fernglas oder Fernrohr (Aufsuchkarte, Seite 123) aufgesucht werden.

Neptun, rückläufig im Sternbild Wassermann, verlagert seinen Aufgang im Laufe des Monats in die frühen Abendstunden. Er erreicht seine Kulmination am Monatsersten um 3.05 Uhr (4.05 Uhr MESZ) und am Monatsletzten um 1.04 Uhr (2.04 Uhr MESZ). Der ohne optische Hilfsmittel nicht beobachtbare Planet hat eine Helligkeit von 7,8 mag und kann am leichtesten zur Kulminationszeit beobachtet werden (Aufsuchkarte, Seite 113).

Klein- und Zwergplaneten

Ceres, rechtläufig im Skorpion, geht am 1. um 0.02 Uhr MEZ (1.02 Uhr MESZ), am 15. um 23.04 Uhr MEZ (0.04 Uhr MESZ) und am 31. um 22.06 Uhr MEZ (23.06 Uhr MESZ) unter. Mit ihrer Helligkeit, die von 8,4 mag auf 8,8 mag zurückgeht, wird sie zu einem schwierig aufsuchbaren Fernrohrobjekt. (Aufsuchkarte, Seite 72).

Pallas, rechtläufig im Bärenhüter, reduziert ihre Helligkeit von 9,8 mag auf 10,0 mag, so daß zu ihrer Suche der Einsatz eines nicht zu kleinen Fernrohres (Objektivdurchmesser über 8 cm) sinnvoll ist. Sie versinkt am 1. um 1.18 Uhr MEZ (2.18 Uhr MESZ), am 15. um 0.26 Uhr MEZ (1.26 Uhr MESZ) und am 31. um 23.26 Uhr MEZ (0.26 Uhr MESZ) unter dem Horizont. (Aufsuchkarte, Seite 63).

Juno steht am 22. in Konjunktion zur Sonne und ist im August unbeobachtbar.

Vesta durchwandert die Sternbilder Widder und Stier und erscheint am 1. um 0.05 Uhr MEZ (1.05 Uhr MESZ), am 15. um 23.19 Uhr MEZ (0.19 Uhr MESZ) und am 31. um 22.27 Uhr MEZ (23.27 Uhr MESZ) über dem Horizont. Ihre Helligkeit steigt von 8,0 mag auf 7,7 mag und sie kann am besten, kurz vor Beginn der Morgendämmerung, mit einem Fernglas aufgesucht werden. (Aufsuchkarte, Seite 135).

Periodische Sternschnuppenströme

Am 13.8. um 14 Uhr erreichen die Perseiden mit bis zu 60 schnellen Meteoren pro Stunde ihr Maximum. Die beste Beobachtungszeit für Beobachter in Mitteleuropa ist kurz vor Beginn der Morgendämmerung, nach Untergang des Mondes, der am 13. um 2.43 Uhr MEZ erfolgt. Die Perseiden sind mit stark abnehmender Intensität bis zum 24.8. aktiv.
Vom 3.8. bis zum 31.8. kann man die Kappa-Cygniden beobachten, welche am 18.8. um 19 Uhr ihr Maximum mit bis zu 2 Meteoren pro Stunde erreichen. Ihre Beobachtung wird durch den fast vollen Mond erschwert.
Ab dem 25.8. ist der schwache Meteorstrom der Kappa-Cygniden beobachtbar.

Sonnenuntergang und Dämmerung

	Astr. Anf.	Naut. Anf.	Bürg. Anf.	Auf- gang	Kulm.	Unter- gang	Bürg. Ende	Naut. Ende	Astr. Ende	Zeitgl.
1.8.2019	2:16	3:23	4:14	4:53	12:30	20:07	20:46	21:37	22:42	6m22s
2.8.2019	2:19	3:25	4:15	4:54	12:30	20:05	20:44	21:34	22:39	6m19s
3.8.2019	2:22	3:27	4:17	4:56	12:30	20:04	20:42	21:32	22:35	6m15s
4.8.2019	2:25	3:29	4:19	4:57	12:30	20:02	20:40	21:30	22:32	6m10s

	Astr. Anf.	Naut. Anf.	Bürg. Anf.	Auf- gang	Kulm.	Unter- gang	Bürg. Ende	Naut. Ende	Astr. Ende	Zeitgl.
5.8.2019	2:28	3:31	4:20	4:58	12:30	20:01	20:38	21:28	22:29	6m04s
6.8.2019	2:31	3:33	4:22	5:00	12:30	19:59	20:36	21:26	22:25	5m58s
7.8.2019	2:34	3:35	4:23	5:01	12:30	19:57	20:35	21:23	22:22	5m52s
8.8.2019	2:37	3:37	4:25	5:03	12:30	19:56	20:33	21:21	22:19	5m45s
9.8.2019	2:40	3:39	4:27	5:04	12:30	19:54	20:31	21:19	22:16	5m37s
10.8.2019	2:43	3:41	4:28	5:06	12:29	19:52	20:29	21:16	22:13	5m28s
11.8.2019	2:46	3:43	4:30	5:07	12:29	19:51	20:27	21:14	22:10	5m19s
12.8.2019	2:49	3:45	4:32	5:09	12:29	19:49	20:25	21:12	22:07	5m10s
13.8.2019	2:52	3:47	4:33	5:10	12:29	19:47	20:23	21:09	22:04	4m59s
14.8.2019	2:55	3:49	4:35	5:12	12:29	19:45	20:21	21:07	22:01	4m49s
15.8.2019	2:57	3:51	4:37	5:13	12:29	19:43	20:19	21:05	21:58	4m37s
16.8.2019	3:00	3:53	4:38	5:15	12:28	19:41	20:17	21:02	21:55	4m25s
17.8.2019	3:03	3:55	4:40	5:16	12:28	19:40	20:15	21:00	21:52	4m13s
18.8.2019	3:05	3:57	4:42	5:18	12:28	19:38	20:13	20:57	21:49	4m00s
19.8.2019	3:08	3:59	4:43	5:19	12:28	19:36	20:11	20:55	21:46	3m47s
20.8.2019	3:10	4:01	4:45	5:21	12:27	19:34	20:08	20:52	21:43	3m33s
21.8.2019	3:13	4:03	4:47	5:22	12:27	19:32	20:06	20:50	21:40	3m19s
22.8.2019	3:15	4:05	4:48	5:24	12:27	19:30	20:04	20:48	21:37	3m04s
23.8.2019	3:18	4:07	4:50	5:25	12:27	19:28	20:02	20:45	21:34	2m49s
24.8.2019	3:20	4:08	4:52	5:27	12:26	19:26	20:00	20:43	21:31	2m33s
25.8.2019	3:23	4:10	4:53	5:28	12:26	19:24	19:58	20:40	21:28	2m17s
26.8.2019	3:25	4:12	4:55	5:30	12:26	19:22	19:56	20:38	21:25	2m00s
27.8.2019	3:27	4:14	4:57	5:31	12:26	19:20	19:54	20:35	21:22	1m44s
28.8.2019	3:30	4:16	4:58	5:33	12:25	19:17	19:51	20:33	21:20	1m26s
29.8.2019	3:32	4:18	5:00	5:34	12:25	19:15	19:49	20:30	21:17	1m09s
30.8.2019	3:34	4:20	5:01	5:36	12:25	19:13	19:47	20:28	21:14	0m51s
31.8.2019	3:36	4:21	5:03	5:37	12:24	19:11	19:45	20:26	21:11	0m32s

Mondlauf

	Rektaszension	Deklination	Elong.	Phase	mag	Auf- gang	Kulm.	Unter- gang
1.8.2019	8h34m59,9s	19°26'07"	3,0°	0 ●	-4,3	4:53	12:54	20:41
2.8.2019	9h36m28,7s	16°19'14"	11,9°	0,01	-5,2	6:15	13:53	21:16
3.8.2019	10h35m48,0s	12°04'03"	26,0°	0,05	-6,6	7:39	14:50	21:44
4.8.2019	11h32m37,5s	7°02'26"	40,0°	0,12	-7,6	9:02	15:43	22:09
5.8.2019	12h27m14,7s	1°37'39"	53,7°	0,2	-8,5	10:23	16:35	22:33
6.8.2019	13h20m18,7s	-3°48'44"	67,1°	0,3	-9,2	11:42	17:25	22:57
7.8.2019	14h12m36,5s	-8°58'20"	80,2°	0,41 ☽	-9,7	12:58	18:15	23:22
8.8.2019	15h04m51,3s	-13°35'50"	92,9°	0,52	-10,2	14:12	19:06	23:50
9.8.2019	15h57m34,9s	-17°28'44"	105,2°	0,63	-10,6	15:24	19:57	
10.8.2019	16h51m01,0s	-20°26'55"	117,2°	0,73	-11,0	16:29	20:48	0:23
11.8.2019	17h45m02,2s	-22°23'00"	128,9°	0,81	-11,3	17:29	21:39	1:03
12.8.2019	18h39m11,0s	-23°12'47"	140,4°	0,89	-11,6	18:19	22:30	1:49
13.8.2019	19h32m47,3s	-22°55'53"	151,7°	0,94	-11,9	19:02	23:20	2:43

	Rektaszension	Deklination	Elong.	Phase	mag	Aufgang	Kulm.	Untergang
14.8.2019	20h25m10,0s	-21°35'52"	162,7°	0,98	-12,2	19:37		3:42
15.8.2019	21h15m49,1s	-19°19'34"	173,4°	1 ○	-12,4	20:05	0:08	4:44
16.8.2019	22h04m32,1s	-16°16'05"	174,2°	1	-12,4	20:29	0:53	5:49
17.8.2019	22h51m25,2s	-12°35'28"	163,8°	0,98	-12,2	20:51	1:37	6:53
18.8.2019	23h36m50,0s	-8°27'47"	153,1°	0,95	-11,9	21:10	2:19	7:58
19.8.2019	0h21m19,4s	-4°02'42"	142,2°	0,89	-11,6	21:29	3:01	9:02
20.8.2019	1h05m33,7s	0°30'34"	131,3°	0,83	-11,3	21:48	3:42	10:07
21.8.2019	1h50m17,9s	5°03'03"	120,3°	0,75	-11,0	22:08	4:24	11:12
22.8.2019	2h36m19,7s	9°25'15"	109,2°	0,67	-10,7	22:31	5:07	12:19
23.8.2019	3h24m26,8s	13°26'39"	97,8°	0,57 ☽	-10,3	23:00	5:53	13:28
24.8.2019	4h15m21,3s	16°54'52"	86,0°	0,46	-9,9	23:35	6:43	14:37
25.8.2019	5h09m30,9s	19°35'37"	73,9°	0,36	-9,4		7:36	15:46
26.8.2019	6h06m57,3s	21°13'22"	61,4°	0,26	-8,9	0:19	8:33	16:50
27.8.2019	7h07m05,8s	21°33'46"	48,4°	0,17	-8,1	1:16	9:33	17:46
28.8.2019	8h08m45,8s	20°27'26"	34,9°	0,09	-7,3	2:25	10:34	18:32
29.8.2019	9h10m29,9s	17°53'34"	21,2°	0,03	-6,2	3:44	11:34	19:11
30.8.2019	10h11m01,8s	14°01'44"	7,7°	0 ●	-4,9	5:08	12:33	19:42
31.8.2019	11h09m38,9s	9°10'22"	8,6°	0,01	-4,9	6:33	13:29	20:09

Jupitermond-Ereignisse

Datum	Uhrzeit (MEZ)	Mond	Erscheinung	Phase
3.8.2019	20:39:34	Europa	Schattenvorübergang	Anfang
3.8.2019	20:56:30	Europa	Durchgang	Ende
3.8.2019	23:10:02	Europa	Schattenvorübergang	Ende
4.8.2019	20:29:50	Ganymed	Bedeckung	Ende
4.8.2019	22:31:35	Ganymed	Verfinsterung	Anfang
5.8.2019	23:06:09	Io	Durchgang	Anfang
7.8.2019	20:53:44	Io	Schattenvorübergang	Ende
10.8.2019	20:56:16	Europa	Durchgang	Anfang
10.8.2019	23:16:12	Europa	Schattenvorübergang	Anfang
11.8.2019	21:49:18	Ganymed	Bedeckung	Anfang
12.8.2019	20:55:04	Europa	Verfinsterung	Ende
13.8.2019	22:04:03	Io	Bedeckung	Anfang
14.8.2019	20:36:21	Io	Schattenvorübergang	Anfang
14.8.2019	21:36:25	Io	Durchgang	Ende
14.8.2019	22:48:42	Io	Schattenvorübergang	Ende
21.8.2019	21:16:33	Io	Durchgang	Anfang
21.8.2019	22:31:18	Io	Schattenvorübergang	Anfang
22.8.2019	20:23:11	Ganymed	Schattenvorübergang	Anfang
22.8.2019	21:52:52	Io	Verfinsterung	Ende
26.8.2019	21:04:20	Europa	Bedeckung	Anfang
28.8.2019	20:21:16	Europa	Schattenvorübergang	Ende
29.8.2019	20:17:42	Io	Bedeckung	Anfang
29.8.2019	21:38:30	Ganymed	Durchgang	Ende

Datum	Uhrzeit (MEZ)	Mond	Erscheinung	Phase
30.8.2019	19:50:04	Io	Durchgang	Ende
30.8.2019	21:07:24	Io	Schattenvorübergang	Ende

September

Sternenhimmel

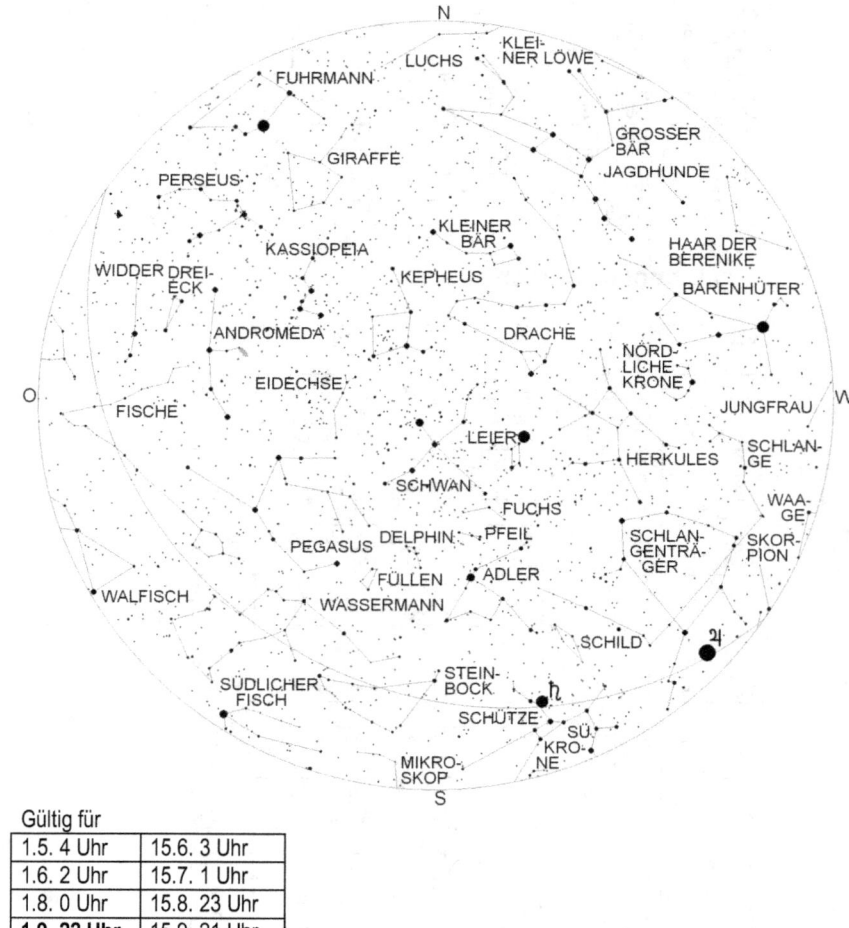

Gültig für

1.5. 4 Uhr	15.6. 3 Uhr
1.6. 2 Uhr	15.7. 1 Uhr
1.8. 0 Uhr	15.8. 23 Uhr
1.9. 22 Uhr	15.9. 21 Uhr

Die Sternbilder Waage, Skorpion und Jungfrau sind fast vollständig verschwunden und der Schlangenträger steht zusammen mit der Schlange über dem Südwesthorizont. Im Südsüdwesten kann man noch im Horizontdunst den Planeten Jupiter erspähen. Etwas höher und mehr in südlicher Richtung hält sich der Planet Saturn im Schützen auf. Das nur aus lichtschwächeren Sternen bestehende Sternbild Steinbock steht kurz vor der Kulmination.
Im Südosten und Osten erblickt man die ebenfalls nur aus lichtschwachen Sternen bestehenden Sternbilder Wassermann und Fische. Letzteres besteht nur aus Sternen mit einer maximalen Helligkeit 4. Größe, während Steinbock und Wassermann über einige Sterne 3. Größe verfügen.
Höher im Osten erblickt man den Pegasus und das Sternbild Andromeda. In diesem Sternbild gibt es neben den schon mit bloßem Auge als schwaches Nebelfleckchen sichtbaren Andromedanebel den Doppelstern Alamak, der schon in kleinen Fernrohren aufgelöst werden kann und aus einem orangenen Hauptstern mit blauem Begleiter besteht.
Zwischen dem Horizont und der Andromeda sind das Tierkreissternbild Widder und das Dreieck zu sehen. Tief im Nordosten bemerkt man, daß der Fuhrmann und der Perseus wieder höher steigen – erste Vorboten des Winters.

Astronomische Ereignisse

Datum	Uhrzeit	Ereignis	Elongation
1.9.2019	15:26:45	Mond 1,7° nördlich Porrima	31,1°
2.9.2019	02:20:26	Mond in größter Nordbreite	
2.9.2019	09:05:38	Mond 7,2° nördlich Spika	41,3°
2.9.2019	11:42:51	Mars in Konjunktion zur Sonne	1,1°
3.9.2019	11:44:37	Merkur 42' nördlich Mars	1,1°
3.9.2019	19:31:09	Mond 23,9° südlich Pallas	56,6°
4.9.2019	01:10:23	Mond 3,35° nördlich Zuben-el-dschenubi	63,5°
4.9.2019	02:40:16	Merkur in oberer Konjunktion zur Sonne	1,7°
5.9.2019	08:39:47	Mond 2,1° nördlich Akrab	80,0°
5.9.2019	14:27:39	Mond 4° nördlich Ceres	83,0°
5.9.2019	20:55:25	Mond 6,8° nördlich Antares	86,4°
6.9.2019	04:10:37	Erstes Viertel	
6.9.2019	07:31:49	Mond 1,9° nördlich Jupiter	91,7°
8.9.2019	11:52:36	Mond 3,2° nördlich Nunki	117,0°
8.9.2019	13:34:20	Mond 39' südlich Saturn	117,8°
8.9.2019	18:35:55	Mond im absteigenden Knoten	
9.9.2019	05:01:59	Mond 24,5' südlich Pluto	124,6°
10.9.2019	05:12:46	Mond 6,7° südlich Beta Capricorni	136,2°
10.9.2019	08:24:23	Neptunopposition	
11.9.2019	21:35:48	Mond 1,4° südlich Delta Capricorni	154,4°
13.9.2019	15:20:38	Pallas 26,85° nördlich Zuben-el-dschenubi	51,7°
13.9.2019	17:38:44	Mond 4,5° südlich Neptun	173,1°

Datum	Uhrzeit	Ereignis	Elongation
13.9.2019	22:35:27	Merkur 20' südlich Venus	8,5°
14.9.2019	05:32:53	Vollmond	
15.9.2019	18:02:27	Ceres 2,9° nördlich Antares	77,0°
16.9.2019	05:41:36	Mond in größter Südbreite	
16.9.2019	08:18:33	Vesta 13,1° südlich der Plejaden	112,8°
17.9.2019	16:13:52	Mond 16,5° südlich Hamal	135,6°
17.9.2019	19:28:22	Mond 5,4° südlich Uranus	138,5°
18.9.2019	07:13:38	Saturn stationär, dann rechtläufig	
19.9.2019	18:34:30	Mond 8,8° südlich der Plejaden	116,1°
19.9.2019	18:50:45	Mond 4,4° nördlich Vesta	118,1°
20.9.2019	17:36:10	Mond 1,8° nördlich Aldebaran	107,1°
21.9.2019	05:14:34	Merkur 2,8° südlich Porrima	12,8°
21.9.2019	16:27:44	Mond 8,1° südlich Elnath	95,5°
22.9.2019	03:41:03	Letztes Viertel	
22.9.2019	13:36:35	Mond 46' südlich Eta Geminorum	84,9°
22.9.2019	16:28:09	Mond 49' südlich Mü Geminorum	83,4°
22.9.2019	21:15:43	Mond 5,4° nördlich Alhena	80,2°
22.9.2019	22:19:14	Merkur im absteigenden Knoten	
22.9.2019	23:26:52	Mond 3,2° südlich Epsilon Geminorum	79,4°
23.9.2019	07:29:39	Mond im aufsteigenden Knoten	
23.9.2019	08:50:03	Herbstanfang	
23.9.2019	13:41:38	Venus 1,8° südlich Porrima	10,6°
23.9.2019	20:35:44	Mond 10,5° südlich Kastor	68,5°
24.9.2019	00:05:56	Mond 6,65° südlich Pollux	66,6°
24.9.2019	22:17:34	Mond 9' südlich M44	53,5°
26.9.2019	09:47:53	Mond 2,7° nördlich Regulus	32,7°
26.9.2019	13:45:25	Vesta stationär, dann rückläufig	
27.9.2019	06:07:02	Mond 6,4° nördlich Juno	19,0°
28.9.2019	01:44:34	Mond 3,4° nördlich Mars	8,6°
28.9.2019	03:24:02	Mond in Erdnähe	
28.9.2019	19:26:33	Neumond	4,95°
28.9.2019	23:50:14	Merkur 1,4° nördlich Spika	18,1°
29.9.2019	01:40:19	Mond 1,7° nördlich Porrima	5,5°
29.9.2019	08:48:00	Mond in größter Nordbreite	
29.9.2019	14:05:18	Mond 3,5° nördlich Venus	12,1°
29.9.2019	21:40:01	Mond 6,6° nördlich Spika	16,2°
29.9.2019	23:35:08	Mond 5,4° nördlich Merkur	17,3°

Planeten

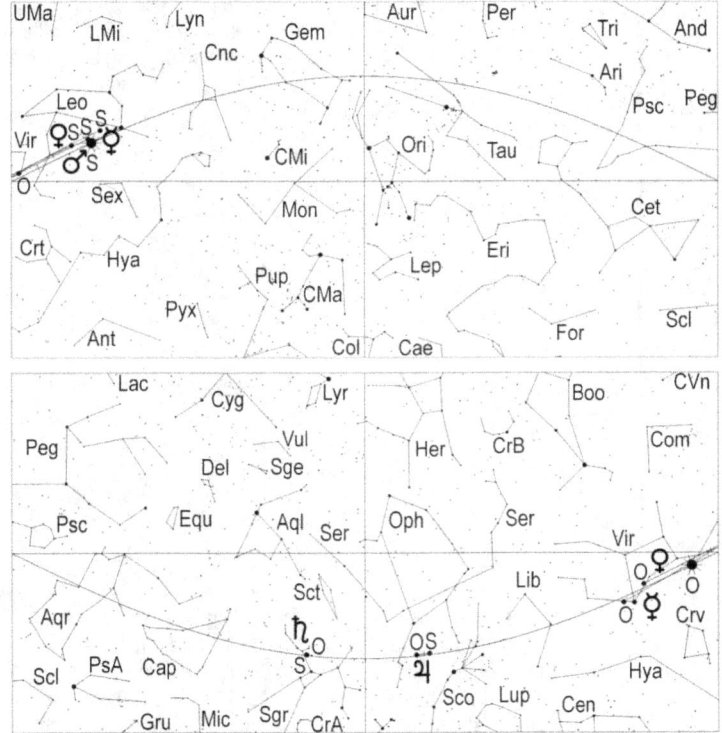

Merkur steht am 4. in oberer Konjunktion zur Sonne und kann nicht beobachtet werden.

Venus gewinnt nur langsam östlichen Winkelabstand von der Sonne und ist im September ebenfalls unbeobachtbar.

Mars steht am 2. in Konjunktion zur Sonne und ist nicht sichtbar.

Jupiter geht immer früher unter. Er versinkt am 1. um 22.44 Uhr MEZ (23.44 Uhr MESZ), am 15. um 21.53 Uhr MEZ (22.53 Uhr MESZ) und am 30. um 21.01 Uhr MEZ (22.01 Uhr MESZ) unter dem Horizont. Mit einer Helligkeit, die im Laufe des Monats von –2,2 mag auf –2,0 mag sinkt, ist er nach dem Mond das hellste Gestirn am Nachthimmel.

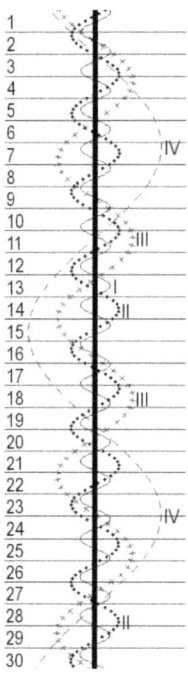

Saturn, im Sternbild Schütze, beendet am 18. seine Oppositionsschleife. Er verabschiedet sich aus der zweiten Nachthälfte und geht am Monatsersten um 0.52 Uhr MEZ (1.52 Uhr MESZ), zur Monatsmitte um 23.52 Uhr MEZ (0.52 Uhr MESZ) und am Monatsletzten um 22.53 Uhr (23.53 Uhr MESZ) unter. Seine Helligkeit sinkt von 0,3 mag auf 0,5 mag. Am 8. zieht der Mond 39' südlich am Ringplaneten vorbei.

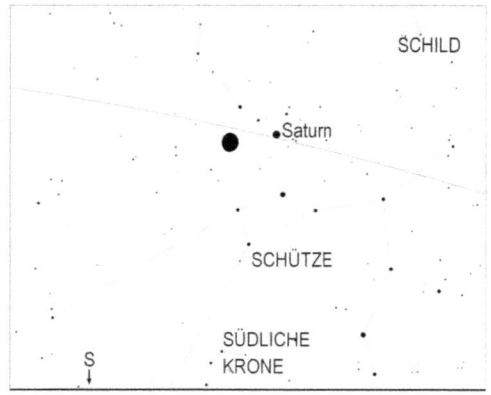

Mond und Saturn am 8.9.2019 um 21 Uhr MEZ

Stellung der 4 hellen Jupitermonde im September 2019

Uranus, rückläufig im Sternbild Widder, verlagert seinen Aufgang in die frühen Abendstunden und erreicht seine höchste Position am 1. um 4.01 Uhr (5.01Uhr MESZ), am 15. um 3.05 Uhr MEZ (4.05 Uhr MESZ) und am 30. um 2.04 Uhr (3.04Uhr MESZ). Er kann jetzt gut mit einem Fernglas oder Fernrohr aufgesucht werden (Aufsuchkarte, Seite 123).

Neptun steht am 10. in Opposition zur Sonne. Der 7,8 mag helle Planet kann am besten um Mitternacht beobachtet werden, wofür mindestens ein Fernglas nötig ist. Zum Aufsuchen und zur Identifikation ist die folgende Sternkarte zu verwenden. Er erscheint im Feldstecher als Stern und zeigt sich in größeren Fernrohren als ein kleines, bläuliches Scheibchen.

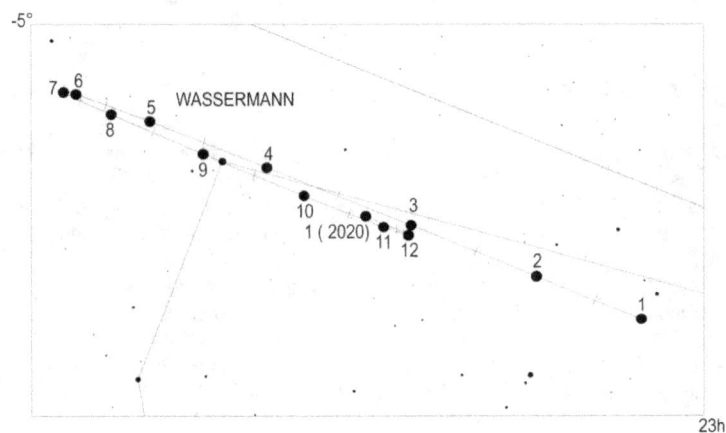

Lauf des Planeten Neptun im Jahr 2018. Die Zahl gibt die Position zum 1. des entsprechenden Monats an, also 4 die Position am 1.4.

Klein- und Zwergplaneten

Ceres, wandert vom Skorpion in den Schlangenträger und geht am 1. um 22.02 Uhr MEZ (23.02 Uhr MESZ), am 15. um 21.16 Uhr MEZ (22.16 Uhr MESZ) und am 30. um 20.28 Uhr MEZ (21.28 Uhr MESZ) unter. Gleichzeitig sinkt ihre Helligkeit von 8,8 mag auf 9,1 mag, so daß es ein größeres Fernrohr und gute Horizontsicht bedarf, um Ceres noch aufzustöbern. (Aufsuchkarte, Seite 72).

Pallas versinkt am 1. um 23.23 Uhr MEZ (0.23 Uhr MESZ), am 15. um 22.35 Uhr MEZ (23.35 Uhr MESZ) und am 30. um 21.48 Uhr MEZ (22.48 Uhr MESZ) unter dem Horizont. Sie wandert vom Bärenhüter in die Schlange, wobei ihre Helligkeit von 10,0 mag auf 10,1 mag zurückgeht. Wegen ihrer geringen Helligkeit ist die Benutzung eines Fernrohrs mit mindestens 8 cm Objektivöffnung zur Beobachtung empfehlenswert. (Aufsuchkarte, Seite 63).

Juno ist immer noch unbeobachtbar.

Vesta im Stier, setzt am 26. zu ihrer Oppositionsschleife an. Ihre Helligkeit steigt im Laufe des Monats von 7,7 mag auf 7,2 mag und ihr Aufgang verfrüht sich von 22.24 Uhr MEZ (23.24 Uhr MESZ) am 1., auf 21.37 Uhr MEZ (22.37 Uhr MESZ) am 15. und auf 20.41 Uhr MEZ (21.41 Uhr MESZ) am Monatsende. Am besten ist Vesta kurz vor Beginn der Morgendämmerung aufzusuchen, was schon mit einem Feldstecher problemlos gelingen dürfte. (Aufsuchkarte, Seite 135).

Periodische Sternschnuppenströme

Bis zum 5.9. sind die Alpha-Aurigiden aktiv, welche am 1.9. um 19 Uhr ihr Maximum mit bis zu 2 Meteoren pro Stunde erreichen. Sie sind recht schnelle Sternschnuppen. Zwischen dem 5.9. und dem 23.9. sind die Epsilon-Perseiden beobachtbar. Dieser Strom erreicht am 10. um 1 Uhr sein Maximum mit bis zu 2 Sternschnuppen pro Stunde.
Während des ganzen Monats kann man die Pisciden beobachten, welche am 20. ihr Maximum mit bis zu 5 Meteoren pro Stunde erreichen. Leider stört zum Zeitpunkt ihres Maximums der abnehmende Mond die Beobachtung in hohem Maße.
Ab dem 16.9. tauchen die ersten Nord-Tauriden auf, denen am 25.9. die ersten Süd-Tauriden folgen. Am 29.9. erscheinen die ersten Delta-Aurigiden.

Sonnenuntergang und Dämmerung

	Astr. Anf.	Naut. Anf.	Bürg. Anf.	Aufgang	Kulm.	Untergang	Bürg. Ende	Naut. Ende	Astr. Ende	Zeitgl.
1.9.2019	3:39	4:23	5:05	5:39	12:24	19:09	19:43	20:23	21:08	0m14s
2.9.2019	3:41	4:25	5:06	5:40	12:24	19:07	19:40	20:21	21:05	-0m04s
3.9.2019	3:43	4:27	5:08	5:42	12:23	19:05	19:38	20:18	21:03	-0m23s
4.9.2019	3:45	4:29	5:10	5:43	12:23	19:02	19:36	20:16	21:00	-0m43s
5.9.2019	3:47	4:30	5:11	5:45	12:23	19:00	19:34	20:14	20:57	-1m03s
6.9.2019	3:49	4:32	5:13	5:46	12:22	18:58	19:32	20:11	20:54	-1m23s
7.9.2019	3:51	4:34	5:14	5:48	12:22	18:56	19:29	20:09	20:52	-1m43s
8.9.2019	3:53	4:36	5:16	5:49	12:22	18:54	19:27	20:06	20:49	-2m03s
9.9.2019	3:55	4:37	5:17	5:50	12:21	18:52	19:25	20:04	20:46	-2m24s
10.9.2019	3:57	4:39	5:19	5:52	12:21	18:49	19:22	20:02	20:43	-2m45s
11.9.2019	3:59	4:41	5:21	5:53	12:21	18:47	19:20	19:59	20:41	-3m06s
12.9.2019	4:01	4:42	5:22	5:55	12:20	18:45	19:18	19:57	20:38	-3m27s
13.9.2019	4:03	4:44	5:24	5:56	12:20	18:43	19:16	19:55	20:35	-3m48s
14.9.2019	4:05	4:46	5:25	5:58	12:20	18:40	19:13	19:52	20:33	-4m10s
15.9.2019	4:07	4:48	5:27	5:59	12:19	18:38	19:11	19:50	20:30	-4m31s
16.9.2019	4:08	4:49	5:28	6:01	12:19	18:36	19:09	19:48	20:28	-4m53s
17.9.2019	4:10	4:51	5:30	6:02	12:19	18:34	19:07	19:45	20:25	-5m14s
18.9.2019	4:12	4:53	5:32	6:04	12:18	18:32	19:04	19:43	20:23	-5m36s
19.9.2019	4:14	4:54	5:33	6:05	12:18	18:29	19:02	19:41	20:20	-5m57s
20.9.2019	4:16	4:56	5:35	6:07	12:18	18:27	19:00	19:38	20:18	-6m19s
21.9.2019	4:17	4:58	5:36	6:08	12:17	18:25	18:57	19:36	20:15	-6m40s
22.9.2019	4:19	4:59	5:38	6:10	12:17	18:23	18:55	19:34	20:13	-7m01s
23.9.2019	4:21	5:01	5:39	6:11	12:16	18:21	18:53	19:31	20:10	-7m23s
24.9.2019	4:23	5:02	5:41	6:13	12:16	18:18	18:51	19:29	20:08	-7m44s
25.9.2019	4:25	5:04	5:42	6:14	12:16	18:16	18:48	19:27	20:05	-8m05s
26.9.2019	4:26	5:06	5:44	6:16	12:15	18:14	18:46	19:24	20:03	-8m25s

	Astr. Anf.	Naut. Anf.	Bürg. Anf.	Auf- gang	Kulm.	Unter- gang	Bürg. Ende	Naut. Ende	Astr. Ende	Zeitgl.
27.9.2019	4:28	5:07	5:45	6:17	12:15	18:12	18:44	19:22	20:01	-8m46s
28.9.2019	4:30	5:09	5:47	6:19	12:15	18:10	18:42	19:20	19:58	-9m06s
29.9.2019	4:31	5:11	5:48	6:20	12:14	18:08	18:40	19:18	19:56	-9m26s
30.9.2019	4:33	5:12	5:50	6:22	12:14	18:05	18:37	19:15	19:54	-9m46s

Mondlauf

	Rektaszension	Deklination	Elong.	Phase	mag	Auf- gang	Kulm.	Unter- gang
1.9.2019	12h06m16,0s	3°42'55"	22,2°	0,04	-6,2	7:58	14:23	20:33
2.9.2019	13h01m16,3s	-1°56'04"	36,1°	0,09	-7,3	9:20	15:16	20:58
3.9.2019	13h55m16,6s	-7°24'03"	49,6°	0,18	-8,2	10:40	16:08	21:23
4.9.2019	14h48m54,8s	-12°22'04"	62,8°	0,27	-9,0	11:59	17:00	21:51
5.9.2019	15h42m40,5s	-16°35'05"	75,6°	0,38	-9,5	13:13	17:52	22:23
6.9.2019	16h36m47,8s	-19°51'57"	87,9°	0,48 ☽	-10,0	14:22	18:44	23:01
7.9.2019	17h31m12,3s	-22°05'14"	99,8°	0,58	-10,4	15:25	19:36	23:46
8.9.2019	18h25m31,7s	-23°11'06"	111,4°	0,68	-10,8	16:18	20:27	
9.9.2019	19h19m12,5s	-23°09'31"	122,7°	0,77	-11,1	17:03	21:17	0:37
10.9.2019	20h11m39,9s	-22°03'52"	133,8°	0,85	-11,4	17:40	22:05	1:35
11.9.2019	21h02m28,0s	-20°00'25"	144,7°	0,91	-11,7	18:09	22:51	2:36
12.9.2019	21h51m25,7s	-17°07'26"	155,5°	0,95	-12,0	18:34	23:35	3:40
13.9.2019	22h38m37,9s	-13°34'14"	166,0°	0,99	-12,2	18:56		4:45
14.9.2019	23h24m23,1s	-9°30'33"	174,9°	1 ○	-12,5	19:16		5:50
15.9.2019	0h09m10,1s	-5°06'07"	170,3°	0,99	-12,4	19:35	1:00	6:54
16.9.2019	0h53m34,5s	-0°30'35"	160,0°	0,97	-12,1	19:53	1:41	7:59
17.9.2019	1h38m16,4s	4°06'19"	149,2°	0,93	-11,8	20:13	2:23	9:04
18.9.2019	2h23m57,7s	8°34'37"	138,2°	0,87	-11,5	20:35	3:05	10:11
19.9.2019	3h11m20,2s	12°43'32"	127,0°	0,8	-11,3	21:01	3:50	11:19
20.9.2019	4h01m01,4s	16°21'15"	115,6°	0,72	-10,9	21:32	4:38	12:26
21.9.2019	4h53m28,0s	19°14'49"	103,9°	0,62	-10,6	22:11	5:28	13:34
22.9.2019	5h48m47,5s	21°10'31"	91,9°	0,52 ☾	-10,2	23:01	6:22	14:38
23.9.2019	6h46m39,9s	21°55'24"	79,5°	0,41	-9,7		7:19	15:36
24.9.2019	7h46m16,4s	21°19'40"	66,7°	0,3	-9,2	0:03	8:18	16:24
25.9.2019	8h46m29,7s	19°19'31"	53,5°	0,2	-8,5	1:16	9:17	17:05
26.9.2019	9h46m14,4s	15°59'11"	39,9°	0,12	-7,7	2:36	10:15	17:39
27.9.2019	10h44m46,3s	11°31'06"	26,1°	0,05	-6,6	4:00	11:12	18:07
28.9.2019	11h41m51,5s	6°14'23"	12,5°	0,01 ●	-5,3	5:25	12:07	18:32
29.9.2019	12h37m42,9s	0°32'08"	5,7°	0	-4,6	6:49	13:00	18:57
30.9.2019	13h32m49,0s	-5°11'27"	17,5°	0,02	-5,8	8:13	13:54	19:22

Jupitermond-Ereignisse

Datum	Uhrzeit (MEZ)	Mond	Erscheinung	Phase
4.9.2019	20:18:58	Europa	Durchgang	Ende
4.9.2019	20:26:22	Europa	Schattenvorübergang	Anfang
6.9.2019	19:32:22	Io	Durchgang	Anfang
6.9.2019	20:49:54	Io	Schattenvorübergang	Anfang
7.9.2019	20:12:36	Io	Verfinsterung	Ende
9.9.2019	21:03:33	Ganymed	Verfinsterung	Ende
11.9.2019	20:26:34	Europa	Durchgang	Anfang
13.9.2019	20:35:58	Europa	Verfinsterung	Ende
15.9.2019	19:26:03	Io	Schattenvorübergang	Ende
16.9.2019	19:48:56	Ganymed	Bedeckung	Ende
20.9.2019	20:38:42	Europa	Bedeckung	Ende
20.9.2019	20:39:01	Europa	Verfinsterung	Anfang
21.9.2019	20:33:26	Io	Bedeckung	Anfang
22.9.2019	19:08:23	Io	Schattenvorübergang	Anfang
22.9.2019	20:05:13	Io	Durchgang	Ende
27.9.2019	18:57:00	Ganymed	Schattenvorübergang	Ende
29.9.2019	19:50:07	Io	Durchgang	Anfang

Oktober

Sternenhimmel

Gültig für

1.7. 4 Uhr	15.7. 3 Uhr
1.8. 2 Uhr	15.8. 1 Uhr
1.9. 0 Uhr	15.9. 23 Uhr
1.10. 22 Uhr	15.10. 21 Uhr
1.11. 20 Uhr	15.11. 19 Uhr
1.12. 18 Uhr	15.12. 17 Uhr

Der südliche Teil des Himmels wird von den Sternbildern Wassermann, Steinbock, Fische, Walfisch, Südlicher Fisch, Bildhauer und Mikroskop eingenommen, in denen es nur einen Stern erster Größe, Fomalhaut im Südlichen Fisch gibt, sowie zwei Sterne zweiter Größe, Menkar und Deneb Kaitos im Walfisch. Über diesen Sternbildern findet man den Pegasus und die Andromeda, von der ein Stern zusammen mit 3 Sternen des Pegasus das Herbstviereck bilden. Östlich der Andromeda findet man das Dreieck und den Widder, zwei kleine aber relativ markante Sternbilder. Im Gebiet zwischen Pegasus, Schwan und Adler, der schon deutlich im Südwesten steht, findet man die kleinen Sternbilder Füllen, Delphin, Pfeil und Fuchs, von denen nur Pfeil und Delphin über hellere Sterne verfügen.
Im Südwesten versinken gerade der Schütze mit den Planeten Saturn, die Schlange und der Schlangenträger unter dem Horizont. Auch Arktur im Bärenhüter ist schon untergegangen, während sich die Nördliche Krone noch über dem Horizont hält.
Im Osten kommen schon die ersten Wintersternbilder über den Horizont. So ist der Stier schon komplett aufgegangen und auch der Fuhrmann ist vollständig zu sehen. Bald werden auch die Zwillinge und der Orion über dem Horizont erscheinen.

Herbststernbilder

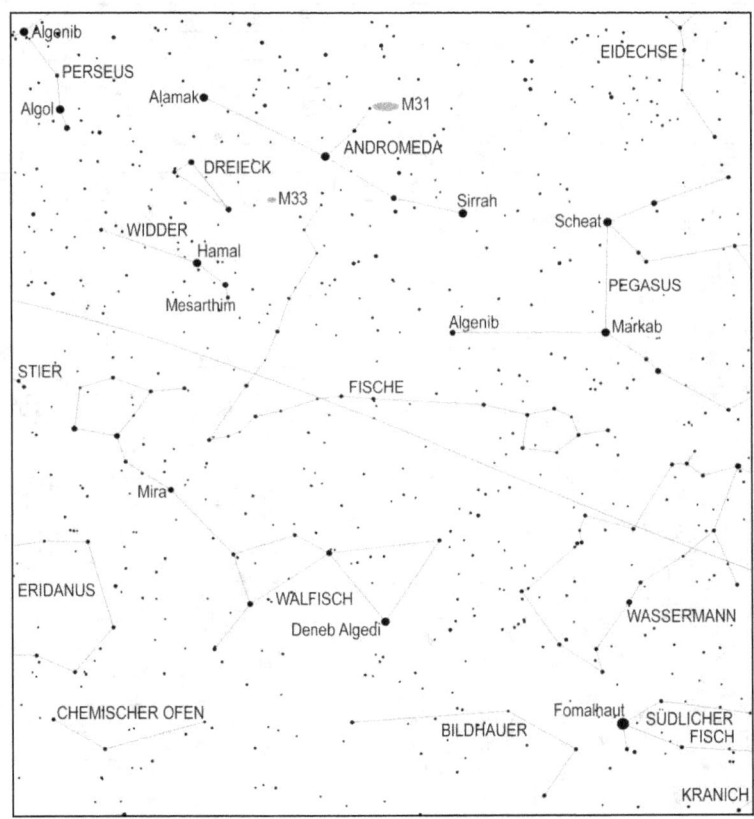

Astronomische Ereignisse

Datum	Uhrzeit	Ereignis	Elongation
1.10.2019	08:44:52	Mond 3,4° nördlich Zuben-el-dschenubi	35,8°
1.10.2019	21:45:42	Mond 23,6° südlich Pallas	43,0°
2.10.2019	18:48:01	Mond 1,3° nördlich Akrab	54,3°
2.10.2019	22:07:52	Pluto stationär, dann rechtläufig	
3.10.2019	02:10:22	Venus 3,1° nördlich Spika	13,4°
3.10.2019	04:16:42	Mond 7° nördlich Antares	59,3°
3.10.2019	07:12:24	Merkur im Aphel	
3.10.2019	12:56:02	Mond 3,9° nördlich Ceres	63,8°

Datum	Uhrzeit	Ereignis	Elongation
3.10.2019	22:30:35	Mond 1,1° nördlich Jupiter	68,2°
4.10.2019	00:20:36	Vesta 13,7° südlich der Plejaden	129,9°
5.10.2019	17:47:17	Erstes Viertel	
5.10.2019	19:49:45	Mond im absteigenden Knoten	
5.10.2019	19:50:05	Mond 2,6° nördlich Nunki	91,0°
5.10.2019	22:36:53	Mond 1° südlich Saturn	91,8°
6.10.2019	09:29:48	Mond 36' südlich Pluto	97,4°
7.10.2019	09:44:33	Mond 7° südlich Beta Capricorni	108,7°
9.10.2019	05:07:46	Mond 1,1° südlich Delta Capricorni	128,3°
10.10.2019	19:27:47	Mond in Erdferne	
11.10.2019	00:17:01	Mond 4,3° südlich Neptun	147,7°
13.10.2019	06:27:28	Mond in größter Südbreite	
13.10.2019	22:08:02	Vollmond	
14.10.2019	21:39:31	Mond 16,4° südlich Hamal	160,2°
15.10.2019	00:25:00	Mond 5° südlich Uranus	166,1°
15.10.2019	20:28:03	Merkur 3,3° südlich Zuben-el-dschenubi	23,6°
16.10.2019	20:55:42	Mond 5,4° nördlich Vesta	146,2°
17.10.2019	00:10:09	Mond 8,3° südlich der Plejaden	142,8°
17.10.2019	22:15:27	Mond 2,1° nördlich Aldebaran	133,7°
18.10.2019	20:43:53	Mond 7,9° südlich Elnath	121,4°
19.10.2019	18:08:58	Mond 42' südlich Eta Geminorum	112,3°
19.10.2019	20:55:43	Mond 31' südlich Mü Geminorum	110,5°
20.10.2019	03:33:56	Mond 6,1° nördlich Alhena	106,8°
20.10.2019	04:42:43	Merkur in größter östlicher Elongation	24,6°
20.10.2019	07:08:55	Mond 2,6° südlich Epsilon Geminorum	105,9°
20.10.2019	08:28:17	Mond im aufsteigenden Knoten	
21.10.2019	02:36:38	Mond 9,8° südlich Kastor	95,8°
21.10.2019	03:34:44	Venus 23' südlich Zuben-el-dschenubi	18,0°
21.10.2019	08:25:20	Mond 6,15° südlich Pollux	92,8°
21.10.2019	13:39:25	Letztes Viertel	
21.10.2019	14:38:26	Mars 2,1° südlich Porrima	16,7°
22.10.2019	05:45:59	Mond 31' nördlich M44	80,2°
23.10.2019	13:14:28	Merkur in größter Südbreite	
23.10.2019	19:02:02	Mond 2,5° nördlich Regulus	59,6°
25.10.2019	03:13:50	Venus im absteigenden Knoten	
25.10.2019	11:53:57	Mond 5,6° nördlich Juno	35,4°
26.10.2019	11:24:59	Mond in Erdnähe	
26.10.2019	13:08:48	Mond 1,6° nördlich Porrima	22,1°
26.10.2019	14:56:56	Mond in größter Nordbreite	
26.10.2019	18:09:59	Ceres 2,9° südlich Jupiter	49,4°
26.10.2019	18:54:15	Mond 3,5° nördlich Mars	18,5°
27.10.2019	06:25:29	Mond 7° nördlich Spika	9,5°
28.10.2019	04:38:40	Neumond	4,6°

Datum	Uhrzeit	Ereignis	Elongation
28.10.2019	09:14:13	Uranusopposition	
28.10.2019	21:26:47	Mond 3° nördlich Zuben-el-dschenubi	10,3°
29.10.2019	15:00:30	Mond 2,95° nördlich Venus	19,7°
29.10.2019	16:46:26	Mond 5,7° nördlich Merkur	20,7°
30.10.2019	00:54:49	Mond 23,5° südlich Pallas	25,1°
30.10.2019	03:42:32	Mond 1,6° nördlich Akrab	26,6°
30.10.2019	09:30:50	Merkur 2,7° südlich Venus	20,3°
30.10.2019	14:13:12	Mond 6,4° nördlich Antares	32,2°
31.10.2019	15:24:26	Mond 23' nördlich Jupiter	45,4°
31.10.2019	17:36:08	Mond 3,3° nördlich Ceres	46,4°
31.10.2019	21:23:21	Merkur stationär, dann rückläufig	

Planeten

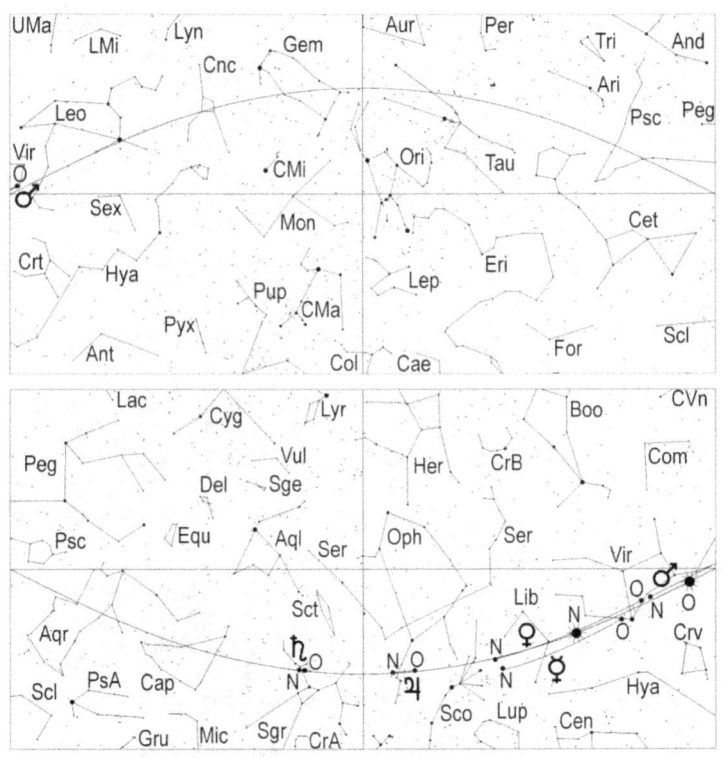

Merkur erreicht am 20. seine größte östliche Elongation mit 24,6°. Er kann aber in Mitteleuropa nicht freiäugig beobachtet werden, da es, wenn er an diesen Tag um 17.57 Uhr MEZ (18.57 Uhr MESZ) unter dem Horizont verschwindet, noch helle Dämmerung ist, weil die Sonne erst um 17.24 Uhr MEZ (18.24 Uhr MESZ) untergeht.

Venus kann ab dem 15. am Abendhimmel tief im Südwesten beobachtet werden. Sie geht am 15. um 18.08 Uhr MEZ (19.08 Uhr MESZ) – 44 Minuten nach der Sonne - unter. Am 31. versinkt sie um 17.51 Uhr MEZ (18.51 Uhr MESZ) – 48 Minuten nach der Sonne - unter dem Horizont. Ihre Helligkeit beträgt –3,9 mag.

Mars kann ab dem 18. am Morgenhimmel im Sternbild Jungfrau tief im Osten aufgesucht werden. Er erscheint am 18. um 5.23 Uhr MEZ (6.23 Uhr MESZ) und am 31. um 5.19 Uhr MEZ (6.19 Uhr MESZ) über dem Horizont. Mit einer Helligkeit von 1,8 mag ist er noch sehr unauffällig. Am 21. zieht er 2,1° südlich an Porrima vorbei, der in der Dämmerung noch nicht freiäugig sichtbar ist.

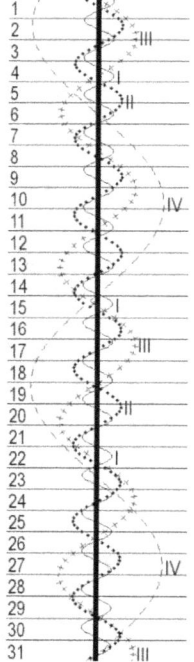

Stellung der 4 hellen Jupitermonde im Oktober 2019

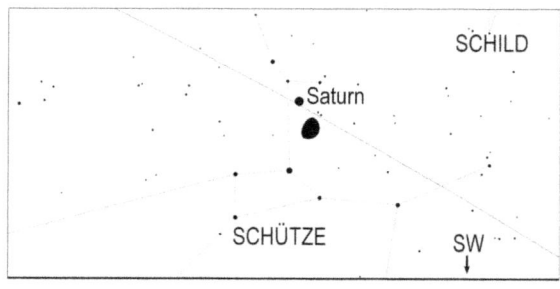

Mond und Saturn am 5.10.2018 um 21 Uhr MEZ

Jupiter, rechtläufig im Schlangenträger, wird zum Planeten des frühen Abends. Er versinkt am 1. um 20.57 Uhr MEZ (21.57 Uhr MESZ), am 15. um 20.10 Uhr MEZ (21.10 Uhr MESZ) und am 31. um 19.18 Uhr MEZ (20.18 Uhr MESZ) unter dem Horizont. Seine Helligkeit sinkt von –2,0 mag auf –1,9 mag.

Saturn im Sternbild Schütze geht zu Monatsbeginn um 22.49 Uhr MEZ (23.49 Uhr MESZ), zur Monatsmitte um 21.57 Uhr MEZ (22.57 Uhr MESZ) und am Monatsende um 20.58 Uhr MEZ (21.58 Uhr MESZ) unter. Seine Helligkeit geht von 0,5 mag auf 0,6 mag zurück.

Uranus erreicht am 28.10. im westlichen Teil des Sternbildes Widder seine Opposition zur Sonne. Der 5,7

mag helle Planet kann am besten um Mitternacht beobachtet werden. Ein einfaches Fernglas genügt zur Beobachtung, vielleicht ist er sogar mit bloßem Auge als schwacher Stern erkennbar.
Zum Aufsuchen und zur Identifikation ist die folgende Sternkarte zu verwenden. Er erscheint im Feldstecher als Stern und zeigt sich in größeren Fernrohren als ein kleines, grünliches Scheibchen.

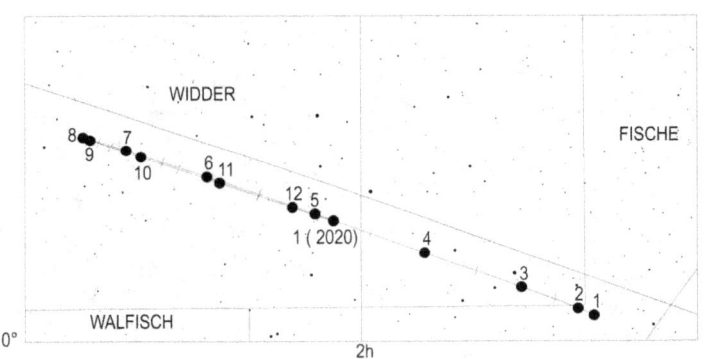

Lauf des Planeten Uranus im Jahr 2019. Die Zahl gibt die Position zum 1. des entsprechenden Monats an, also 4 die Position am 1.4.

Neptun im Sternbild Wassermann, kann mit Hilfe eines Fernglases oder Fernrohr (Aufsuchkarte, Seite 113) abends beobachtet werden. Zur Monatsmitte erreicht er seinen höchsten Stand um 21.59 Uhr (22.59 Uhr MESZ) und geht um 3.36 Uhr (4.36 Uhr MESZ) unter, zu Monatsende geschieht dies um 20.55 Uhr MEZ (21.55 Uhr MESZ) bzw. 2.31 Uhr MEZ (3.31 Uhr MESZ).

Klein- und Zwergplaneten

Ceres durchläuft den Schlangenträger und wird jetzt selbst mit großen Fernrohren unbeobachtbar. Ihre Helligkeit sinkt leicht von 9,1 mag auf 9,2 mag und ihr Untergang verfrüht sich von 20.25 Uhr MEZ (21.25 Uhr MESZ) am 1. auf 19.44 Uhr MEZ (20.44 Uhr MESZ) am 15. und auf 19.01 Uhr MEZ (20.01 Uhr MESZ) am 31. (Aufsuchkarte, Seite 72).

Pallas durchwandert das Sternbild Schlange und geht am 1. um 21.45 Uhr MEZ (22.45 Uhr MESZ), am 15. um 21.02 Uhr MEZ (22.02 Uhr MESZ) und am 31. um 20.15 Uhr MEZ (21.15 Uhr MESZ) unter. Da ihre Helligkeit nur 10,1 mag beträgt und sie, sobald es ausreichend dunkel wird, sehr horizontnah steht, ist zur erfolgreichen

Beobachtung gute Horizontsicht und ein größeres Fernrohr (ab 10 cm Objektivdurchmesser) nötig. (Aufsuchkarte, Seite 63 und Seite 124).

Juno kann gegen Monatsende mit einem Fernrohr ab 15 cm Objektivdurchmesser bei guter Horizontsicht, kurz vor Beginn der Morgendämmerung, an der Grenze der Sternbilder Löwe und Jungfrau aufgesucht werden. Juno, deren Helligkeit nur 10,8 mag beträgt, erscheint am 20. um 3.59 Uhr MEZ (4.59 Uhr MESZ) und am 31. um 3.38 Uhr MEZ (4.38 Uhr MESZ) über dem Horizont. (Aufsuchkarte, Seite 148).

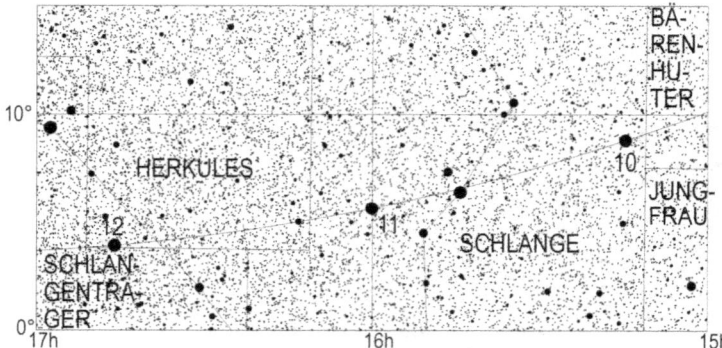

Lauf des Kleinplaneten Pallas von September 2019 bis Dezember 2019. Die Zahl gibt die Position zum 1. des entsprechenden Monats an, also 10 die Position am 1.5.

Vesta, rückläufig im Stier, geht am 1. um 20.37 Uhr MEZ (21.37 Uhr MESZ), am 15. um 19.40 Uhr MEZ (20.40 Uhr MESZ) und am 31. um 18.29 Uhr MEZ (19.29 Uhr MESZ) auf. Ihre Helligkeit steigt von 7,2 mag auf 6,6 mag. Sie ist ein leichtes Feldstecherobjekt, welches am 1. um 3.35 Uhr MEZ (4.35 Uhr MESZ), am 15. um 2.35 Uhr MEZ (3.35 Uhr MESZ) und am 31. um 1.20 Uhr MEZ (2.20 Uhr MESZ) kulminiert. (Aufsuchkarte, Seite 135)

Pluto, im Ostteil des Schützen, beendet am 2. seine Oppositionsschleife, weshalb er in diesem Monat erwähnt wird. Er ist mit einer Helligkeit von 14,3 mag nur in Fernrohren mit mindestens 30 cm Durchmesser sichtbar (Aufsuchkarte, Seite **Fehler! Textmarke nicht definiert.**).

Periodische Sternschnuppenströme

Vom 2.10. bis zum 16.10. kann man die Draconiden beobachten, die ihr Maximum am 9.10. um 8 Uhr erreichen. Ihre Rate beträgt etwa 10 Meteore pro Stunde, doch gab es in der Vergangenheit, wie 1933, Ausbrüche mit bis zu 10000 Meteoren pro Stunde. Die Draconiden sind die ganze Nacht über beobachtbar, doch stört 2019 der zunehmende Mond bis in die ersten Stunden nach Mitternacht.
Die Delta-Aurigiden erreichen am 4.10. ihr Maximum. Allerdings ist von ihnen nur

alle 3 Stunden ein Meteor zu erwarten. Der Strom ist bis zum 18. aktiv.
Zwischen dem 2.10. und dem 7.11. treten die Orioniden auf, welche am 22. um 16 Uhr ihr Maximum mit bis zu 10 Meteoren pro Stunde erreichen.
Die Orioniden gehören zu den sehr schnellen Meteoren.
Ein weiterer, allerdings schwacher Meteorstrom sind die Epsilon Geminiden, die zwischen den 14.10. und 27.10. auftreten und ihr Maximum am 20.10. um 1 Uhr mit 1 Meteor in 2 Stunden erreichen.
Ferner können während des ganzen Monats Meteore der Nord- und der Süd-Tauriden beobachtet werden.

Sonnenuntergang und Dämmerung

	Astr. Anf.	Naut. Anf.	Bürg. Anf.	Aufgang	Kulm.	Untergang	Bürg. Ende	Naut. Ende	Astr. Ende	Zeitgl.
1.10.2019	4:35	5:14	5:51	6:23	12:14	18:03	18:35	19:13	19:51	-10m06s
2.10.2019	4:37	5:15	5:53	6:25	12:13	18:01	18:33	19:11	19:49	-10m25s
3.10.2019	4:38	5:17	5:54	6:26	12:13	17:59	18:31	19:09	19:47	-10m44s
4.10.2019	4:40	5:18	5:56	6:28	12:13	17:57	18:29	19:06	19:45	-11m03s
5.10.2019	4:42	5:20	5:57	6:29	12:13	17:55	18:27	19:04	19:42	-11m22s
6.10.2019	4:43	5:22	5:59	6:31	12:12	17:53	18:24	19:02	19:40	-11m40s
7.10.2019	4:45	5:23	6:00	6:32	12:12	17:51	18:22	19:00	19:38	-11m57s
8.10.2019	4:46	5:25	6:02	6:34	12:12	17:48	18:20	18:58	19:36	-12m15s
9.10.2019	4:48	5:26	6:03	6:36	12:11	17:46	18:18	18:56	19:34	-12m32s
10.10.2019	4:50	5:28	6:05	6:37	12:11	17:44	18:16	18:54	19:32	-12m48s
11.10.2019	4:51	5:29	6:06	6:39	12:11	17:42	18:14	18:52	19:29	-13m05s
12.10.2019	4:53	5:31	6:08	6:40	12:11	17:40	18:12	18:49	19:27	-13m20s
13.10.2019	4:54	5:32	6:09	6:42	12:10	17:38	18:10	18:47	19:25	-13m35s
14.10.2019	4:56	5:34	6:11	6:43	12:10	17:36	18:08	18:45	19:23	-13m50s
15.10.2019	4:58	5:35	6:12	6:45	12:10	17:34	18:06	18:43	19:21	-14m04s
16.10.2019	4:59	5:37	6:14	6:47	12:10	17:32	18:04	18:41	19:19	-14m18s
17.10.2019	5:01	5:39	6:16	6:48	12:09	17:30	18:02	18:39	19:17	-14m31s
18.10.2019	5:02	5:40	6:17	6:50	12:09	17:28	18:00	18:38	19:15	-14m43s
19.10.2019	5:04	5:42	6:19	6:52	12:09	17:26	17:58	18:36	19:13	-14m55s
20.10.2019	5:05	5:43	6:20	6:53	12:09	17:24	17:57	18:34	19:11	-15m06s
21.10.2019	5:07	5:45	6:22	6:55	12:09	17:22	17:55	18:32	19:10	-15m16s
22.10.2019	5:09	5:46	6:23	6:56	12:09	17:20	17:53	18:30	19:08	-15m26s
23.10.2019	5:10	5:48	6:25	6:58	12:08	17:18	17:51	18:28	19:06	-15m35s
24.10.2019	5:12	5:49	6:26	7:00	12:08	17:16	17:49	18:27	19:04	-15m44s
25.10.2019	5:13	5:51	6:28	7:01	12:08	17:14	17:48	18:25	19:02	-15m52s
26.10.2019	5:15	5:52	6:29	7:03	12:08	17:12	17:46	18:23	19:01	-15m59s
27.10.2019	5:16	5:54	6:31	7:05	12:08	17:10	17:44	18:21	18:59	-16m05s
28.10.2019	5:18	5:55	6:33	7:06	12:08	17:09	17:42	18:20	18:57	-16m10s
29.10.2019	5:19	5:56	6:34	7:08	12:08	17:07	17:41	18:18	18:56	-16m15s
30.10.2019	5:21	5:58	6:36	7:10	12:08	17:05	17:39	18:16	18:54	-16m19s
31.10.2019	5:22	5:59	6:37	7:11	12:08	17:03	17:37	18:15	18:52	-16m23s

Mondlauf

	Rektaszension	Deklination	Elong.	Phase	mag	Aufgang	Kulm.	Untergang
1.10.2019	14h27m42,4s	-10°33'38"	31,0°	0,07	-7,0	9:35	14:47	19:49
2.10.2019	15h22m48,7s	-15°14'56"	44,2°	0,14	-7,9	10:54	15:41	20:19
3.10.2019	16h18m18,2s	-19°00'18"	57,1°	0,23	-8,6	12:09	16:35	20:56
4.10.2019	17h14m02,1s	-21°39'39"	69,4°	0,32	-9,2	13:16	17:29	21:39
5.10.2019	18h09m33,4s	-23°08'01"	81,4°	0,42 ☽	-9,7	14:14	18:22	22:29
6.10.2019	19h04m14,7s	-23°25'18"	93,0°	0,52	-10,2	15:03	19:13	23:26
7.10.2019	19h57m29,1s	-22°35'25"	104,2°	0,62	-10,5	15:42	20:02	
8.10.2019	20h48m51,3s	-20°45'13"	115,3°	0,71	-10,9	16:14	20:49	0:27
9.10.2019	21h38m12,4s	-18°03'12"	126,1°	0,8	-11,2	16:40	21:33	1:31
10.10.2019	22h25m40,5s	-14°38'31"	136,9°	0,86	-11,5	17:03	22:17	2:35
11.10.2019	23h11m37,2s	-10°40'25"	147,6°	0,92	-11,8	17:23	22:58	3:40
12.10.2019	23h56m33,3s	-6°18'08"	158,3°	0,96	-12,1	17:41	23:40	4:45
13.10.2019	0h41m05,1s	-1°40'59"	168,6°	0,99 ○	-12,3	17:59		5:50
14.10.2019	1h25m52,6s	3°01'17"	175,0°	1	-12,5	18:18	0:22	6:56
15.10.2019	2h11m36,3s	7°38'18"	167,1°	0,99	-12,3	18:39	1:04	8:03
16.10.2019	2h58m55,6s	11°58'36"	156,3°	0,96	-12,1	19:04	1:49	9:11
17.10.2019	3h48m24,0s	15°49'40"	145,0°	0,91	-11,8	19:33	2:35	10:19
18.10.2019	4h40m24,6s	18°58'06"	133,4°	0,84	-11,5	20:09	3:25	11:28
19.10.2019	5h34m59,0s	21°10'21"	121,6°	0,76	-11,2	20:55	4:17	12:32
20.10.2019	6h31m47,7s	22°14'11"	109,5°	0,67	-10,8	21:51	5:12	13:31
21.10.2019	7h30m04,4s	22°00'40"	97,2°	0,56 ☾	-10,4	22:58	6:09	14:21
22.10.2019	8h28m48,9s	20°26'08"	84,5°	0,45	-10,0		7:06	15:03
23.10.2019	9h27m04,5s	17°33'30"	71,5°	0,34	-9,4	0:13	8:03	15:38
24.10.2019	10h24m14,4s	13°32'03"	58,2°	0,24	-8,8	1:33	8:58	16:07
25.10.2019	11h20m09,5s	8°36'34"	44,6°	0,14	-8,0	2:55	9:52	16:32
26.10.2019	12h15m05,1s	3°05'50"	30,9°	0,07	-7,0	4:18	10:45	16:56
27.10.2019	13h09m32,3s	-2°38'50"	17,3°	0,02	-5,8	5:42	11:38	17:20
28.10.2019	14h04m07,3s	-8°15'08"	5,4°	0 ●	-4,6	7:05	12:31	17:46
29.10.2019	14h59m20,2s	-13°21'25"	11,8°	0,01	-5,2	8:26	13:25	18:14
30.10.2019	15h55m25,2s	-17°38'32"	24,6°	0,05	-6,4	9:46	14:21	18:48
31.10.2019	16h52m13,5s	-20°51'41"	37,4°	0,1	-7,4	10:59	15:16	19:29

Jupitermond-Ereignisse

Datum	Uhrzeit (MEZ)	Mond	Erscheinung	Phase
7.10.2019	18:59:06	Io	Bedeckung	Anfang
8.10.2019	18:30:03	Io	Durchgang	Ende
8.10.2019	19:39:27	Io	Schattenvorübergang	Ende
15.10.2019	18:16:16	Io	Durchgang	Anfang
16.10.2019	18:47:47	Io	Verfinsterung	Ende
22.10.2019	18:16:07	Europa	Bedeckung	Anfang
22.10.2019	18:26:10	Ganymed	Verfinsterung	Anfang

Datum	Uhrzeit (MEZ)	Mond	Erscheinung	Phase
24.10.2019	17:57:41	Io	Schattenvorübergang	Ende
31.10.2019	17:27:42	Europa	Schattenvorübergang	Anfang
31.10.2019	17:39:24	Io	Schattenvorübergang	Anfang
31.10.2019	18:11:04	Europa	Durchgang	Ende

Merkurdurchgang am 9. Mai 2016. Merkur ist der Punkt in der unteren Sonnenhälfte. Der größere Punkt oben ist ein Sonnenfleck (Foto: Verfasser)

November

Sternenhimmel

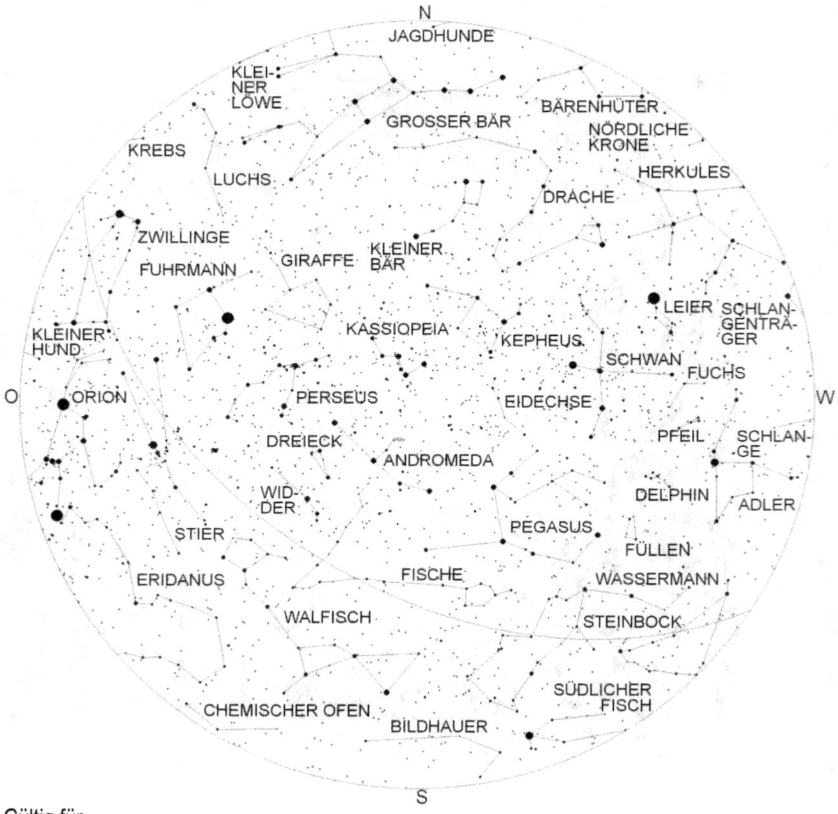

Gültig für

1.8. 4 Uhr	15.8. 3 Uhr
1.9. 2 Uhr	15.9. 1 Uhr
1.10. 0 Uhr	15.10. 23 Uhr
1.11. 22 Uhr	15.11. 21 Uhr
1.12. 20 Uhr	15.12. 19 Uhr
1.1. 18 Uhr	15.1. 17 Uhr

Noch immer wird der südliche Teil des Himmels von den überwiegend aus lichtschwachen Sternen bestehenden Konstellationen Steinbock, Wassermann, Fische, Südlicher Fisch, Bildhauer und Walfisch beherrscht, zu dem sich jetzt auch Teile des Eridanus gesellen. Über diesen findet man den Pegasus und die Andromeda. Der Andromedanebel kann jetzt sehr gut beobachtet werden. Er ist bei klarem Himmel schon freiäugig sichtbar, aber auf jedem Fall in einem Fernglas zu sehen. Auch der schon im kleinen Fernrohr trennbare Doppelstern Alamak, der sich am nordöstlichsten Ende der Sternfigur der Andromeda befindet, kann jetzt bestens beobachtet werden. Südlich der Andromeda findet man das Dreieck und den Widder. Im Widder gibt es auch einen Doppelstern, der schon mit kleinen Fernrohren aufgelöst werden kann und zwar Gamma Arietis. Er besteht aus zwei gleich hellen weißen Sternen.

Im Westen sieht man, daß der Adler schon kurz vor dem Untergang steht. Schlange und Schlangenträger sind schon fast vollständig untergegangen und auch der Herkules ist nur noch teilweise zu sehen. Tief im Norden erreicht jetzt der Große Wagen, der von den hellsten Sternen des Großen Bären gebildet wird, seinen tiefsten Stand.

Im Osten bemerkt man, daß bereits einige der Wintersternbilder über dem Horizont erschienen sind. Stier und Zwillinge sind schon vollständig zu sehen. Der Orion ist schon zum größten Teil aufgegangen. Kleiner Hund und Krebs werden bald über dem Horizont erscheinen.

Astronomische Ereignisse im November

Datum	Uhrzeit	Ereignis	Elongation
1.11.2019	22:39:38	Mond im absteigenden Knoten	
2.11.2019	03:53:26	Mond 2,8° nördlich Nunki	63,7°
2.11.2019	07:35:32	Mond 1,1° südlich Saturn	65,5°
2.11.2019	19:05:55	Mond 1,2° südlich Pluto	70,8°
3.11.2019	17:39:17	Mond 7,6° südlich Beta Capricorni	81,8°
4.11.2019	11:23:14	Erstes Viertel	
4.11.2019	14:51:31	Pallas 25,2° nördlich Akrab	21,9°
4.11.2019	21:52:27	Venus 1,5° südlich Akrab	21,6°
5.11.2019	00:45:00	Pallas 26,7° nördlich Venus	21,6°
5.11.2019	10:11:15	Mond 1,6° südlich Delta Capricorni	100,4°
7.11.2019	06:17:08	Mond 4,3° südlich Neptun	120,2°
8.11.2019	15:25:15	Uranus 11,1° südlich Hamal	166,6°
8.11.2019	16:05:09	Mars 3,05° nördlich Spika	21,7°
9.11.2019	08:42:26	Mond in größter Südbreite	
9.11.2019	11:48:52	Venus 3,95° nördlich Antares	22,7°
11.11.2019	06:25:09	Mond 4,9° südlich Uranus	164,0°
11.11.2019	06:36:34	Mond 16,1° südlich Hamal	164,0°
11.11.2019	14:46:54	Merkur im aufsteigenden Knoten	
11.11.2019	16:20:00	Merkurdurchgang	

Datum	Uhrzeit	Ereignis	Elongation
11.11.2019	16:21:52	Merkur in unterer Konjunktion zur Sonne	1,3'
12.11.2019	09:56:12	Vestaopposition	
12.11.2019	14:34:33	Vollmond	
12.11.2019	16:00:27	Mond 4,9° nördlich Vesta	170,5°
13.11.2019	08:16:26	Mond 8,2° südlich der Plejaden	168,3°
14.11.2019	06:29:19	Mond 2,5° nördlich Aldebaran	160,3°
14.11.2019	16:43:56	Merkur 30' nördlich Zuben-el-dschenubi	6,5°
15.11.2019	03:58:36	Mond 7,3° südlich Elnath	148,8°
15.11.2019	23:02:24	Mond bedeckt Eta Geminorum, siehe Seite 186	139,2°
16.11.2019	03:23:58	Mond bedeckt Mü Geminorum, siehe Seite 186	137,5°
16.11.2019	06:50:06	Merkur im Perihel	
16.11.2019	09:48:40	Mond im aufsteigenden Knoten	
16.11.2019	10:28:16	Mond 6° nördlich Alhena	133,8°
16.11.2019	12:44:16	Mond 2,8° südlich Epsilon Geminorum	133,0°
17.11.2019	09:53:53	Mond 9,8° südlich Kastor	122,1°
17.11.2019	13:51:39	Mond 6,3° südlich Pollux	120,0°
18.11.2019	12:40:39	Mond 19,4' nördlich M44	108,0°
19.11.2019	22:11:05	Letztes Viertel	
19.11.2019	23:45:45	Mond 3,1° nördlich Regulus	86,9°
20.11.2019	07:42:18	Pallas 30,8° nördlich Antares	13,9°
20.11.2019	15:42:53	Merkur stationär, dann rechtläufig	
22.11.2019	13:24:04	Mond 4,7° nördlich Juno	53,4°
22.11.2019	20:23:26	Mond in größter Nordbreite	
22.11.2019	20:56:49	Mond 1,8° nördlich Porrima	49,7°
23.11.2019	08:06:44	Mond in Erdnähe	
23.11.2019	17:34:15	Mond 6,7° nördlich Spika	36,9°
24.11.2019	09:55:00	Mond 3,5° nördlich Mars	28,5°
24.11.2019	13:10:00	Juno im aufsteigenden Knoten	
24.11.2019	15:01:03	Venus 1,4° südlich Jupiter	26,2°
25.11.2019	02:49:33	Mond 1,4° nördlich Merkur	19,5°
25.11.2019	05:24:23	Mond 3,3° nördlich Zuben-el-dschenubi	17,0°
26.11.2019	12:00:00	Merkur in größter Nordbreite	
26.11.2019	15:13:34	Mond 1,1° nördlich Akrab	0,9°
26.11.2019	16:05:46	Neumond	3°
27.11.2019	00:31:01	Mond 6,7° nördlich Antares	5,2°
27.11.2019	04:03:34	Mond 24,3° südlich Pallas	6,8°
27.11.2019	04:13:13	Merkur 2° nördlich Zuben-el-dschenubi	19,3°
27.11.2019	21:09:48	Neptun stationär, dann rechtläufig	
28.11.2019	11:04:09	Mond bedeckt Jupiter, siehe Seite 188	22,7°
28.11.2019	12:01:36	Merkur in größter westlicher Elongation	20,1°
28.11.2019	19:50:38	Venus im Aphel	
28.11.2019	21:00:25	Mond 1,2° nördlich Venus	27,2°
28.11.2019	23:20:37	Mond 3,2° nördlich Ceres	28,7°

Datum	Uhrzeit	Ereignis	Elongation
29.11.2019	05:12:28	Mond im absteigenden Knoten	
29.11.2019	12:32:15	Mond 2,2° nördlich Nunki	35,7°
29.11.2019	23:02:49	Mond 1,45° südlich Saturn	40,5°
30.11.2019	04:28:16	Mond 59' südlich Pluto	43,5°
30.11.2019	12:54:46	Ceres 1,9° südlich Venus	27,6°

Planeten

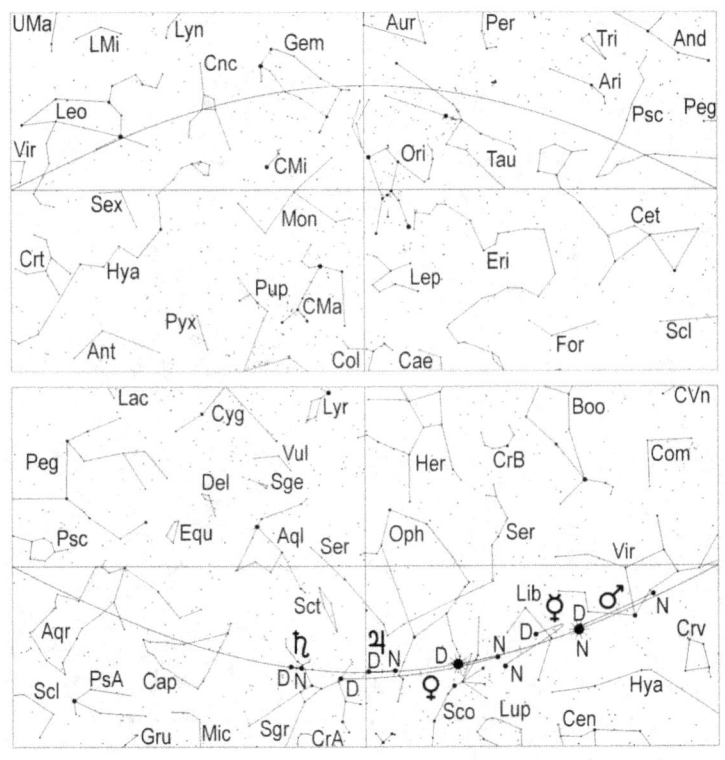

Merkur bewegt sich zu Monatsbeginn rückläufig durch die Waage und erreicht am 11. seine untere Konjunktion, wobei er diesmal vor der Sonne vorbeizieht (siehe Seite 137). Schon am 19. hat er so viel westlichen Winkelabstand zur Sonne gewonnen, daß er am Morgenhimmel erscheint. An diesem Tag geht der 1,0 mag helle Planet um 6.15 Uhr auf. Einen Tag später beendet er seine Konjunktionsschleife und wandert wieder rechtläufig durch die Waage. Am 28. erreicht er seine größte westliche Elongation mit 20,1°. Seine Helligkeit steigt auf – 0,3 mag am 25. und auf –0,5 mag am 30., während sein Aufgang am 25. um 5.57 Uhr und am 30. um 6.04 Uhr erfolgt. Am 27. zieht Merkur 2° nördlich am Hauptstern der Waage, Zuben-el-dschenubi, vorbei. Im Fernrohr erscheint Merkur am 19. als dünne, nur zu 10% beleuchtete Sichel mit 8,7" Durchmesser. Sein Beleuchtungsgrad nimmt im Laufe des Monats auf 74% zu, während sein Scheibchendurchmesser auf 6,5" abnimmt.

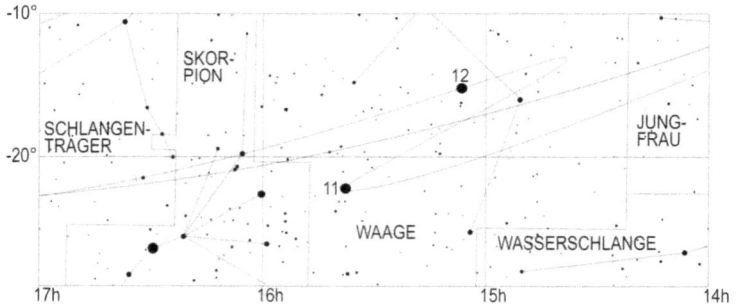

Lauf des Planeten Merkur von November bis Dezember 2019. Die Zahl gibt die Position zum 1. des entsprechenden Monats an, also 11 die Position am 1.11.

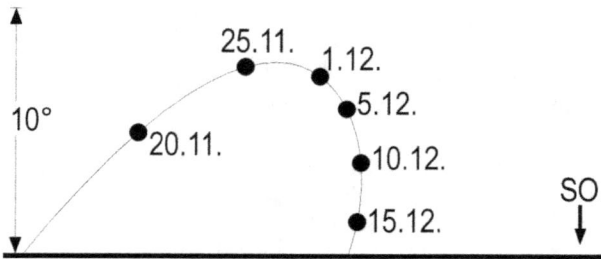

Position des Planeten Merkur 1 Stunde vor Sonnenaufgang

Venus wandert rechtläufig durch die Sternbilder Skorpion und Schlangenträger und dringt am Monatsende in den Schützen vor. Sie verbessert ihre Sichtbarkeit, weil die Tage immer kürzer werden. Außerdem verspäten sich in der 2. Monatshälfte auch ihre Untergangszeiten: versinkt sie am 1. um 17.50 Uhr unter dem Horizont, so erfolgt dies am 15. um 17.48 Uhr und am 30. um 18.04 Uhr. Am 24. zieht Venus 1,4° südlich an Jupiter vorbei – ein schöner Anblick am frühen abendlichen Himmel.

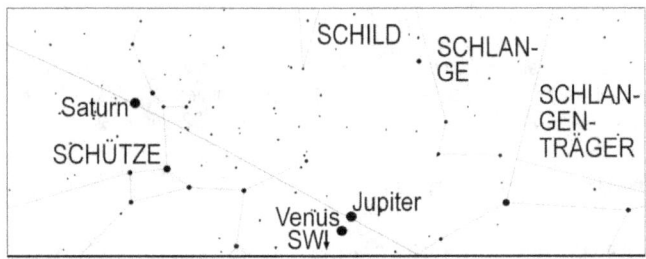

Anblick der Konjunktion zwischen Venus und Jupiter am 24.11.2019 um 17.30 Uhr MEZ

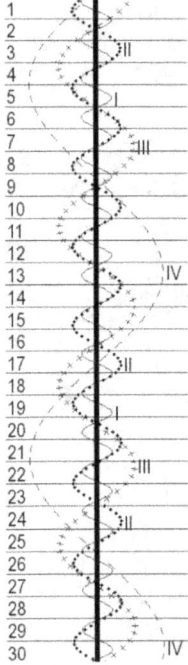

Stellung der 4 hellen Jupitermonde im November 2019

Im Fernrohr erscheint Venus als zu 98% beleuchtetes Scheibchen mit 11" Winkeldurchmesser.

Mars am Morgenhimmel durchwandert das Sternbild Jungfrau und passiert Spika am 8. in 3,05° nördlichem Abstand. Sein Aufgang verfrüht sich nur unwesentlich von 5.19 Uhr am 1., auf 5.11 Uhr am 30. Mit einer Helligkeit von 1,8 mag zu Monatsbeginn und 1,7 mag am Monatsende übertrifft ihn Spika an Helligkeit. Da sein Scheibchendurchmesser unter 4" liegt, ist er für Fernrohrbeobachter uninteressant.

Jupiter im Schlangenträger ist Planet des frühen Abendhimmels. Er geht am 1. um 19.15 Uhr, am 15. um 18.31 Uhr und am 30. um 17.46 Uhr unter. Am 24. wird er von Venus in 1,4° südlichem Abstand überholt. Seine Helligkeit geht leicht zurück von –1,9 mag auf –1,8 mag. Am 28. bedeckt der Mond Jupiter in den Vormittagsstunden (Ein- und Austrittszeiten für verschiedene Orte auf Seite 188). Dieses Ereignis kann bei klarem Wetter mit einem Fernrohr beobachtet werden, wobei sehr sorgfältig vorgegangen werden muß, damit nicht die Sonne ins Blickfeld gerät (Erblindungsgefahr!). Bis zum Einbruch der Dunkelheit ist der Winkelabstand von Mond und Jupiter auf 3° angewachsen.

Saturn im Sternbild Schütze geht immer früher unter. Er versinkt am Monatsersten um 20.54 Uhr, zur Monatsmitte um 20.05 Uhr und am Monatsletzten um 19.09 Uhr. Seine Helligkeit beträgt 0,6 mag.

Uranus kann mit einem Fernglas oder Fernrohr (Aufsuchkarte, Seite 123) in den Abendstunden im Sternbild Widder aufgesucht werden. Er erreicht seinen höchsten Stand am 15. um 22.52 Uhr und am 30. um 21.51 Uhr und versinkt am 15. um 5.59 Uhr und am 30. um 4.58 Uhr unter dem Horizont.

Neptun kann mit einem Fernglas oder Fernrohr im Sternbild Wassermann beobachtet werden (Aufsuchkarte, Seite 113). Er kulminiert am 15. um 19.56 Uhr und am 30. um 18.57 Uhr und geht um 1.31 Uhr bzw. 0.32 Uhr unter.

Klein- und Zwergplaneten

Ceres, kann im November nicht beobachtet werden.

Pallas wandert von der Schlange in den Herkules und geht am 1. um 20.12 Uhr, am 15. um 19.34 Uhr und am 30. um 18.54 Uhr unter. Da ihre Helligkeit nur 10,1 mag beträgt, dürfte es selbst mit großen Fernrohren ab dem ersten Monatsdrittel kaum mehr möglich sein, diesen Kleinplaneten aufzustöbern. (Aufsuchkarte, Seite 124 und Seite 147).

Juno im Sternbild Jungfrau geht am 1. um 3.36 Uhr, am 15. um 3.08 Uhr und am 30. um 2.34 Uhr auf. Der 10,8 mag helle Kleinplanet kann, kurz vor Beginn der Morgendämmerung, mit einem größeren Fernrohr aufgesucht werden. (Aufsuchkarte, Seite 148).

Vesta erreicht am 12. ihre Opposition zur Sonne. Sie wandert rückläufig vom Stier in den Walfisch und ist mit einer Helligkeit von 6,5 mag ein leichtes Feldstecherobjekt, welches in großen Teilen der Nacht aufgesucht werden kann.

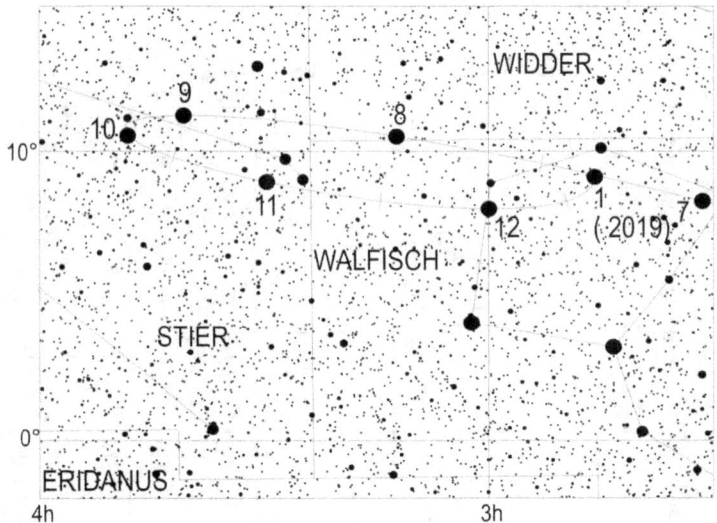

Lauf des Kleinplaneten Vesta im Jahr 2019. Die Zahl gibt die Position zum 1. des entsprechenden Monats an, also 9 die Position am 1.9.

Periodische Sternschnuppenströme

Vom 10.11. bis zum 23.11. treten die Leoniden auf, die am 18. um 6 Uhr ihr Maximum mit etwa 8 Meteoren pro Stunde erreichen. Die Meteore der Leoniden gehören zu den langsameren ihrer Sorte. In der Vergangenheit sorgten die Leoniden für Meteorschauer mit bis zu 10000 Sternschnuppen pro Stunde. Leider hält sich in diesem Jahr der abnehmende Mond zum Zeitpunkt des Maximums in der Nähe des Radianten auf.
Am 7.11. um 1 Uhr erreichen zeitgleich die Nord-Tauriden und die Süd-Tauriden ihr Maximum mit 4 Sternschnuppen pro Stunde. Beide Meteorströme bringen eher langsamere Sternschnuppen hervor und sind noch bis zum 29.12. bzw. 19.12. aktiv. Ihre Beobachtung wird am Tag des Maximums bis etwa 1 Uhr durch den Mond beeinträchtigt.
Zwischen dem 15.11. und dem 25.11. treten die Alpha-Monocerotiden auf, welche am 22. ihr Maximum mit 1 Meteor pro Stunde erreichen.
Ferner treten zwischen den 1.11. und dem 23.11. noch die Iota-Aurigiden auf, die am 16. ihr Maximum mit 8 Meteoren pro Stunde erreichen. Die Iota-Aurigiden sind mittelschnelle Sternschnuppen.

Sonnenuntergang und Dämmerung

	Astr. Anf.	Naut. Anf.	Bürg. Anf.	Auf-gang	Kulm.	Unter-gang	Bürg. Ende	Naut. Ende	Astr. Ende	Zeitgl.
1.11.2019	5:24	6:01	6:39	7:13	12:08	17:02	17:36	18:13	18:51	-16m25s
2.11.2019	5:25	6:02	6:40	7:15	12:08	17:00	17:34	18:12	18:49	-16m27s
3.11.2019	5:27	6:04	6:42	7:17	12:08	16:58	17:33	18:10	18:48	-16m28s
4.11.2019	5:28	6:05	6:44	7:18	12:08	16:56	17:31	18:09	18:46	-16m28s
5.11.2019	5:29	6:07	6:45	7:20	12:08	16:55	17:29	18:08	18:45	-16m27s
6.11.2019	5:31	6:08	6:47	7:22	12:08	16:53	17:28	18:06	18:44	-16m26s
7.11.2019	5:32	6:10	6:48	7:23	12:08	16:52	17:27	18:05	18:42	-16m23s
8.11.2019	5:34	6:11	6:50	7:25	12:08	16:50	17:25	18:03	18:41	-16m20s
9.11.2019	5:35	6:13	6:51	7:27	12:08	16:49	17:24	18:02	18:40	-16m16s
10.11.2019	5:37	6:14	6:53	7:28	12:08	16:47	17:22	18:01	18:39	-16m11s
11.11.2019	5:38	6:15	6:55	7:30	12:08	16:46	17:21	18:00	18:37	-16m06s
12.11.2019	5:39	6:17	6:56	7:32	12:08	16:44	17:20	17:59	18:36	-15m59s
13.11.2019	5:41	6:18	6:58	7:33	12:08	16:43	17:18	17:57	18:35	-15m52s
14.11.2019	5:42	6:20	6:59	7:35	12:08	16:42	17:17	17:56	18:34	-15m44s
15.11.2019	5:43	6:21	7:01	7:36	12:09	16:40	17:16	17:55	18:33	-15m35s
16.11.2019	5:45	6:22	7:02	7:38	12:09	16:39	17:15	17:54	18:32	-15m25s
17.11.2019	5:46	6:24	7:04	7:40	12:09	16:38	17:14	17:53	18:31	-15m14s
18.11.2019	5:47	6:25	7:05	7:41	12:09	16:37	17:13	17:52	18:30	-15m03s
19.11.2019	5:49	6:27	7:07	7:43	12:09	16:35	17:12	17:51	18:29	-14m50s
20.11.2019	5:50	6:28	7:08	7:44	12:10	16:34	17:11	17:51	18:28	-14m37s
21.11.2019	5:51	6:29	7:10	7:46	12:10	16:33	17:10	17:50	18:28	-14m23s
22.11.2019	5:53	6:31	7:11	7:47	12:10	16:32	17:09	17:49	18:27	-14m08s
23.11.2019	5:54	6:32	7:12	7:49	12:10	16:31	17:08	17:48	18:26	-13m52s
24.11.2019	5:55	6:33	7:14	7:50	12:11	16:30	17:07	17:47	18:26	-13m36s
25.11.2019	5:56	6:35	7:15	7:52	12:11	16:29	17:06	17:47	18:25	-13m18s
26.11.2019	5:57	6:36	7:17	7:53	12:11	16:29	17:06	17:46	18:24	-13m00s
27.11.2019	5:59	6:37	7:18	7:55	12:12	16:28	17:05	17:46	18:24	-12m41s
28.11.2019	6:00	6:38	7:19	7:56	12:12	16:27	17:04	17:45	18:23	-12m22s
29.11.2019	6:01	6:40	7:21	7:58	12:12	16:26	17:04	17:44	18:23	-12m01s
30.11.2019	6:02	6:41	7:22	7:59	12:13	16:26	17:03	17:44	18:22	-11m40s

Mondlauf

	Rektaszension	Deklination	Elong.	Phase	mag	Auf-gang	Kulm.	Unter-gang
1.11.2019	17h49m12,2s	-22°51'49"	49,8°	0,18	-8,2	12:04	16:11	20:17
2.11.2019	18h45m32,1s	-23°36'17"	61,8°	0,26	-8,8	12:58	17:05	21:13
3.11.2019	19h40m22,4s	-23°08'11"	73,4°	0,36	-9,4	13:42	17:56	22:14
4.11.2019	20h33m05,9s	-21°34'55"	84,7°	0,45 D	-9,8	14:17	18:44	23:18
5.11.2019	21h23m27,1s	-19°06'04"	95,8°	0,55	-10,3	14:45	19:30	
6.11.2019	22h11m33,0s	-15°51'45"	106,7°	0,64	-10,6	15:08	20:14	0:23
7.11.2019	22h57m47,6s	-12°01'38"	117,5°	0,73	-10,9	15:29	20:56	1:28
8.11.2019	23h42m46,2s	-7°44'44"	128,2°	0,81	-11,3	15:48	21:37	2:33

	Rektaszension	Deklination	Elong.	Phase	mag	Aufgang	Kulm.	Untergang
9.11.2019	0h27m10,2s	-3°09'43"	139,1°	0,88	-11,6	16:05	22:19	3:38
10.11.2019	1h11m44,4s	1°34'31"	150,0°	0,93	-11,9	16:24	23:01	4:44
11.11.2019	1h57m14,3s	6°18'13"	161,0°	0,97	-12,2	16:44	23:45	5:51
12.11.2019	2h44m23,4s	10°50'09"	171,8°	1 ○	-12,5	17:07		6:59
13.11.2019	3h33m49,5s	14°57'18"	174,2°	1	-12,6	17:35	0:31	8:09
14.11.2019	4h25m57,5s	18°25'04"	163,5°	0,98	-12,3	18:08	1:21	9:20
15.11.2019	5h20m50,5s	20°58'18"	151,7°	0,94	-12,0	18:51	2:13	10:27
16.11.2019	6h18m03,0s	22°23'10"	139,6°	0,88	-11,7	19:45	3:08	11:29
17.11.2019	7h16m40,3s	22°29'50"	127,2°	0,8	-11,4	20:48	4:05	12:22
18.11.2019	8h15m31,9s	21°14'38"	114,7°	0,71	-11,0	22:00	5:02	13:06
19.11.2019	9h13m32,7s	18°41'03"	101,9°	0,6 ☾	-10,6	23:17	5:58	13:42
20.11.2019	10h10m02,5s	14°58'47"	89,0°	0,49	-10,2		6:52	14:11
21.11.2019	11h04m53,1s	10°21'54"	75,9°	0,38	-9,7	0:36	7:44	14:36
22.11.2019	11h58m24,4s	5°07'05"	62,7°	0,27	-9,0	1:56	8:35	14:59
23.11.2019	12h51m14,7s	-0°27'30"	49,3°	0,17	-8,3	3:17	9:26	15:22
24.11.2019	13h44m09,2s	-6°02'44"	35,9°	0,09	-7,3	4:37	10:18	15:45
25.11.2019	14h37m50,3s	-11°19'01"	22,5°	0,04	-6,3	5:58	11:10	16:11
26.11.2019	15h32m46,8s	-15°57'07"	9,5°	0,01 ●	-5,0	7:19	12:05	16:42
27.11.2019	16h29m04,1s	-19°39'42"	5,0°	0	-4,5	8:35	13:00	17:19
28.11.2019	17h26m18,3s	-22°13'24"	17,1°	0,02	-5,7	9:46	13:57	18:04
29.11.2019	18h23m38,5s	-23°30'51"	29,4°	0,06	-6,7	10:47	14:52	18:57
30.11.2019	19h20m00,2s	-23°31'33"	41,4°	0,12	-7,6	11:37	15:45	19:57

Jupitermond-Ereignisse

Datum	Uhrzeit (MEZ)	Mond	Erscheinung	Phase
9.11.2019	17:17:33	Europa	Verfinsterung	Ende
16.11.2019	17:28:12	Ganymed	Durchgang	Anfang
16.11.2019	17:29:11	Io	Durchgang	Ende

Merkurdurchgang

In den Nachmittagsstunden des 11.11. zieht der Planet Merkur vor der Sonne vorbei. Dieses Ereignis ist bis zum Sonnenuntergang in Deutschland sichtbar. Zur Beobachtung ist ein Fernrohr erforderlich.
(Vorsichtsmaßnahmen beachten! Siehe übernächste Seite). Die Kontaktzeiten sind für verschiedene Orte leicht unterschiedlich.
Beim 1. und 4. Kontakt berühren sich die Ränder von Merkur und Sonne. Sie bezeichnen den Anfang bzw. das Ende des Durchgangs.
Der 2. und der 3. Kontakt bezeichnen den Zeitpunkt der Berührung des Randes von Merkur mit dem inneren Rand der Sonne. Zwischen den 1. und den 2. sowie zwischen den 3. und den 4. Kontakt befindet sich Merkur nur teilweise vor der Sonne, während er zwischen den 3. und den 4. Kontakt vollständig vor ihr zu sehen

ist. Da Merkur ca. 180 mal kleiner als die Sonne erscheint, liegen bei Merkurdurchgängen in der Regel der 1. und der 2. sowie der 3. und der 4. Kontakt zeitlich nahe zusammen und Merkur ist während des größten Teiles des Ereignisses vollständig vor der Sonne zu sehen.
Der Gradwert unter den Zeiten gibt den jeweiligen Positionswinkel am Sonnenrand an. Er wird von Norden in östliche Richtung gezählt.
Zum Zeitpunkt des Maximums hat Merkur den geringsten Winkelabstand zur Mitte der Sonnenscheibe. Er beträgt bei diesem Durchgang nur 76".

Phase	Berlin	Bern	Dresden	Frankfurt	Hamburg	Hannover
1. Kontakt	13:35:50 (110,2°)	13:35:51 (110,2°)	13:35:50 (110,2°)	13:35:51 (110,2°)	13:35:52 (110,2°)	13:35:52 (110,2°)
2. Kontakt	13:37:31 (110,2°)	13:37:32 (110,2°)	13:37:31 (110,2°)	13:37:32 (110,2°)	13:37:33 (110,2°)	13:37:33 (110,2°)
Maximum	16:20:15	16:20:13	16:20:14	16:20:14	16:20:16	16:20:15
Sonnenuntergang	16:21	17:02	16:25	16:48	16:31	16:36
3. Kontakt	19:02:44 (298,4°)	19:02:40 (298,4°)	19:02:43 (298,4°)	19:02:42 (298,4°)	19:02:45 (298,4°)	19:02:44 (298,4°)
4. Kontakt	19:04:25 (298,3°)	19:04:21 (298,3°)	19:04:24 (298,3°)	19:04:23 (298,3°)	19:04:26 (298,3°)	19:04:25 (298,3°)

Phase	Köln	Leipzig	München	Nürnberg	Stuttgart	Wien
1. Kontakt	13:35:52 (110,2°)	13:35:50 (110,2°)	13:35:49 (110,2°)	13:35:50 (110,2°)	13:35:51 (110,2°)	13:35:47 (110,2°)
2. Kontakt	13:37:33 (110,2°)	13:37:31 (110,2°)	13:37:31 (110,2°)	13:37:31 (110,2°)	13:37:32 (110,2°)	13:37:29 (110,2°)
Maximum	16:20:15	16:20:14	16:20:12	16:20:13	16:20:13	16:20:11
Sonnenuntergang	16:52	16:29	16:42	16:40	16:50	16:23
3. Kontakt	19:02:43 (298,4°)	19:02:43 (298,4°)	19:02:41 (298,4°)	19:02:42 (298,4°)	19:02:41 (298,4°)	19:02:41 (298,4°)
4. Kontakt	19:04:24 (298,3°)	19:04:24 (298,3°)	19:04:22 (298,4°)	19:04:23 (298,3°)	19:04:22 (298,3°)	19:04:22 (298,4°)

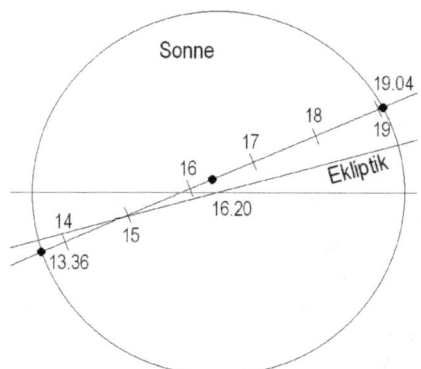

Schematische Übersicht des Merkurdurchgangs am 11.11.2019. Die Zahlen geben die Stellung des Planeten zu verschiedenen Zeiten (in MEZ) vor der Sonne an.
Norden ist oben und Westen rechts.

Die sichere Sonnenbeobachtung

Zur Beobachtung des Merkurdurchgangs muss wegen der Kleinheit des Merkurscheibchens ein Fernglas oder ein Fernrohr eingesetzt werden. Dies erfordert besondere Vorsichtsmaßnahmen, weil derartige optische Instrumente Licht bündeln. **Schon ein kurzer Blick durch ein optisches Instrument ohne geeignete Filter zerstört das Auge des Beobachters!**
Um mit einem Fernrohr oder Fernglas die Sonne gefahrlos zu beobachten, gibt es prinzipiell zwei Möglichkeiten: die Verwendung von Filtern oder die Projektionsmethode.
Letzteres Verfahren, daß schon Gallileo 1610 anwandte, besteht darin, hinter dem Okular einen Schirm anzubringen, auf dem das Sonnenbild projiziert wird. Es ist für Beobachter absolut gefahrlos und bietet die Möglichkeit, das Sonnenbild abzuzeichnen und ist, wenn mehrere Personen gleichzeitig das Ereignis verfolgen wollen, das Mittel der Wahl.
Allerdings können insbesondere bei größeren Fernrohren durch die Hitzeentwicklung verkittete Okulare beschädigt werden, weshalb es sich empfiehlt, vor dem Gerät eine Blende anzubringen.
Da man nicht durch das Fernrohr blicken darf, wird das Gerät anhand seines Schattenwurfes auf die Sonne ausgerichtet. Sucherfernrohre müssen hierbei verschlossen oder abmontiert werden, um eine versehentliche Benutzung zu vermeiden.
Ein mit einem Projektionsschirm versehenes Fernrohr soll, während es auf die Sonne ausgerichtet ist, nicht unbeaufsichtigt gelassen werden.
Die andere Möglichkeit der gefahrlosen teleskopischen Sonnenbeobachtung besteht in der Verwendung geeigneter Filter, die in Optikfachgeschäften erhältlich sind. **Allerdings sollten nicht, die zahlreichen Fernrohren als Zubehör beiliegenden Okularfilter verwendet werden, weil sich diese stark erhitzen und platzen können. Die menschliche Reaktionszeit reicht nicht aus, das Auge rechtzeitig aus der Gefahrenzone zu bringen.**
Filter, die vor dem Objektiv angebracht werden, sind sicher, weil sie sich kaum erwärmen und deshalb nicht platzen können. Es müssen optische Filter mit einer optischen Dichte von mindestens 5, was einer Lichtabschwächung um den Faktor 100000 entspricht, verwendet werden. Da auch die im Sonnenlicht vorhandenen unsichtbaren Infrarot- und UV-Strahlung die Augen schädigen können, dürfen für visuelle Beobachtung nur Filter verwendet werden, die auch diese Strahlung ausreichend stark unterdrücken.
Aus diesem Grund sollte man keine Sonnenfilter aus Materialien basteln, deren Absorptionsvermögen für Infrarot und UV-Strahlung nicht spezifiziert ist, wie dies zum Beispiel bei Rettungsfolien der Fall ist.

Grundsätzlich ist darauf zu achten, daß Sonnenfilter so gelagert werden, daß sie nicht beschädigt werden, weil sonst nicht das Lichtabsorptionsverhalten sichergestellt werden kann. Insbesondere bei Folienfiltern ist die Gefahr der Beschädigung durch Kratzer und Alterung gegeben.
Filter für fotografische Zwecke unterdrücken nicht immer schädliche UV- und Infrarotstrahlung in ausreichendem Maße, weshalb man durch diese nur zum Ein- und Scharfstellen des Sonnenbildes verwenden soll.
Eine Alternative zu Objektivsonnenfiltern stellen Herschelkeile dar. Sie werden am Okular befestigt und bestehen aus einem Prisma an dessen Oberfläche ein kleiner Teil des einfallenden Lichtes (etwa 4 %) reflektiert wird, während der Rest in eine Lichtfalle umgelenkt wird.
Da sie kaum Licht absorbieren erhitzen sie sich nur wenig und können deshalb nicht platzen.
Die Intensität des am Herschelkeils reflektierten Lichtes ist immer noch für eine direkte Beobachtung zu groß, aber nicht mehr so groß, um Okularfilter, die für diese Anwendung eine optische Dichte von 3 (Filterfaktor: 1000) haben müssen, zu zerstören. Herschelkeile sind teurer als Objektivfilter, liefern allerdings bessere Bilder. Herschelkeile sollen nicht bei Spiegelteleskopen eingesetzt werden, weil es durch Überhitzung des Fangspiegels zu Schäden am Teleskop kommen kann. **Bei Herschelkeilen mit offener Lichtfalle ist darauf zu achten, daß niemand in diese hineinsehen oder hineingreifen kann und daß keine brennbaren Gegenstände in diese geraten können.**
Wenn Sucherfernrohre verwendet werden, müssen diese ebenfalls mit einem Sonnenfilter ausgestattet sein.
Die Fotografie des Merkurdurchgangs ist mit einem Teleobjektiv mit einer Brennweite von über 200 mm in Verbindung mit einem Objektivsonnenfilter problemlos möglich. Da für fotografische Zwecke vorgesehene Filter oft nicht die schädliche UV- und Infrarotstrahlung ausreichend unterdrücken, sollte man die visuelle Beobachtung nur auf das Einstellen und Scharfstellen des Sonnenbildes beschränken.

Dezember

Sternenhimmel

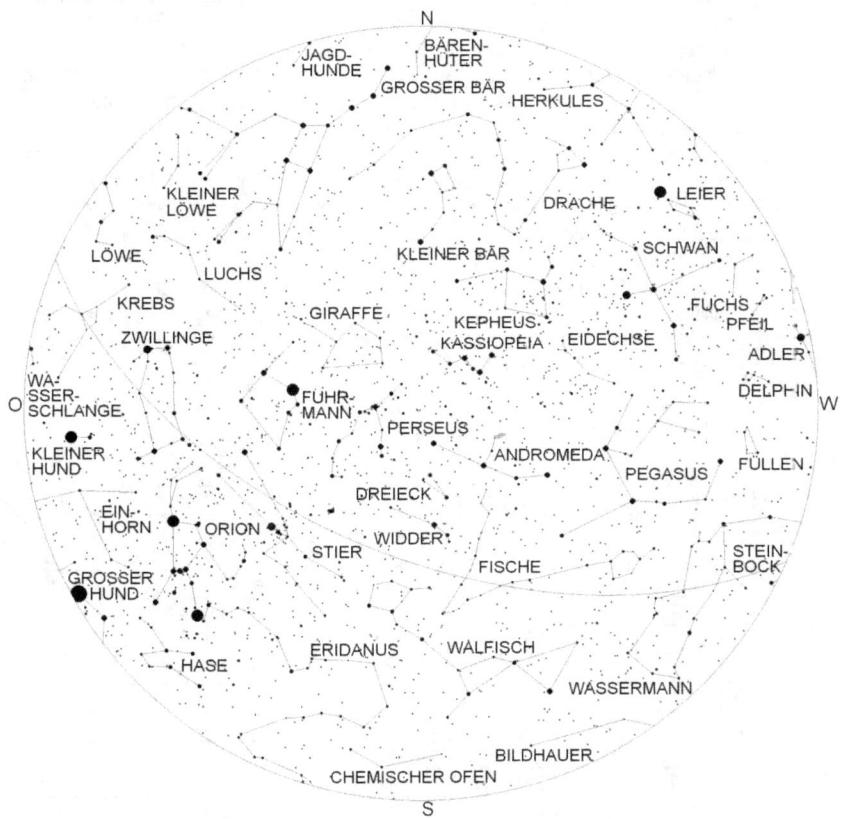

Gültig für

1.9. 4 Uhr	15.9. 3 Uhr
1.10. 2 Uhr	15.10. 1 Uhr
1.11. 0 Uhr	15.11. 23 Uhr
1.12. 22 Uhr	15.12. 21 Uhr
1.1. 20 Uhr	15.1. 19 Uhr

Der südliche und südwestliche Teil des Himmels wird von den lichtschwachen Herbststernbildern dominiert, von denen nur der Walfisch über zwei Sterne zweiter Größe verfügt. Im Südsüdosten erblickt man das Sternbild Eridanus, welches von allen Sternbildern die größte Ausdehnung in Nord-Süd-Richtung hat. Die nördlichsten Gebiete dieses Sternbildes, welches den Fluß Eridanus darstellen soll, in dem nach der griechischen Mythologie, Phaeton, der Sohn des Sonnengottes Helios gestürzt sein soll, nachdem er den Sonnenwagen seines Vaters lenken durfte, befinden sich nördlich des Himmelsäquators bei einer Deklination von 1°, während die südlichsten Regionen bei −58° liegen und erst bei 32° nördlicher Breite, das ist die Breite Nordafrikas, über den Horizont erscheinen.

Der Pegasus steht schon in südwestlicher Richtung. Von den Sommersternbildern sind nur noch der Schwan, die Leier, sowie die Kleinsternbilder Pfeil und Delphin vollständig zu sehen. Der Adler ist schon fast vollständig untergegangen, sein Hauptstern Atair, die südlichste Spitze des Sommerdreiecks ist schon im Horizontdunst verschwunden.

Im Osten sind die meisten Wintersternbilder schon aufgegangen. Orion, Stier, Zwillinge, Krebs, Hase und Kleiner Hund sind schon vollständig über dem Horizont erschienen. Sirius im Großen Hund geht gerade auf und dürfte wegen seiner großen Helligkeit bald sichtbar sein.

Astronomische Ereignisse

Datum	Uhrzeit	Ereignis	Elongation
1.12.2019	02:50:44	Mond 7,3° südlich Beta Capricorni	54,4°
2.12.2019	19:44:35	Mond 1,9° südlich Delta Capricorni	73,5°
3.12.2019	03:15:51	Pallas in Konjunktion zur Sonne	26,1°
4.12.2019	07:58:27	Erstes Viertel	
4.12.2019	11:53:56	Mond 4,9° südlich Neptun	91,8°
5.12.2019	05:07:47	Mond in Erdferne	
6.12.2019	10:16:29	Venus 1,85° nördlich Nunki	28,9°
6.12.2019	14:14:37	Mond in größter Südbreite	
8.12.2019	05:18:55	Juno 2,4° südlich Porrima	64,4°
8.12.2019	11:00:22	Mond 5,45° südlich Uranus	135,1°
8.12.2019	12:40:31	Mond 16,6° südlich Hamal	135,8°
9.12.2019	12:29:03	Mond 3,15° nördlich Vesta	145,7°
10.12.2019	14:19:59	Mond 8,5° südlich der Plejaden	159,7°
11.12.2019	05:40:29	Venus 1,8° südlich Saturn	30,0°
11.12.2019	12:50:34	Mond 2,1° nördlich Aldebaran	170,5°
11.12.2019	19:55:44	Merkur 1,2' südlich Akrab	16,0°
12.12.2019	06:12:26	Vollmond	
12.12.2019	11:15:37	Mond 7,7° südlich Elnath	173,8°
12.12.2019	11:24:25	Mars 13' nördlich Zuben-el-dschenubi	34,7°
13.12.2019	08:03:30	Mond 15' südlich Eta Geminorum	166,7°
13.12.2019	10:54:14	Mond 17' südlich Mü Geminorum	165,1°

Datum	Uhrzeit	Ereignis	Elongation
13.12.2019	12:35:20	Venus 1,15° südlich Pluto	30,5°
13.12.2019	15:14:26	Mond im aufsteigenden Knoten	
13.12.2019	15:38:40	Mond 5,9° nördlich Alhena	160,8°
13.12.2019	17:46:58	Mond 2,7° südlich Epsilon Geminorum	161,0°
14.12.2019	14:55:42	Mond 9,9° südlich Kastor	150,0°
14.12.2019	18:25:34	Mond 6,1° südlich Pollux	148,2°
15.12.2019	16:57:08	Mond 27' nördlich M44	135,8°
15.12.2019	17:23:50	Merkur 5,1° nördlich Antares	14,1°
17.12.2019	06:38:45	Mond 3,2° nördlich Regulus	114,8°
18.12.2019	19:25:03	Ceres 17' südlich Nunki	16,5°
18.12.2019	21:28:25	Mond in Erdnähe	
19.12.2019	05:57:15	Letztes Viertel	
19.12.2019	21:33:57	Merkur im absteigenden Knoten	
20.12.2019	01:23:36	Mond in größter Nordbreite	
20.12.2019	01:45:38	Mond 2,2° nördlich Porrima	77,4°
20.12.2019	09:36:09	Mond 3,6° nördlich Juno	73,5°
20.12.2019	22:22:21	Mond 7,2° nördlich Spika	64,6°
20.12.2019	23:37:54	Venus in größter Südbreite	
22.12.2019	05:19:14	Winteranfang	
22.12.2019	14:07:27	Venus 6,6° südlich Beta Capricorni	32,5°
22.12.2019	15:18:47	Mond 3° nördlich Zuben-el-dschenubi	45,1°
23.12.2019	01:46:09	Mond 3,1° nördlich Mars	38,5°
23.12.2019	14:25:18	Pallas 27,1° nördlich Merkur	10,2°
23.12.2019	22:48:35	Mond 1,6° nördlich Akrab	28,3°
24.12.2019	08:37:59	Mond 6,5° nördlich Antares	22,8°
25.12.2019	06:48:36	Mond 25,9° südlich Pallas	12,1°
25.12.2019	12:18:56	Mond 1° nördlich Merkur	9,2°
26.12.2019	06:13:16	Neumond, Mond 23,64' nördlich der Sonne	24'
26.12.2019	06:18:53	Ringförmige Sonnenfinsternis, maximale Dauer: 3m40s, in Mitteleuropa nicht sichtbar	
26.12.2019	07:24:47	Mond 31' südlich Jupiter	0,7°
26.12.2019	14:00:39	Mond im absteigenden Knoten	
26.12.2019	23:00:02	Mond 2,6° nördlich Nunki	8,4°
27.12.2019	03:58:51	Mond 2,7° nördlich Ceres	10,9°
27.12.2019	12:29:04	Mond 2,1° südlich Saturn	15,1°
27.12.2019	16:12:42	Mond 1,4° südlich Pluto	16,7°
27.12.2019	19:25:42	Jupiter in Konjunktion zur Sonne	5,7'
28.12.2019	10:33:43	Mond 7,8° südlich Beta Capricorni	26,0°
29.12.2019	02:36:32	Mond 1,4° südlich Venus	33,6°
30.12.2019	03:40:27	Mond 1,7° südlich Delta Capricorni	45,4°
30.12.2019	06:27:29	Merkur im Aphel	
31.12.2019	23:14:54	Mond 4,6° südlich Neptun	65,4°

Planeten

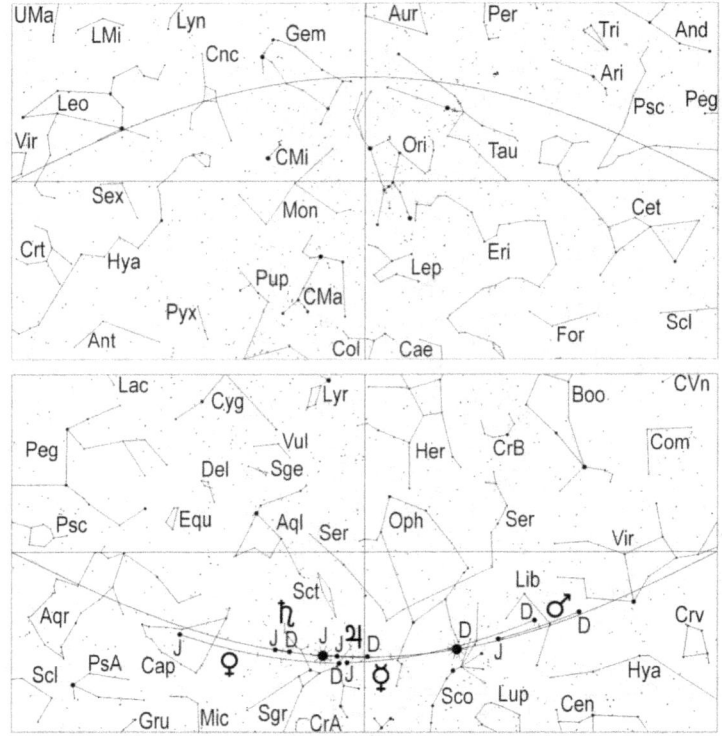

Merkur kann bis zum 14. am Morgenhimmel beobachtet werden. Sein Aufgang verspätet sich von 6.06 Uhr am 1. auf 6.41 Uhr am 10. und auf 6.59 Uhr am 14., während seine Helligkeit −0,6 mag beträgt.
Der Scheibchendurchmesser reduziert sich von 6,3" am 1., auf 5,4" am 10. und auf 5,2" am 14., während der beleuchtete Teil Merkurs von 78% am 1., auf 95% am 10. und auf 97% am 14. ansteigt.

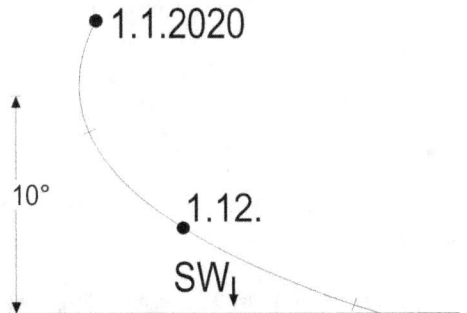

Position des Planeten Venus 1 Stunde nach Sonnenuntergang

Venus durchwandert die Sternbilder Schütze und Steinbock und gewinnt an Sichtbarkeitszeit. Am 1. geht sie um 18.05 Uhr unter, am 15. um 18.37 Uhr und am 31. um 19.24 Uhr. Ihre Helligkeit steigt leicht von –3,9 mag auf –4,0 mag. Am 11. zieht sie 1,8° südlich an Saturn vorbei, was einen schönen Anblick am frühen Abendhimmel ergibt. Der beleuchtete Teil des Venusscheibchens geht auf 93% zurück, während ihr Scheibchen auf 13" anwächst.

Mars, am Morgenhimmel, durchwandert das Sternbild Waage und erscheint am 1. um 5.11 Uhr und am 31. um 5.04 Uhr über dem Horizont. Am 12. passiert er Zuben-el-dschenubi nur 13' nördlich. Seine Helligkeit steigt leicht von 1,7 mag auf 1,6 mag. Mit einem Scheibchendurchmesser, der im Laufe des Monats von 3,9" auf 4,3" anwächst, ist er für Fernrohrbeobachter unattraktiv.

Jupiter kann noch bis zum 7. tief im Südwesten in der Abenddämmerung beobachtet werden. Der –1,8 mag helle Riesenplanet versinkt am 1. um 17.43 Uhr und am 7. um 17.22 Uhr unter dem Horizont. Für den Rest des Monats ist Jupiter nicht zu sehen, denn er steht am 27. in Konjunktion zur Sonne.

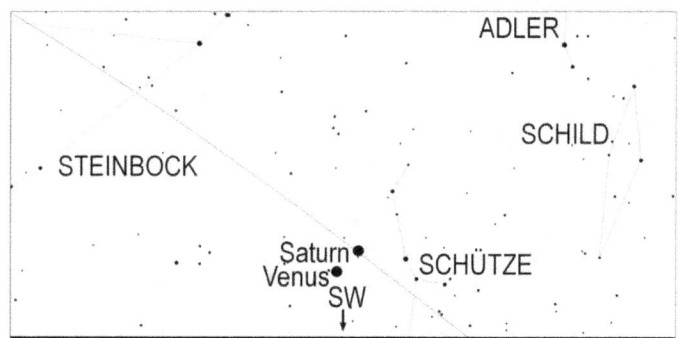

Anblick der Konjunktion zwischen Venus und Saturn
am 11.12.2019 um 17.45 Uhr MEZ

Saturn verabschiedet sich am 24. vom Abendhimmel. Der 0,6 mag helle Ringplanet geht am 1. um 19.09 Uhr, am 15. um 18.22 Uhr und am 24. um 17.52 Uhr unter. Am 11. passiert ihn Venus 1,8° südlich.

Uranus, rückläufig im Sternbild Widder, kann während der ersten Nachthälfte mit einem Fernglas oder Fernrohr (Aufsuchkarte, Seite 123) beobachtet werden. Er kulminiert am 1. um 21.47 Uhr, am 15. um 20.51 Uhr und am 31. um 19.47 Uhr und geht am 1. um 4.53 Uhr, am 15. um 3.56 Uhr und an Silvester um 2.52 Uhr unter.

Neptun im Wassermann geht am 1. um 0.28 Uhr, am 15. um 23.30 Uhr und am 31. um 22.28 Uhr unter. Seine Kulmination erreicht er am 1, um 18.53 Uhr, am 15. um 17.58 Uhr und am letzten Tag des Jahres um 16.56 Uhr. Er ist somit am besten gegen Ende der Abenddämmerung aufzusuchen. (Aufsuchkarte, Seite 113)

Klein- und Zwergplaneten

Ceres kann im Dezember nicht beobachtet werden.

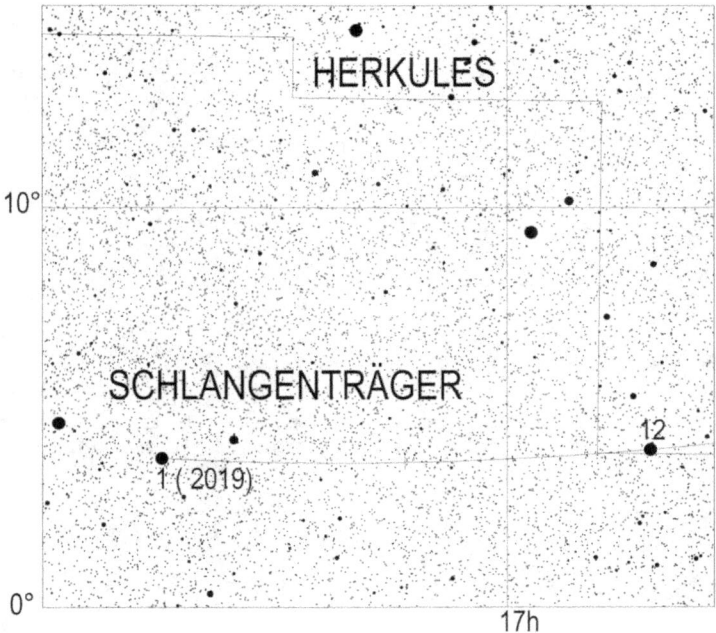

Lauf des Kleinplaneten Pallas zum Jahresende 2019. Die Zahl gibt die Position zum 1. des entsprechenden Monats an, also 12 die Position am 1.12.

Pallas steht am 3. in Konjunktion zur Sonne, zieht aber in extrem großem Abstand nördlich an dieser im Sternbild Schlangenträger vorbei. Am 15. geht der 10,2 mag helle Kleinplanet um 5.38 Uhr und am 31. um 4.59 Uhr auf. Er kann vielleicht zum Jahresende, kurz vor Beginn der Morgendämmerung, bei guter Horizontsicht, mit einem größeren Fernrohr aufgesucht werden.

Juno wandert rechtläufig durch das Sternbild Jungfrau und erscheint am 1. um 2.32 Uhr, am 15. um 1.58 Uhr und am 31. um 1.15 Uhr über dem Horizont. Mit einer Helligkeit, die von 10,8 mag auf 10,7 mag steigt, ist sie ein Objekt für größere Fernrohre ab 10 cm Objektivdurchmesser, daß am besten kurz vor Beginn der Morgendämmerung aufgesucht werden kann. (Aufsuchkarte, Seite 148)

Vesta, rückläufig im Walfisch, kulminiert am 1. um 22.44 Uhr, am 15. um 21.40 Uhr und am letzten Tag des Jahres um 20.32 Uhr. Ihr Untergang verschiebt sich im Laufe des Monats von 5.29 Uhr auf 3.22 Uhr. Mit einer Helligkeit, die von 6,8 mag auf 7,4 mag absinkt, ist sie ein leichtes Feldstecherobjekt. (Aufsuchkarte, Seite 135)

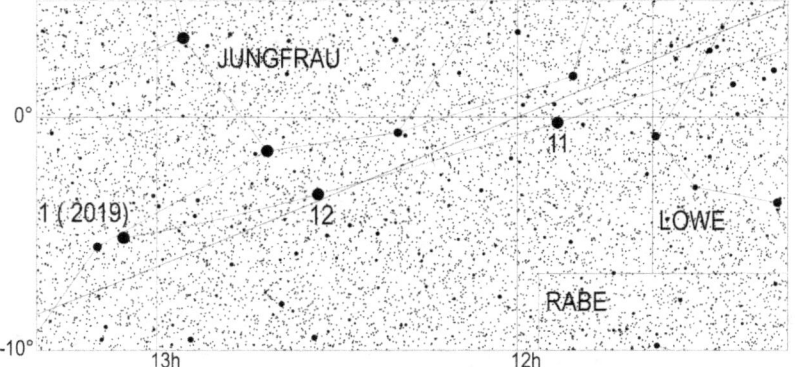

Lauf des Kleinplaneten Juno zum Jahresende 2019. Die Zahl gibt die Position zum 1. des entsprechenden Monats an, also 12 die Position am 1.12.

Periodische Sternschnuppenströme

Zwischen dem 7.12. und dem 17.12. treten die Geminiden auf, welche am 14.12. um 17 Uhr ihr Maximum mit bis zu 30 mittelschnellen Meteoren pro Stunde erreichen. Leider ist die Beobachtung in diesem Jahr hochgradig durch den fast vollen Mond, der sich im Sternbild Zwillinge aufhält, erschwert.
Vom 17.12. bis zum 26.12. sind die Ursae Minoriden aktiv, welche am 23. um 11 Uhr ihr scharfes Maximum mit bis zu 10 Meteoren pro Stunde erreichen. Der abnehmende, sichelförmige Mond geht am Tag des Maximums erst um 5 Uhr auf, so daß Mondlicht die Beobachtungen nicht stört.
Ferner können vom 12.12. bis zum 15.1. noch die Coma-Bereniciden beobachtet werden, welche am 26. ihr Maximum erreichen, wobei bis zu 2 Meteore pro Stunde auftreten.

Sonnenuntergang und Dämmerung

	Astr. Anf.	Naut. Anf.	Bürg. Anf.	Aufgang	Kulm.	Untergang	Bürg. Ende	Naut. Ende	Astr. Ende	Zeitgl.
1.12.2019	6:03	6:42	7:23	8:00	12:13	16:25	17:03	17:44	18:22	-11m18s
2.12.2019	6:04	6:43	7:24	8:02	12:13	16:24	17:02	17:43	18:22	-10m56s
3.12.2019	6:05	6:44	7:26	8:03	12:14	16:24	17:02	17:43	18:21	-10m33s
4.12.2019	6:06	6:45	7:27	8:04	12:14	16:24	17:01	17:43	18:21	-10m10s
5.12.2019	6:07	6:46	7:28	8:05	12:15	16:23	17:01	17:42	18:21	-9m46s

	Astr. Anf.	Naut. Anf.	Bürg. Anf.	Aufgang	Kulm.	Untergang	Bürg. Ende	Naut. Ende	Astr. Ende	Zeitgl.
6.12.2019	6:08	6:47	7:29	8:06	12:15	16:23	17:01	17:42	18:21	-9m21s
7.12.2019	6:09	6:49	7:30	8:08	12:15	16:22	17:01	17:42	18:21	-8m56s
8.12.2019	6:10	6:50	7:31	8:09	12:16	16:22	17:00	17:42	18:21	-8m30s
9.12.2019	6:11	6:50	7:32	8:10	12:16	16:22	17:00	17:42	18:21	-8m04s
10.12.2019	6:12	6:51	7:33	8:11	12:17	16:22	17:00	17:42	18:21	-7m37s
11.12.2019	6:13	6:52	7:34	8:12	12:17	16:22	17:00	17:42	18:21	-7m10s
12.12.2019	6:14	6:53	7:35	8:13	12:18	16:22	17:00	17:42	18:21	-6m43s
13.12.2019	6:15	6:54	7:36	8:14	12:18	16:22	17:00	17:42	18:21	-6m15s
14.12.2019	6:15	6:55	7:37	8:15	12:19	16:22	17:01	17:42	18:21	-5m47s
15.12.2019	6:16	6:56	7:38	8:15	12:19	16:22	17:01	17:42	18:21	-5m18s
16.12.2019	6:17	6:56	7:38	8:16	12:20	16:22	17:01	17:43	18:22	-4m49s
17.12.2019	6:17	6:57	7:39	8:17	12:20	16:22	17:01	17:43	18:22	-4m20s
18.12.2019	6:18	6:58	7:40	8:18	12:21	16:23	17:01	17:43	18:22	-3m51s
19.12.2019	6:19	6:58	7:40	8:18	12:21	16:23	17:02	17:44	18:23	-3m22s
20.12.2019	6:19	6:59	7:41	8:19	12:21	16:23	17:02	17:44	18:23	-2m52s
21.12.2019	6:20	7:00	7:41	8:20	12:22	16:24	17:03	17:44	18:23	-2m22s
22.12.2019	6:20	7:00	7:42	8:20	12:22	16:24	17:03	17:45	18:24	-1m52s
23.12.2019	6:21	7:01	7:42	8:20	12:23	16:25	17:04	17:46	18:25	-1m22s
24.12.2019	6:21	7:01	7:43	8:21	12:23	16:26	17:04	17:46	18:25	-0m53s
25.12.2019	6:22	7:01	7:43	8:21	12:24	16:26	17:05	17:47	18:26	-0m23s
26.12.2019	6:22	7:02	7:44	8:22	12:24	16:27	17:06	17:47	18:26	0m06s
27.12.2019	6:22	7:02	7:44	8:22	12:25	16:28	17:06	17:48	18:27	0m36s
28.12.2019	6:23	7:02	7:44	8:22	12:25	16:28	17:07	17:49	18:28	1m06s
29.12.2019	6:23	7:03	7:44	8:22	12:26	16:29	17:08	17:50	18:29	1m35s
30.12.2019	6:23	7:03	7:44	8:22	12:26	16:30	17:09	17:50	18:29	2m05s
31.12.2019	6:23	7:03	7:45	8:22	12:27	16:31	17:10	17:51	18:30	2m34s

Mondlauf

	Rektaszension	Deklination	Elong.	Phase	mag	Aufgang	Kulm.	Untergang
1.12.2019	20h14m25,8s	-22°21'14"	53,0°	0,2	-8,3	12:16	16:36	21:02
2.12.2019	21h06m20,6s	-20°09'41"	64,4°	0,28	-8,9	12:47	17:24	22:07
3.12.2019	21h55m38,3s	-17°08'17"	75,5°	0,37	-9,5	13:13	18:09	23:13
4.12.2019	22h42m36,8s	-13°28'04"	86,4°	0,47 ☽	-9,9	13:34	18:51	
5.12.2019	23h27m50,7s	-9°18'59"	97,2°	0,56	-10,3	13:53	19:33	0:18
6.12.2019	0h12m04,2s	-4°49'48"	108,0°	0,66	-10,7	14:11	20:14	1:24
7.12.2019	0h56m06,6s	-0°08'45"	118,9°	0,74	-11,0	14:29	20:56	2:28
8.12.2019	1h40m49,3s	4°35'40"	129,9°	0,82	-11,4	14:48	21:39	3:35
9.12.2019	2h27m04,0s	9°13'42"	141,2°	0,89	-11,7	15:10	22:24	4:42
10.12.2019	3h15m38,6s	13°33'31"	152,7°	0,94	-12,0	15:35	23:12	5:52
11.12.2019	4h07m10,9s	17°20'47"	164,5°	0,98	-12,4	16:06		7:03
12.12.2019	5h01m58,0s	20°19'03"	176,3°	1 ○	-12,7	16:46	0:05	8:13
13.12.2019	5h59m44,0s	22°11'41"	170,8°	0,99	-12,6	17:36	1:00	9:20
14.12.2019	6h59m34,0s	22°45'06"	158,3°	0,96	-12,3	18:38	1:58	10:18
15.12.2019	8h00m03,3s	21°52'27"	145,5°	0,91	-11,9	19:49	2:56	11:06

	Rektaszension	Deklination	Elong.	Phase	mag	Aufgang	Kulm.	Untergang
16.12.2019	8h59m43,6s	19°35'53"	132,5°	0,84	-11,6	21:06	3:53	11:45
17.12.2019	9h57m31,7s	16°05'52"	119,5°	0,75	-11,2	22:25	4:49	12:16
18.12.2019	10h53m04,9s	11°38'18"	106,4°	0,64	-10,8	23:44	5:41	12:42
19.12.2019	11h46m37,4s	6°31'26"	93,3°	0,53 ☾	-10,4		6:32	13:05
20.12.2019	12h38m48,4s	1°03'43"	80,1°	0,41	-9,8	1:03	7:22	13:27
21.12.2019	13h30m28,8s	-4°27'00"	67,1°	0,3	-9,2	2:21	8:12	13:49
22.12.2019	14h22m30,3s	-9°43'26"	54,0°	0,21	-8,5	3:40	9:02	14:13
23.12.2019	15h15m35,4s	-14°28'44"	41,1°	0,12	-7,7	4:58	9:54	14:41
24.12.2019	16h10m08,1s	-18°26'52"	28,3°	0,06	-6,7	6:14	10:48	15:14
25.12.2019	17h06m05,1s	-21°23'44"	15,6°	0,02	-5,6	7:27	11:43	15:54
26.12.2019	18h02m51,8s	-23°09'08"	3,2°	0 ●	-4,2	8:32	12:39	16:43
27.12.2019	18h59m29,1s	-23°38'36"	8,9°	0,01	-4,8	9:28	13:33	17:41
28.12.2019	19h54m50,3s	-22°54'10"	20,8°	0,03	-6,0	10:12	14:26	18:44
29.12.2019	20h48m02,0s	-21°03'31"	32,4°	0,08	-6,9	10:47	15:15	19:50
30.12.2019	21h38m37,7s	-18°17'43"	43,7°	0,14	-7,7	11:15	16:02	20:57
31.12.2019	22h26m39,2s	-14°48'48"	54,8°	0,21	-8,4	11:38	16:46	22:03

Finsternisse

Am 26. Dezember kann in den Vereinigten Arabischen Emiraten, im Oman, in Südindien, in den nördlichen Teil von Sri Lanka und in Indonesien eine ringförmige Sonnenfinsternis mit einer maximalen Länge von 3m40s beobachtet werden. Sie ist in Nordwestaustralien, Ostafrika und weiten Teilen Asiens als partielle Sonnenfinsternis sichtbar. In Europa kann sie nicht beobachtet werden.

Anhang

Liste der Sternbedeckungen durch den Mond

Datum	Stern	Vorgang	Berlin	Bern	Dresden	Frankfurt	Hamburg	Hannover	Köln	Leipzig	München	Nürnberg	Stuttgart	Wien
1.1.	Xi1Lib 5.8 mag	Eintritt	3:59 84°	3:49 106°	3:57 88°	3:53 96°	3:59 83°	3:57 88°	3:53 94°	3:57 89°	3:52 100°	3:53 96°	3:51 99°	3:54 95°
1.1.	Xi1Lib 5.8 mag	Austritt	4:55 325°	4:52 303°	4:56 321°	4:53 313°	4:54 324°	4:54 321°	4:53 314°	4:55 320°	4:54 310°	4:54 313°	4:53 310°	4:57 315°
1.1.	SAO 158929 7.6 mag	Eintritt	6:02 116°	5:56 136°	6:02 119°	5:57 127°	6:00 117°	5:59 120°	5:56 127°	6:01 120°	5:59 128°	5:59 126°	5:58 130°	6:04 123°
1.1.	SAO 158929 7.6 mag	Austritt	7:16 296°	7:06 277°	7:17 293°	7:10 286°	7:12 294°	7:12 291°	7:08 285°	7:15 292°	7:13 285°	7:13 287°	7:10 284°	7:20 291°
1.1.	SAO 158942 7.9 mag	Eintritt	7:06 166°		7:08 170°	7:11 186°	7:03 169°	7:05 173°	7:09 187°	7:07 172°	7:15 188°	7:11 182°	7:16 193°	7:14 174°
1.1.	SAO 158942 7.9 mag	Austritt	7:54 245°		7:53 242°	7:37 227°	7:48 242°	7:46 238°	7:35 226°	7:50 240°	7:41 226°	7:43 231°	7:34 220°	7:56 239°
6.1.	Pluto 14,3 mag	Eintritt	13:22 33°	13:09 40°	13:22 36°	13:14 34°	13:19 29°	13:17 31°	13:12 32°	13:20 34°	13:17 40°	13:17 37°	13:14 37°	13:24 43°
6.1.	Pluto 14,3 mag	Austritt	14:15 312°	14:12 307°	14:18 309°	14:09 312°	14:06 318°	14:08 316°	14:04 315°	14:15 311°	14:19 305°	14:15 308°	14:13 309°	14:28 300°
9.1.	SAO 164819 7.1 mag	Eintritt	15:31 31°		15:30 34°	15:24 29°	15:29 25°	15:28 27°		15:29 32°	15:25 37°	15:26 34°		15:31 42°
9.1.	SAO 164819 7.1 mag	Austritt	16:36 283°		16:39 279°	16:31 284°	16:29 289°	16:30 287°		16:36 281°	16:38 275°	16:36 279°		16:46 269°
10.1.	74Aqr 5.9 mag	Eintritt	18:57 55°	18:54 64°	18:57 59°	18:54 57°	18:54 49°	18:54 52°	18:52 53°	18:56 57°	18:58 65°	18:56 61°	18:55 61°	19:01 70°
10.1.	74Aqr 5.9 mag	Austritt	20:04 255°	20:06 243°	20:06 250°	20:04 252°	20:01 260°	20:02 257°		20:05 252°	20:08 243°	20:06 248°	20:06 247°	20:09 240°
12.1.	SAO 128739 7.6 mag	Eintritt	18:29 79°	18:21 85°	18:30 83°	18:22 79°	18:24 72°	18:23 75°	18:19 75°	18:28 80°	18:28 88°	18:27 83°	18:23 83°	18:37 94°
12.1.	SAO 128739 7.6 mag	Austritt	19:42 224°	19:34 214°	19:42 220°	19:37 222°	19:39 230°	19:39 227°	19:36 226°	19:41 222°	19:38 213°	19:39 218°	19:37 218°	19:42 208°
12.1.	SAO 128787 7.0 mag	Eintritt	22:12 95°	22:22 116°	22:15 101°	22:15 102°	22:09 90°	22:11 94°	22:12 98°	22:14 99°	22:21 113°	22:15 106°	22:18 108°	
12.1.	SAO 128787 7.0 mag	Austritt		23:02 196°		23:05 210°	23:05 223°	23:06 219°	23:06 214°		23:04 201°	23:05 207°	23:04 204°	
13.1.	SAO 109783 6.9 mag	Eintritt	23:17 59°	23:20 77°	23:18 64°	23:18 67°	23:16 56°	23:16 59°	23:17 64°	23:18 63°	23:20 73°	23:19 69°	23:19 71°	
14.1.	SAO 109783 6.9 mag	Austritt		0:21 240°		0:18 251°	0:14 262°	0:16 258°	0:17 253°				0:19 246°	

Datum	Stern	Vorgang	Berlin	Bern	Dresden	Frankfurt	Hamburg	Hannover	Köln	Leipzig	München	Nürnberg	Stuttgart	Wien
14.1.	SAO 110264	Eintritt	20:34 65°	20:26 77°	20:34 68°	20:28 60°	20:29 63°	20:29 65°	20:25 68°	20:33 68°	20:32 77°	20:31 72°	20:29 73°	20:39 81°
14.1.	SAO 110264	Austritt	21:47 245°	21:42 241°	21:48 241°	21:43 240°	21:43 247°	21:43 244°	21:41 242°	21:46 242°	21:46 232°	21:46 237°	21:44 236°	21:50 230°
15.1.	SAO 110334	Eintritt	0:07 58°	0:10 77°	0:08 63°	0:07 67°	0:05 56°	0:06 59°	0:06 62°	0:07 73°	0:10 73°	0:09 69°	0:09 71°	0:11 72°
15.1.	SAO 110334	Austritt	1:04 264°	1:10 245°	1:06 260°	1:07 267°	1:03 258°	1:04 263°	1:06 261°	1:05 258°	1:09 250°	1:08 254°	1:08 252°	-
15.1.	MiCet	Eintritt	17:56 15°	17:38 21°	17:53 20°	17:48 14°	17:59 9°	17:55 9°	17:50 17°	17:53 24°	17:44 19°	17:47 19°	17:44 19°	17:48 31°
15.1.	MiCet	Austritt	18:47 292°	18:36 284°	18:48 287°	18:38 292°	18:38 302°	18:39 298°	18:33 290°	18:45 281°	18:45 286°	18:43 287°	18:39 275°	18:54 265°
16.1.	SAO 93487	Eintritt	15:49 5°	-	15:44 10°	-	-	-	-	-	-	-	-	15:36 21°
16.1.	SAO 93487	Austritt	16:18 310°	16:18 305°	16:18 305°	-	-	-	-	-	-	-	-	16:20 293°
16.1.	SAO 93532	Eintritt	18:42 124°	18:35 138°	18:44 132°	18:33 125°	18:35 115°	18:34 118°	18:29 119°	18:40 127°	18:46 134°	18:40 134°	18:36 132°	-
16.1.	SAO 93532	Austritt	19:22 191°	18:58 174°	19:17 183°	19:12 189°	19:24 200°	19:20 196°	19:15 187°	19:18 167°	19:00 167°	19:09 180°	19:07 181°	-
17.1.	SAO 94019	Eintritt	18:26 131°	18:36 147°	18:28 139°	18:18 132°	18:20 122°	18:20 126°	18:15 135°	18:25 135°	-	18:25 142°	18:21 140°	-
17.1.	SAO 94019	Austritt	19:01 192°	18:36 174°	18:55 184°	19:04 190°	19:04 202°	19:00 198°	18:55 197°	18:56 188°	-	18:48 181°	18:46 182°	-
16.1.	SAO 77547	Eintritt	0:16 78°	0:13 97°	0:17 82°	0:12 86°	0:11 75°	0:12 79°	0:09 84°	0:15 88°	0:17 92°	0:15 88°	0:13 90°	0:23 90°
16.1.	SAO 77547	Austritt	1:22 277°	1:23 257°	1:25 273°	1:21 267°	1:18 278°	1:19 274°	1:18 273°	1:23 263°	1:26 263°	1:24 267°	1:23 264°	1:30 266°
19.1.	SAO 77680	Eintritt	3:08 84°	3:14 102°	3:10 87°	3:09 93°	3:05 84°	3:07 92°	3:07 87°	3:09 87°	3:13 96°	3:11 96°	3:11 96°	3:14 92°
19.1.	SAO 77680	Austritt	4:03 276°	4:10 259°	4:06 273°	4:07 267°	4:02 276°	4:04 273°	4:05 268°	4:05 273°	4:09 265°	4:08 268°	4:08 265°	4:09 269°
19.1.	Chi1Ori	Eintritt	3:33 89°	3:41 107°	3:35 92°	3:36 89°	3:31 97°	3:33 92°	3:34 92°	3:35 92°	3:40 101°	3:37 98°	3:38 96°	3:40 96°
19.1.	Chi1Ori	Austritt	4:28 271°	4:34 254°	4:30 269°	4:31 263°	4:27 271°	4:28 268°	4:30 263°	4:29 268°	4:33 261°	4:32 263°	4:33 260°	4:33 265°

Datum	Stern	Vorgang	Berlin	Bern	Dresden	Frankfurt	Hamburg	Hannover	Köln	Leipzig	München	Nürnberg	Stuttgart	Wien
19.1.	SAO 77730 5,4 mag	Eintritt	4:09 110°	4:21 130°	4:11 113°	4:14 120°	4:07 111°	4:10 114°	4:13 120°	4:11 114°	4:17 122°	4:15 120°	4:17 123°	4:16 118°
19.1.	SAO 77730 5,4 mag	Austritt	4:58 250°	5:02 232°	5:00 247°	5:00 241°	4:57 250°	4:59 247°	5:00 241°	4:59 247°	5:02 239°	5:01 242°	5:01 238°	5:02 244°
19.1.	SAO 78698 7,1 mag	Eintritt	21:21 122°	21:17 142°	21:23 128°	21:15 129°	21:16 117°	21:16 121°	21:13 124°	21:20 126°	21:23 140°	21:20 133°	21:17 135°	21:31 144°
19.1.	SAO 78698 7,1 mag	Austritt	22:19 232°	21:57 209°	22:16 226°	22:08 224°	22:16 237°	22:14 233°	22:08 228°	22:15 228°	22:06 213°	22:09 220°	22:05 218°	22:12 211°
20.1.	SAO 78852 6,6 mag	Eintritt	2:00 49°	1:52 73°	2:00 54°	1:53 62°	1:56 49°	1:55 53°	1:51 61°	1:58 55°	1:57 66°	1:56 62°	1:54 66°	2:03 62°
20.1.	SAO 78852 6,6 mag	Austritt	2:44 321°	2:54 298°	2:48 317°	2:48 308°	2:40 321°	2:43 317°	2:45 309°	2:47 316°	2:54 305°	2:51 309°	2:51 305°	2:56 311°
20.1.	SAO 78896 7,8 mag	Eintritt	2:57 83°	3:00 102°	2:59 86°	2:57 93°	2:54 83°	2:55 86°	2:54 92°	2:58 87°	3:02 95°	2:59 93°	2:59 96°	3:05 91°
20.1.	SAO 78896 7,8 mag	Austritt	3:55 289°	4:02 271°	3:58 286°	3:58 280°	3:52 289°	3:54 286°	3:56 280°	3:57 286°	4:02 278°	4:00 280°	4:00 277°	4:03 282°
20.1.	ZetGem 3,9 mag	Eintritt	5:54 129°	6:08 149°	5:57 132°	6:01 139°	5:53 130°	5:56 133°	6:00 139°	5:57 132°	6:03 140°	6:01 138°	6:03 141°	6:01 135°
20.1.	ZetGem 3,9 mag	Austritt	6:35 243°	6:39 224°	6:37 240°	6:38 234°	6:35 242°	6:36 239°	6:37 234°	6:37 240°	6:39 232°	6:38 235°	6:38 231°	6:38 237°
20.1.	SAO 79553 6,8 mag	Eintritt	16:23 156°	-	16:25 165°	-	16:23 147°	16:23 151°	-	16:24 160°	-	-	-	-
20.1.	SAO 79553 6,8 mag	Austritt	16:43 203°	-	16:37 193°	-	16:48 212°	16:46 208°	-	16:40 199°	-	-	-	-
20.1.	SAO 79583 7,8 mag	Eintritt	17:13 165°	-	-	17:13 170°	17:10 152°	17:10 157°	17:10 159°	17:16 174°	-	-	-	-
20.1.	SAO 79583 7,8 mag	Austritt	17:26 193°	-	-	17:21 188°	17:33 207°	17:29 202°	17:27 200°	17:20 184°	-	-	-	-
20.1.	SAO 79652 7,6 mag	Eintritt	18:56 145°	18:56 166°	18:57 152°	18:53 148°	18:54 137°	18:53 141°	18:51 142°	18:56 148°	19:00 168°	18:56 156°	18:55 156°	-
20.1.	SAO 79652 7,6 mag	Austritt	19:30 216°	19:09 192°	19:24 208°	19:22 211°	19:33 223°	19:29 219°	19:25 217°	19:26 211°	19:11 190°	19:19 203°	19:17 203°	-
20.1.	79Gem 6,3 mag	Eintritt	19:08 114°	19:02 124°	19:08 118°	19:04 116°	19:08 109°	19:07 111°	19:04 113°	19:07 116°	19:05 125°	19:05 120°	19:04 121°	19:08 130°
20.1.	79Gem 6,3 mag	Austritt	20:03 247°	19:49 235°	20:00 242°	19:56 243°	20:03 252°	20:01 249°	19:57 247°	20:00 244°	19:53 235°	19:56 239°	19:54 239°	19:55 230°

Datum	Stern	Vorgang	Berlin	Bern	Dresden	Frankfurt	Hamburg	Hannover	Köln	Leipzig	München	Nürnberg	Stuttgart	Wien
21.1.	SAO 97471 6,3 mag	Eintritt	2:42 153°	-	2:47 159°	2:51 174°	2:37 153°	2:41 159°	2:47 172°	2:45 160°	3:03 186°	2:53 173°	-	2:58 168°
21.1.	SAO 97471 6,3 mag	Austritt	3:22 231°	-	3:22 226°	3:11 210°	3:17 230°	3:16 225°	3:09 212°	3:20 225°	3:10 199°	3:15 212°	-	3:24 217°
21.1.	SAO 97491 7,5 mag	Eintritt	3:19 158°	-	3:24 164°	-	3:16 159°	3:20 165°	3:30 185°	3:24 166°	3:35 184°	-	-	3:36 175°
21.1.	SAO 97491 7,5 mag	Austritt	3:54 226°	-	3:54 221°	-	3:49 225°	3:48 219°	3:38 199°	3:52 219°	-	3:45 202°	-	3:55 211°
21.1.	SAO 98190 7,2 mag	Eintritt	20:21 120°	20:15 133°	20:20 124°	20:17 124°	20:20 115°	20:19 118°	20:16 120°	20:19 123°	20:18 133°	20:18 128°	20:16 129°	20:21 136°
21.1.	SAO 98190 7,2 mag	Austritt	21:17 256°	21:02 240°	21:14 251°	21:09 250°	21:16 257°	21:14 264°	21:10 252°	21:14 252°	21:07 241°	21:09 247°	21:07 245°	21:10 239°
21.1.	SAO 98265 6,6 mag	Eintritt	23:00 46°	22:40 70°	22:56 53°	22:48 40°	23:00 47°	22:56 53°	22:49 52°	22:56 54°	22:47 66°	22:49 61°	22:46 63°	22:54 66°
21.1.	SAO 98265 6,6 mag	Austritt	23:39 338°	23:40 312°	23:42 331°	23:38 325°	23:32 343°	23:35 336°	23:34 329°	23:40 332°	23:44 317°	23:42 323°	23:40 320°	23:50 320°
21.1.	SAO 98276 6,6 mag	Eintritt	23:17 80°	23:04 98°	23:16 85°	23:08 77°	23:14 81°	23:12 86°	23:07 84°	23:14 84°	23:10 95°	23:11 90°	23:08 93°	23:17 94°
22.1.	SAO 98389 6,6 mag	Austritt	0:21 306°	0:15 286°	0:22 301°	0:16 296°	0:16 308°	0:16 304°	0:13 299°	0:20 302°	0:21 291°	0:20 295°	0:17 292°	0:28 294°
22.1.	SAO 98389 7,4 mag	Eintritt	4:11 79°	4:11 98°	4:13 82°	4:09 90°	4:07 81°	4:07 84°	4:06 90°	4:11 83°	4:14 91°	4:12 89°	4:11 92°	4:19 86°
22.1.	SAO 98389 7,4 mag	Austritt	5:05 317°	5:14 300°	5:08 314°	5:08 307°	5:02 316°	5:04 313°	5:06 307°	5:07 314°	5:13 307°	5:10 309°	5:11 305°	5:14 312°
22.1.	SAO 98832 7,7 mag	Eintritt	19:59 137°	19:58 154°	19:59 142°	19:57 142°	19:58 131°	19:58 135°	19:57 138°	19:58 140°	19:59 152°	19:58 146°	19:58 147°	20:01 157°
22.1.	SAO 98832 7,7 mag	Austritt	20:44 247°	20:30 229°	20:41 241°	20:38 241°	20:46 252°	20:43 249°	20:40 245°	20:41 243°	20:33 231°	20:37 235°	20:35 227°	20:33
22.1.	SAO 98854 7,5 mag	Eintritt	21:00 109°	20:54 123°	20:59 113°	20:57 114°	21:00 104°	20:59 108°	20:57 111°	20:59 112°	20:57 122°	20:57 117°	20:56 118°	20:59 124°
22.1.	SAO 98854 7,5 mag	Austritt	22:00 278°	21:49 262°	21:58 273°	21:54 272°	21:59 282°	21:57 278°	21:54 275°	21:58 275°	21:53 264°	21:54 269°	21:52 263°	21:56 263°
22.1.	SAO 98914 7,9 mag	Eintritt	23:46 64°	23:30 87°	23:44 70°	23:36 75°	23:45 61°	23:42 66°	23:36 72°	23:43 70°	23:36 82°	23:38 80°	23:34 80°	23:43 80°
23.1.	SAO 98914 7,9 mag	Austritt	0:35 332°	0:35 308°	0:38 327°	0:34 320°	0:31 335°	0:32 329°	0:31 322°	0:36 327°	0:39 315°	0:37 319°	0:36 316°	0:45 318°

154

Datum	Stern	Vorgang	Berlin	Bern	Dresden	Frankfurt	Hamburg	Hannover	Köln	Leipzig	München	Nürnberg	Stuttgart	Wien
23.1.	34 Leo 6,4 mag	Eintritt	4:43 136°	4:53 156°	4:47 138°	4:46 146°	4:39 137°	4:41 140°	4:43 146°	4:45 139°	4:52 147°	4:48 145°	4:49 149°	4:54 141°
23.1.	34 Leo 6,4 mag	Austritt	5:41 270°	5:41 251°	5:43 267°	5:40 260°	5:37 268°	5:38 266°	5:37 260°	5:42 266°	5:45 260°	5:43 262°	5:41 258°	5:49 265°
23.1.	SAO 99049 7,1 mag	Eintritt	7:57 155°	8:12 173°	8:00 157°	8:03 164°	7:55 156°	7:58 158°	8:02 164°	7:59 158°	-	8:04 163°	8:06 166°	-
23.1.	SAO 99049 7,1 mag	Austritt	8:33 244°	8:37 228°	8:35 242°	8:35 237°	8:32 244°	8:33 242°	8:34 237°	8:34 242°	-	8:36 238°	8:36 235°	-
23.1.	SAO 99391 7,0 mag	Eintritt	22:43 122°	22:39 141°	22:43 127°	22:40 130°	22:42 119°	22:41 123°	22:39 127°	22:42 126°	22:41 137°	22:41 132°	22:40 135°	22:44 137°
23.1.	SAO 99391 7,0 mag	Austritt	23:45 278°	23:32 257°	23:43 273°	23:38 268°	23:43 280°	23:42 276°	23:38 271°	23:43 273°	23:37 262°	23:39 267°	23:36 264°	23:42 264°
24.1.	SAO 119101 7,9 mag	Eintritt	22:15 157°	-	22:17 164°	22:17 169°	22:14 152°	22:15 157°	22:15 164°	22:16 163°	22:23 186°	22:19 174°	22:20 179°	22:24 186°
24.1.	SAO 119101 7,9 mag	Austritt	22:55 245°	-	22:51 237°	22:46 232°	22:56 249°	22:53 244°	22:49 237°	22:51 239°	22:37 214°	22:44 227°	22:41 222°	22:39 216°
25.1.	SAO 119207 7,2 mag	Eintritt	4:22 182°	-	4:27 189°	-	4:19 186°	4:25 195°	-	4:27 192°	-	-	-	4:40 199°
25.1.	SAO 119207 7,2 mag	Austritt	4:53 234°	-	4:51 228°	-	4:46 230°	4:41 222°	-	4:48 225°	-	-	-	4:53 220°
26.1.	SAO 139053 6,6 mag	Eintritt	2:35 80°	2:22 104°	2:34 84°	2:26 93°	2:32 80°	2:30 84°	2:25 92°	2:32 85°	2:28 96°	2:28 92°	2:25 96°	2:35 91°
26.1.	SAO 139053 6,6 mag	Austritt	3:31 336°	3:31 314°	3:33 333°	3:30 324°	3:27 335°	3:28 331°	3:28 324°	3:32 332°	3:34 322°	3:32 325°	3:31 321°	3:39 328°
27.1.	SAO 139516 6,5 mag	Eintritt	0:13 83°	-	0:10 88°	-	0:14 81°	0:12 85°	-	0:10 88°	0:06 99°	0:07 95°	-	0:07 97°
27.1.	SAO 139516 6,5 mag	Austritt	1:04 325°	1:01 303°	1:04 321°	1:03 314°	1:03 327°	1:03 323°	1:03 316°	1:04 321°	1:03 309°	1:03 314°	1:03 310°	1:05 313°
27.1.	SAO 139528 7,5 mag	Eintritt	1:11 168°	-	1:13 176°	1:19 192°	1:10 166°	1:11 172°	1:16 186°	1:13 175°	-	1:21 195°	-	1:23 196°
27.1.	SAO 139528 7,5 mag	Austritt	1:50 243°	-	1:46 236°	1:33 218°	1:49 244°	1:45 238°	1:36 224°	1:45 236°	-	1:33 216°	-	1:36 217°
28.1.	SAO 158696 6,8 mag	Eintritt	2:30 70°	2:15 95°	2:27 75°	2:21 84°	2:29 70°	2:26 75°	2:21 82°	2:26 76°	2:20 88°	2:22 84°	2:19 88°	2:24 82°
28.1.	SAO 158696 6,8 mag	Austritt	3:17 341°	3:17 316°	3:18 336°	3:17 327°	3:15 340°	3:16 336°	3:16 328°	3:17 335°	3:19 324°	3:18 328°	3:17 323°	3:21 330°

155

Datum	Stern	Vorgang	Berlin	Bern	Dresden	Frankfurt	Hamburg	Hannover	Köln	Leipzig	München	Nürnberg	Stuttgart	Wien
28.1.	SAO 158780 7,8 mag	Eintritt	6:39 87°	6:29 103°	6:39 89°	6:31 96°	6:33 89°	6:33 91°	6:28 90°	6:37 96°	6:36 94°	6:35 98°	6:32 90°	6:45 98°
28.1.	SAO 158780 7,8 mag	Austritt	7:46 323°	7:47 310°	7:47 321°	7:44 315°	7:41 321°	7:43 319°	7:41 315°	7:47 320°	7:51 315°	7:48 317°	7:47 314°	7:57 319°
30.1.	ChiOph 4,9 mag	Eintritt	5:59 97°	5:48 114°	5:59 99°	5:52 106°	5:56 99°	5:55 101°	5:51 107°	5:57 100°	5:54 105°	5:54 105°	5:51 109°	6:00 102°
30.1.	ChiOph 4,9 mag	Austritt	7:15 301°	7:07 287°	7:16 299°	7:09 293°	7:11 300°	7:11 298°	7:07 293°	7:14 299°	7:13 293°	7:12 295°	7:09 292°	7:20 298°
31.1.	XiOph 4,5 mag	Eintritt	7:47 162°	-	7:49 165°	7:50 179°	7:44 164°	7:45 168°	7:49 180°	7:48 166°	-	7:51 176°	7:56 187°	-
31.1.	XiOph 4,5 mag	Austritt	8:28 223°	8:27 220°	8:27 208°	8:11 179°	8:22 164°	8:20 218°	8:08 208°	8:24 219°	-	8:16 211°	8:06 201°	-
2.2.	Saturn 0,6 mag	Eintritt	6:52 44°	6:31 65°	6:48 47°	6:40 55°	6:50 46°	6:46 49°	-	6:47 48°	6:38 57°	6:41 54°	6:37 58°	6:45 51°
2.2.	Saturn 0,6 mag	Austritt	7:39 326°	7:33 307°	7:39 323°	7:35 315°	7:37 324°	7:37 322°	7:35 315°	7:38 322°	7:37 314°	7:37 317°	7:35 313°	7:40 319°
9.2.	SAO 129029 7,7 mag	Eintritt	18:18 22°	18:08 34°	18:17 28°	18:12 25°	18:18 14°	18:16 20°	18:12 25°	18:16 35°	18:12 30°	18:13 30°	18:11 40°	18:17 319°
9.2.	SAO 129029 7,7 mag	Austritt	19:13 284°	19:16 269°	19:16 278°	19:12 279°	19:06 292°	19:09 287°	19:08 284°	19:14 281°	19:19 269°	19:16 275°	19:15 266°	19:24 40°
11.2.	Xi2Cet 4,3 mag	Eintritt	17:12 96°	17:01 104°	17:13 101°	17:03 97°	17:06 89°	17:05 92°	17:00 98°	17:10 98°	17:10 107°	17:08 102°	17:04 115°	17:22 266°
11.2.	Xi2Cet 4,3 mag	Austritt	18:18 211°	18:01 199°	18:16 206°	18:09 218°	18:16 218°	18:14 215°	18:09 213°	18:15 208°	18:08 198°	18:10 203°	18:07 204°	18:12 191°
11.2.	SAO 110566 7,6 mag	Eintritt	18:45 13°	18:28 28°	18:42 20°	18:36 18°	18:46 3°	18:42 12°	18:37 17°	18:41 29°	18:34 23°	18:36 24°	18:33 24°	18:40 33°
11.2.	SAO 110566 7,6 mag	Austritt	19:31 298°	19:33 280°	19:36 291°	19:29 292°	19:22 308°	19:25 301°	19:24 294°	19:33 281°	19:38 287°	19:35 286°	19:33 278°	19:45 -
11.2.	SAO 110616 7,7 mag	Eintritt	21:22 138°	-	-	-	21:15 130°	21:20 138°	-	21:31 152°	-	-	-	-
11.2.	SAO 110616 7,7 mag	Austritt	21:48 183°	-	-	-	21:49 191°	21:46 182°	-	21:41 169°	-	-	-	-
12.2.	SAO 93375 7,7 mag	Eintritt	17:32 47°	17:15 54°	17:30 51°	17:22 48°	17:30 43°	17:27 44°	17:22 49°	17:29 56°	17:23 52°	17:24 52°	17:21 61°	17:30 -
12.2.	SAO 93375 7,6 mag	Austritt	18:45 267°	18:34 256°	18:45 262°	18:37 264°	18:39 273°	18:39 270°	18:34 268°	18:43 264°	18:42 255°	18:41 260°	18:38 260°	18:50 252°

Datum	Stern	Vorgang	Berlin	Bern	Dresden	Frankfurt	Hamburg	Hannover	Köln	Leipzig	München	Nürnberg	Stuttgart	Wien
13.2.	SAO 93895 7,8 mag	Eintritt	23:53 119°	0:12 152°	23:56 124°	23:59 132°	23:49 117°	23:52 121°	23:56 129°	23:55 124°	0:05 139°	0:01 133°	0:03 138°	0:04 133°
14.2.	SAO 93895 7,8 mag	Austritt	0:40 224°	0:32 191°	0:41 219°	0:38 211°	0:39 225°	0:39 221°	0:37 213°	0:40 219°	0:38 205°	0:39 210°	0:37 205°	0:41 211°
14.2.	63 Tau 5,7 mag	Eintritt	0:15 130°	-	0:19 136°	0:24 147°	0:12 128°	0:15 134°	0:21 144°	0:18 136°	0:33 159°	0:26 148°	0:31 158°	0:29 148°
14.2.	63 Tau 5,7 mag	Austritt	0:54 213°	-	0:53 208°	0:49 196°	0:52 214°	0:52 209°	0:49 199°	0:53 207°	0:46 185°	0:50 195°	0:46 186°	0:52 196°
14.2.	SAO 93913 7,5 mag	Eintritt	0:36 67°	0:41 86°	0:37 71°	0:37 76°	0:34 66°	0:35 70°	0:36 75°	0:37 71°	0:40 80°	0:39 77°	0:39 80°	0:41 77°
14.2.	SAO 93913 7,5 mag	Austritt	1:31 277°	1:39 259°	1:33 274°	1:35 268°	1:30 277°	1:31 274°	1:34 269°	1:33 274°	1:37 265°	1:35 268°	1:36 265°	1:36 269°
14.2.	SAO 93938 7,1 mag	Eintritt	1:38 96°	1:49 116°	1:40 99°	1:43 106°	1:37 96°	1:39 99°	1:41 105°	1:40 100°	1:45 109°	1:43 106°	1:45 109°	-
14.2.	SAO 93938 7,1 mag	Austritt	2:29 249°	2:34 230°	2:30 246°	2:32 240°	2:29 249°	2:30 246°	2:32 241°	2:30 246°	-	2:32 240°	2:33 237°	-
14.2.	SAO 94351 7,9 mag	Eintritt	18:08 109°	17:59 121°	18:09 114°	18:01 111°	18:04 102°	18:03 105°	17:58 107°	18:07 111°	18:06 122°	18:05 116°	18:01 116°	18:16 128°
14.2.	SAO 94351 7,9 mag	Austritt	19:11 224°	18:51 208°	19:08 218°	19:01 219°	19:09 230°	19:07 226°	19:01 224°	19:07 220°	18:58 209°	19:01 215°	18:58 214°	19:03 204°
15.2.	SAO 94467 6,8 mag	Eintritt	0:04 66°	0:05 86°	0:05 70°	0:02 76°	0:01 65°	0:01 69°	0:00 74°	0:04 70°	0:07 80°	0:05 76°	0:04 79°	0:10 76°
15.2.	SAO 94467 6,8 mag	Austritt	1:01 287°	1:09 268°	1:04 283°	1:04 277°	0:59 287°	1:01 284°	1:02 278°	1:03 283°	1:08 274°	1:06 277°	1:07 274°	1:09 278°
15.2.	SAO 77983 6,9 mag	Eintritt	17:18 41°	17:02 51°	17:15 46°	17:10 43°	17:20 34°	17:17 38°	17:12 39°	17:15 44°	17:07 52°	17:10 48°	17:07 47°	17:10 57°
15.2.	SAO 77983 6,9 mag	Austritt	18:10 300°	18:00 288°	18:10 295°	18:03 297°	18:05 307°	18:05 303°	18:01 302°	18:09 297°	18:06 288°	18:06 292°	18:03 292°	18:13 284°
15.2.	SAO 78077 6,9 mag	Eintritt	19:14 57°	18:58 70°	19:12 62°	19:04 61°	19:12 51°	19:10 55°	19:04 57°	19:11 60°	19:04 69°	19:06 65°	19:03 66°	19:11 72°
15.2.	SAO 78077 6,9 mag	Austritt	20:19 291°	20:11 274°	20:20 285°	20:13 284°	20:13 295°	20:14 291°	20:10 288°	20:18 287°	20:18 277°	20:17 281°	20:14 280°	20:26 275°
16.2.	SAO 78395 6,5 mag	Eintritt	2:54 89°	3:03 105°	2:56 91°	2:58 97°	2:53 89°	2:54 92°	2:56 97°	2:56 92°	3:01 99°	2:59 97°	3:00 100°	3:00 95°
16.2.	SAO 78395 6,5 mag	Austritt	3:47 278°	3:55 263°	3:48 275°	3:51 270°	3:46 277°	3:48 275°	3:50 270°	3:48 275°	3:53 268°	3:51 271°	3:52 268°	3:51 272°

Datum	Stern	Vorgang	Berlin	Bern	Dresden	Frankfurt	Hamburg	Hannover	Köln	Leipzig	München	Nürnberg	Stuttgart	Wien
16.2	16Gem 6.1 mag	Eintritt	3:22 173°	-	-	-	3:23 178°	-	-	-	-	-	-	-
16.2	16Gem 6.1 mag	Austritt	3:31 194°	-	-	-	3:28 189°	-	-	-	-	-	-	-
17.2	SAO 79375 6.9 mag	Eintritt	1:04 167°	-	1:13 180°	-	1:00 168°	1:08 180°	-	1:14 183°	-	-	-	-
17.2	SAO 79375 6.9 mag	Austritt	1:27 210°	-	1:24 199°	-	1:23 209°	1:18 197°	-	1:20 195°	-	-	-	-
17.2	SAO 79443 7.7 mag	Eintritt	2:46 53°	2:47 74°	2:47 57°	2:45 55°	2:43 58°	2:44 58°	2:43 65°	2:46 58°	2:48 67°	2:47 64°	2:46 68°	2:51 61°
17.2	SAO 79443 7.7 mag	Austritt	3:25 325°	3:38 306°	3:28 322°	3:32 314°	3:24 321°	3:26 324°	3:30 314°	3:28 321°	3:35 313°	3:32 315°	3:34 312°	3:34 318°
18.2	SAO 97669 7.7 mag	Eintritt	1:19 127°	1:28 149°	1:22 130°	1:21 138°	1:14 127°	1:16 130°	1:17 137°	1:21 131°	1:27 140°	1:24 137°	1:24 141°	1:30 135°
18.2	SAO 97669 7.7 mag	Austritt	2:18 264°	2:16 242°	2:20 261°	2:16 253°	2:14 263°	2:15 260°	2:13 253°	2:18 260°	2:20 251°	2:19 254°	2:17 250°	2:25 257°
18.2	SAO 97884 6.7 mag	Eintritt	1:34 114°	1:40 134°	1:37 117°	1:35 124°	1:30 115°	1:32 118°	1:32 124°	1:36 118°	1:41 126°	1:38 123°	1:38 127°	1:44 121°
18.2	SAO 97884 6.7 mag	Austritt	2:36 276°	2:38 258°	2:38 274°	2:36 267°	2:32 275°	2:34 273°	2:33 267°	2:37 273°	2:40 266°	2:38 268°	2:38 264°	2:44 271°
18.2	SAO 98521 6.8 mag	Eintritt	19:18 175°	-	-	-	19:12 163°	19:14 171°	19:19 185°	-	-	-	-	-
18.2	SAO 98521 6.8 mag	Austritt	19:35 207°	-	-	-	19:40 218°	19:34 210°	19:24 195°	-	-	-	-	-
18.2	SAO 98661 6.3 mag	Eintritt	20:45 119°	20:40 138°	20:45 124°	20:40 127°	20:42 115°	20:42 119°	20:39 123°	20:44 123°	20:43 134°	20:43 129°	20:41 131°	20:49 134°
18.2	SAO 98568 6.3 mag	Eintritt	21:12 84°	21:01 102°	21:11 89°	21:05 92°	21:10 81°	21:08 85°	21:04 89°	21:10 88°	21:06 99°	21:06 94°	21:04 98°	21:12 98°
18.2	SAO 98661 6.3 mag	Austritt	21:50 269°	21:34 246°	21:49 264°	21:41 260°	21:47 271°	21:45 267°	21:40 262°	21:47 264°	21:42 253°	21:43 258°	21:40 255°	21:49 254°
18.2	SAO 98568 7.9 mag	Austritt	22:16 305°	22:09 285°	22:17 301°	22:11 296°	22:12 308°	22:12 304°	22:09 298°	22:15 301°	22:15 290°	22:14 294°	22:12 292°	22:22 293°
19.2	SAO 99157 7.9 mag	Eintritt	22:01 147°	22:08 180°	22:03 152°	22:00 159°	21:58 144°	21:58 148°	21:58 155°	22:02 152°	22:07 168°	22:03 161°	22:03 165°	22:10 165°
19.2	SAO 99157 7.7 mag	Austritt	22:55 254°	22:30 219°	22:53 248°	22:44 241°	22:52 256°	22:50 251°	22:43 244°	22:52 249°	22:43 232°	22:46 239°	22:41 234°	22:52 238°

Datum	Stern	Vorgang	Berlin	Bern	Dresden	Frankfurt	Hamburg	Hannover	Köln	Leipzig	München	Nürnberg	Stuttgart	Wien
20.2.	SAO 99198 7,6 mag	Eintritt	1:26 127°	1:29 149°	1:28 130°	1:24 138°	1:21 128°	1:22 131°	1:21 138°	1:26 131°	1:30 140°	1:28 137°	1:27 141°	1:35 134°
20.2.	SAO 99198 7,6 mag	Austritt	2:32 282°	2:28 262°	2:34 279°	2:28 272°	2:27 281°	2:28 278°	2:25 272°	2:32 279°	2:34 271°	2:32 273°	2:30 269°	2:40 277°
21.2.	SAO 118952 7,0 mag	Eintritt	2:46 125°	2:48 144°	2:48 128°	2:44 136°	2:41 127°	2:42 130°	2:41 136°	2:46 129°	2:50 136°	2:47 134°	2:46 138°	2:55 130°
21.2.	SAO 118952 7,0 mag	Austritt	3:52 289°	3:51 273°	3:54 287°	3:50 280°	3:47 287°	3:48 285°	3:47 280°	3:53 286°	3:55 280°	3:53 282°	3:52 278°	4:01 285°
21.2.	SAO 118946 7,0 mag	Eintritt	2:59 190°	–	3:08 202°	–	2:58 197°	–	–	–	–	–	–	–
21.2.	SAO 118946 7,0 mag	Austritt	3:19 224°	–	3:14 213°	–	3:10 217°	–	–	–	–	–	–	–
21.2.	SAO 119392 7,3 mag	Eintritt	22:22 81°	22:11 103°	22:20 87°	22:15 92°	22:22 79°	22:20 83°	22:16 89°	22:19 86°	22:14 98°	22:16 93°	22:14 96°	22:18 95°
21.2.	SAO 119392 7,3 mag	Austritt	23:14 328°	23:11 305°	23:15 323°	23:12 317°	23:12 329°	23:12 325°	23:11 318°	23:14 323°	23:14 312°	23:14 316°	23:13 312°	23:18 315°
22.2.	SAO 119447 7,8 mag	Eintritt	1:14 97°	1:05 118°	1:14 100°	1:07 108°	1:10 97°	1:09 101°	1:05 107°	1:12 101°	1:10 110°	1:10 107°	1:07 111°	1:17 105°
22.2.	SAO 119447 7,8 mag	Austritt	2:19 320°	2:17 300°	2:21 317°	2:16 309°	2:15 319°	2:15 316°	2:14 309°	2:19 316°	2:21 308°	2:20 311°	2:18 307°	2:27 314°
23.2.	80Vir 5,8 mag	Eintritt	7:11 113°	7:16 121°	7:14 114°	7:11 117°	7:07 113°	7:09 114°	7:09 117°	7:12 114°	7:17 118°	7:15 117°	7:14 118°	–
23.2.	80Vir 5,8 mag	Austritt	8:13 293°	8:20 286°	8:16 291°	8:15 289°	8:10 293°	8:12 292°	8:13 290°	8:15 291°	8:20 288°	8:18 289°	8:18 288°	–
24.2.	SAO 139834 6,6 mag	Eintritt	0:08 110°	0:03 131°	0:07 114°	0:04 120°	0:08 109°	0:06 113°	0:04 119°	0:07 114°	0:04 124°	0:05 121°	0:04 124°	0:07 120°
24.2.	SAO 139834 6,6 mag	Austritt	1:12 302°	1:04 281°	1:12 296°	1:07 291°	1:11 302°	1:10 298°	1:07 292°	1:11 298°	1:08 288°	1:09 291°	1:07 288°	1:13 293°
24.2.	SAO 139847 6,7 mag	Eintritt	0:30 124°	0:27 146°	0:30 128°	0:27 135°	0:29 123°	0:29 127°	0:27 134°	0:29 128°	0:28 138°	0:28 135°	0:28 139°	0:31 134°
24.2.	SAO 139847 6,7 mag	Austritt	1:36 289°	1:24 267°	1:35 285°	1:29 278°	1:33 288°	1:32 285°	1:28 278°	1:34 285°	1:30 275°	1:31 278°	1:28 274°	1:36 281°
25.2.	SAO 159111 7,9 mag	Eintritt	3:02 157°	3:15 198°	3:03 160°	3:03 173°	3:00 159°	3:00 163°	3:02 173°	3:02 162°	3:07 175°	3:04 170°	3:06 178°	3:07 165°
25.2.	SAO 159111 7,9 mag	Austritt	3:56 253°	3:26 214°	3:55 250°	3:43 238°	3:51 251°	3:49 247°	3:41 238°	3:53 248°	3:45 237°	3:47 241°	3:41 234°	3:57 247°

Datum	Stern	Vorgang	Berlin	Bern	Dresden	Frankfurt	Hamburg	Hannover	Köln	Leipzig	München	Nürnberg	Stuttgart	Wien
27.2	SAO 184922	Eintritt	4:30 156°	4:31 160°	4:32 160°	4:32 173°	4:28 159°	4:29 163°	4:31 174°	4:30 161°	4:35 170°	4:33 170°	4:35 178°	4:35 164°
27.2	7.2 mag	Austritt	5:19 236°	-	5:17 233°	5:03 221°	5:14 234°	5:11 230°	5:01 220°	5:15 232°	5:05 220°	5:08 224°	5:00 216°	5:18 230°
27.2	SAO 184922													
27.2	7.2 mag	Eintritt	6:20 113°	6:12 125°	6:21 114°	6:14 119°	6:15 114°	6:15 115°	6:11 119°	6:19 120°	6:18 118°	6:17 118°	6:14 121°	6:26 116°
27.2	SAO 184999													
27.2	6.2 mag	Austritt	7:40 272°	7:31 264°	7:41 271°	7:33 268°	7:34 272°	7:34 271°	7:30 269°	7:39 271°	7:39 267°	7:38 268°	7:34 267°	7:47 268°
28.2	SAO 185966	Eintritt	5:37 98°	5:26 113°	5:37 100°	5:30 106°	5:34 100°	5:33 101°	5:28 106°	5:35 107°	5:32 102°	5:32 105°	5:29 108°	5:38 102°
28.2	SAO 185966	Austritt	6:58 280°	6:46 270°	6:58 279°	6:49 275°	6:53 280°	6:52 278°	6:47 275°	6:56 279°	6:54 274°	6:53 276°	6:50 274°	7:02 277°
1.3	28Sgr 5.8 mag	Eintritt	-	-	-	-	-	-	-	-	-	-	-	4:12 88°
1.3	28Sgr 5.8 mag	Austritt	5:27 291°	5:15 276°	5:26 288°	5:20 283°	-	-	-	5:25 288°	5:20 282°	5:21 284°	5:19 281°	5:26 286°
2.3	SAO 188414	Eintritt	5:22 94°	5:11 108°	5:20 96°	-	-	-	-	5:20 96°	5:15 102°	5:16 100°	5:14 103°	5:18 98°
2.3	SAO 188414	Austritt	6:36 266°	6:21 255°	6:35 265°	6:27 261°	6:34 266°	6:32 264°	6:27 261°	6:34 264°	6:28 259°	6:29 261°	6:26 259°	6:35 262°
3.3	SAO 189370 7.1 mag	Eintritt	-	-	-	-	-	-	-	-	-	-	-	5:25 105°
3.3	SAO 189370 7.1 mag	Austritt	6:39 250°	6:36 248°	6:36 248°	-	-	-	-	6:35 248°	6:29 243°	6:31 244°	-	6:35 245°
9.3	SAO 109952 7.7 mag	Eintritt	19:35 64°	19:38 81°	19:36 69°	19:35 71°	19:33 60°	19:34 64°	19:34 68°	19:36 78°	19:39 78°	19:37 73°	19:37 75°	19:40 78°
9.3	SAO 109952 7.7 mag	Austritt	20:35 254°	20:39 236°	20:37 250°	20:38 257°	20:34 253°	20:35 249°	20:37 250°	20:37 250°	20:39 240°	20:38 242°	20:39 242°	20:39 241°
10.3	SAO 110464 7.1 mag	Eintritt	19:30 40°	19:26 58°	19:30 45°	19:27 48°	19:28 36°	19:27 40°	19:25 44°	19:29 55°	19:29 55°	19:28 50°	19:27 52°	19:32 55°
10.3	SAO 110464	Austritt	20:25 281°	20:32 261°	20:28 276°	20:28 272°	20:22 284°	20:25 280°	20:26 275°	20:27 265°	20:32 265°	20:30 270°	20:31 267°	20:33 267°
13.3	97Tau 5.1 mag	Eintritt	18:30 27°	18:11 47°	18:27 34°	18:19 35°	18:29 20°	18:25 26°	18:18 31°	18:26 32°	18:19 45°	18:20 39°	18:17 41°	18:26 47°
13.3	97Tau 5.1 mag	Austritt	19:18 309°	19:21 287°	19:23 302°	19:17 299°	19:10 315°	19:13 309°	19:12 303°	19:20 304°	19:26 291°	19:22 296°	19:21 293°	19:32 291°

Datum	Stern	Vorgang	Berlin	Bern	Dresden	Frankfurt	Hamburg	Hannover	Köln	Leipzig	München	Nürnberg	Stuttgart	Wien
14.3.	SAO 77547 7,2 mag	Eintritt	17:17 136°	-	-	-	-	-	-	-	-	-	-	-
14.3.	SAO 77547 7,2 mag	Austritt	18:01 206°	-	-	-	-	-	-	-	-	-	-	-
15.3.	SAO 77889 6,9 mag	Eintritt	1:08 103°	1:19 120°	1:10 106°	1:13 112°	1:07 104°	1:09 106°	1:12 111°	1:10 106°	1:16 114°	1:13 111°	1:15 114°	1:14 109°
15.3.	SAO 77889 6,9 mag	Austritt	1:59 259°	2:06 243°	2:01 257°	2:03 251°	1:59 259°	2:00 256°	2:02 251°	2:01 256°	2:04 249°	2:03 252°	2:04 249°	2:03 254°
15.3.	SAO 78852 6,6 mag	Eintritt	21:05 110°	21:08 133°	21:08 115°	21:03 120°	21:00 109°	21:01 112°	20:59 118°	21:06 115°	21:11 126°	21:07 122°	21:06 125°	21:16 123°
15.3.	SAO 78852 6,6 mag	Austritt	22:13 259°	22:07 236°	22:15 255°	22:09 248°	22:09 259°	22:09 256°	22:06 249°	22:13 254°	22:13 244°	22:12 248°	22:10 244°	22:19 248°
15.3.	SAO 78896 7,8 mag	Eintritt	22:34 149°	-	22:39 155°	22:45 172°	22:29 148°	22:33 154°	22:40 168°	22:38 156°	-	22:48 172°	-	22:52 168°
15.3.	SAO 78896 7,8 mag	Austritt	23:13 223°	-	23:13 217°	23:01 200°	23:09 223°	23:08 217°	23:00 203°	23:11 216°	-	23:05 201°	-	23:13 206°
17.3.	SAO 98190 7,2 mag	Eintritt	18:36 172°	-	-	-	18:29 162°	18:32 171°	-	-	-	-	-	-
17.3.	SAO 98190 7,2 mag	Austritt	18:58 209°	-	-	-	19:00 218°	18:54 209°	-	-	-	-	-	-
17.3.	SAO 98265 6,6 mag	Eintritt	21:03 72°	20:50 94°	21:02 77°	20:54 83°	20:59 70°	20:57 74°	20:52 81°	21:00 77°	20:57 88°	20:57 84°	20:54 87°	21:05 85°
17.3.	SAO 98265 6,6 mag	Austritt	22:03 319°	22:03 297°	22:06 315°	22:01 308°	21:57 320°	21:59 316°	21:58 309°	22:04 315°	22:08 304°	22:05 308°	22:04 304°	22:14 308°
17.3.	SAO 98276 6,6 mag	Eintritt	21:29 97°	21:23 118°	21:30 101°	21:23 107°	21:24 96°	21:24 100°	21:20 105°	21:28 101°	21:28 111°	21:27 108°	21:25 111°	21:36 108°
17.3.	SAO 98276 6,6 mag	Austritt	22:39 296°	22:36 275°	22:41 292°	22:36 285°	22:34 296°	22:35 292°	22:33 286°	22:39 292°	22:42 282°	22:40 286°	22:38 282°	22:48 287°
18.3.	SAO 98389 7,4 mag	Eintritt	2:19 80°	2:23 96°	2:21 83°	2:19 89°	2:15 82°	2:17 84°	2:17 89°	2:20 83°	2:23 90°	2:21 88°	2:21 91°	2:25 85°
18.3.	SAO 98389 7,4 mag	Austritt	3:08 314°	3:19 301°	3:11 313°	3:13 307°	3:06 313°	3:09 311°	3:11 307°	3:10 312°	3:16 306°	3:14 308°	3:15 305°	3:15 310°
18.3.	SAO 98832 7,7 mag	Eintritt	18:39 171°	-	18:48 191°	-	18:33 163°	18:36 171°	18:40 185°	18:43 183°	-	-	-	-
18.3.	SAO 98832 7,7 mag	Austritt	19:04 219°	-	18:53 200°	-	19:06 226°	19:01 218°	18:50 204°	18:56 207°	-	-	-	-

Datum	Stern	Vorgang	Berlin	Bern	Dresden	Frankfurt	Hamburg	Hannover	Köln	Leipzig	München	Nürnberg	Stuttgart	Wien
18.3.	SAO 98854 7,5 mag	Eintritt	19:38 124°	19:34 145°	19:38 132°	19:33 -	19:35 121°	19:34 125°	19:31 130°	19:37 128°	19:37 140°	19:36 135°	19:34 137°	19:42 138°
18.3.	SAO 98854 7,5 mag	Austritt	20:43 271°	20:28 249°	20:42 267°	20:34 261°	20:39 273°	20:38 269°	20:33 267°	20:41 267°	20:36 255°	20:37 260°	20:33 257°	20:43 268°
18.3.	SAO 98814 7,9 mag	Eintritt	22:47 49°	22:29 80°	22:45 56°	22:34 67°	22:42 -	22:39 49°	22:31 66°	22:43 57°	22:37 71°	22:38 67°	22:33 72°	22:47 64°
18.3.	SAO 98814 7,9 mag	Austritt	23:19 355°	23:30 325°	23:24 349°	23:24 338°	23:14 354°	23:18 348°	23:21 338°	23:22 348°	23:31 335°	23:27 339°	23:28 334°	23:34 342°
19.3.	34Leo 6,4 mag	Eintritt	3:16 115°	3:25 127°	3:19 116°	3:19 122°	3:14 116°	3:16 118°	3:17 122°	3:18 117°	3:24 122°	3:21 121°	3:22 123°	3:24 118°
19.3.	34Leo 6,4 mag	Austritt	4:11 287°	4:19 276°	4:13 286°	4:14 281°	4:09 296°	4:11 285°	4:13 281°	4:13 285°	4:18 281°	4:16 282°	4:17 280°	4:18 283°
19.3.	SAO 99391 7,0 mag	Eintritt	21:20 106°	21:13 127°	21:20 110°	21:14 116°	21:17 105°	21:16 108°	21:13 114°	21:19 110°	21:17 121°	21:17 117°	21:15 120°	21:23 117°
19.3.	SAO 99391 7,0 mag	Austritt	22:28 302°	22:21 281°	22:29 298°	22:23 291°	22:24 302°	22:24 299°	22:21 292°	22:28 298°	22:27 288°	22:26 292°	22:24 288°	22:34 293°
20.3.	SAO 118735 5,9 mag	Eintritt	5:06 146°	5:18 157°	5:09 147°	5:11 151°	5:04 146°	5:06 148°	5:09 151°	5:08 148°	5:15 153°	5:12 151°	5:14 153°	5:14 150°
20.3.	SAO 118735 5,9 mag	Austritt	5:50 258°	5:56 248°	5:51 256°	5:53 253°	5:48 258°	5:50 257°	5:52 254°	5:51 256°	5:55 252°	5:53 253°	5:54 252°	5:54 253°
20.3.	SAO 119061 6,7 mag	Eintritt	17:57 168°	-	18:00 179°	-	17:56 161°	-	17:59 176°	-	-	-	-	-
20.3.	SAO 119061 6,7 mag	Austritt	18:25 231°	18:19 221°	-	-	18:29 -	-	18:21 224°	-	-	-	-	-
20.3.	SAO 119101 7,9 mag	Eintritt	19:53 127°	19:51 148°	19:53 131°	19:51 136°	19:52 124°	19:52 128°	19:50 133°	19:52 131°	19:52 142°	19:52 138°	19:51 140°	19:55 141°
20.3.	SAO 119101 7,9 mag	Austritt	20:53 280°	20:41 258°	20:52 276°	20:47 270°	20:52 282°	20:50 278°	20:46 272°	20:51 276°	20:46 264°	20:48 269°	20:45 266°	20:51 267°
21.3.	SAO 119207 7,2 mag	Eintritt	1:46 123°	1:48 140°	1:48 125°	1:44 133°	1:41 125°	1:42 127°	1:41 133°	1:46 126°	1:50 133°	1:48 131°	1:47 135°	1:55 127°
21.3.	SAO 119207 7,2 mag	Austritt	2:52 292°	2:53 278°	2:54 291°	2:51 284°	2:47 296°	2:49 289°	2:47 284°	2:53 290°	2:56 284°	2:54 286°	2:53 283°	3:01 289°
21.3.	SAO 139010 7,8 mag	Eintritt	21:04 292°	21:04 278°	21:04 291°	21:02 145°	21:03 132°	21:02 289°	21:02 284°	21:03 138°	21:04 151°	21:03 146°	21:03 149°	21:06 147°
21.3.	SAO 139010 7,8 mag	Austritt	22:03 278°	21:49 253°	22:02 274°	21:56 266°	22:01 279°	22:00 275°	21:56 268°	22:01 273°	21:56 262°	21:57 266°	21:54 262°	22:01 267°

162

Datum	Stern	Vorgang	Berlin	Bern	Dresden	Frankfurt	Hamburg	Hannover	Köln	Leipzig	München	Nürnberg	Stuttgart	Wien
22.3.	SAO 139528 7,5 mag	Austritt	21:00 295°	-	20:59 291°	-	-	-	-	-	-	-	-	20:57 283°
23.3.	SAO 139669 6,6 mag	Eintritt	5:06 182°	-	5:11 186°	-	5:02 184°	5:06 187°	-	5:09 187°	-	-	-	5:23 195°
23.3.	SAO 139669 6,6 mag	Austritt	5:30 225°	-	5:30 221°	-	5:25 224°	5:25 220°	-	5:29 220°	-	-	-	5:31 210°
23.3.	SAO 158780 7,8 mag	Eintritt	23:25 53°	23:05 84°	23:21 60°	23:12 71°	23:23 54°	23:19 60°	23:13 70°	23:20 61°	23:11 75°	23:13 71°	23:10 76°	23:17 68°
23.3.	SAO 158780 7,8 mag	Austritt	23:55 358°	0:00 327°	23:58 351°	23:58 340°	23:54 356°	23:56 350°	23:57 340°	23:57 350°	0:01 337°	23:59 341°	24:00 336°	0:02 344°
24.3.	SAO 158835 7,1 mag	Eintritt	2:18 54°	1:58 81°	2:16 59°	2:04 70°	2:12 58°	2:09 62°	2:02 71°	2:13 60°	2:07 71°	2:08 68°	2:03 73°	2:19 62°
24.3.	SAO 158835 7,1 mag	Austritt	2:53 357°	2:59 333°	2:56 353°	2:55 342°	2:50 353°	2:52 350°	2:53 342°	2:55 351°	3:00 342°	2:58 345°	2:58 340°	3:03 350°
24.3.	SAO 158874 7,8 mag	Eintritt	3:35 84°	3:26 99°	3:36 85°	3:27 92°	3:29 85°	3:29 87°	3:24 93°	3:33 86°	3:33 92°	3:32 91°	3:28 94°	3:41 87°
24.3.	SAO 158874 7,8 mag	Austritt	4:38 323°	4:39 312°	4:41 322°	4:37 317°	4:33 322°	4:35 321°	4:34 317°	4:39 321°	4:43 316°	4:40 318°	4:39 316°	4:48 320°
25.3.	SAO 159453 7,4 mag	Eintritt	0:59 85°	0:47 106°	0:57 88°	0:51 96°	0:57 86°	0:55 90°	0:50 96°	0:56 89°	0:52 98°	0:53 95°	0:50 99°	0:57 92°
25.3.	SAO 159453 7,4 mag	Austritt	2:01 321°	1:56 302°	2:02 318°	1:58 310°	1:59 319°	1:59 316°	1:56 310°	2:01 317°	2:00 310°	2:00 312°	1:58 308°	2:05 316°
26.3.	SAO 160052 5,6 mag	Eintritt	4:25 164°	-	4:27 166°	4:27 178°	4:21 166°	4:23 169°	4:25 179°	4:26 168°	4:33 180°	4:29 175°	4:31 183°	4:34 170°
26.3.	SAO 160052 5,6 mag	Austritt	5:06 227°	-	5:06 224°	4:52 215°	5:00 226°	4:58 223°	4:49 214°	5:03 224°	4:56 213°	4:57 217°	4:50 210°	5:09 220°
27.3.	SAO 185584 6,7 mag	Eintritt	5:42 117°	5:35 127°	5:43 119°	5:36 122°	5:37 117°	5:37 119°	5:33 121°	5:41 119°	5:41 123°	5:40 121°	5:37 123°	5:49 121°
27.3.	SAO 185584 6,7 mag	Austritt	6:58 257°	6:50 250°	6:59 255°	6:52 255°	6:52 258°	6:52 257°	6:49 255°	6:57 256°	6:57 252°	6:56 254°	6:53 253°	7:05 251°
29.3.	SAO 187992 5,5 mag	Eintritt	-	-	3:02 64°	-	-	-	-	-	-	-	-	2:59 67°
29.3.	SAO 187992 5,5 mag	Austritt	4:07 304°	3:57 289°	4:06 302°	4:01 296°	-	-	-	4:05 301°	4:02 295°	4:02 297°	4:00 294°	4:06 299°

Datum	Stern	Vorgang	Berlin	Bern	Dresden	Frankfurt	Hamburg	Hannover	Köln	Leipzig	München	Nürnberg	Stuttgart	Wien
6.4.	SAO 110332 6,9 mag	Eintritt	18:55 61°	18:59 80°	18:56 66°	18:56 59°	18:54 62°	18:55 65°	18:55 67°	18:56 66°	18:59 75°	18:57 71°	18:58 74°	18:59 74°
6.4.	SAO 110332 6,9 mag	Austritt	19:52 262°	19:58 242°	-	19:55 253°	19:51 264°	19:53 260°	19:55 255°	19:54 258°	-	19:56 252°	19:57 249°	-
9.4.	SAO 94112 6,1 mag	Eintritt	22:40 14°	22:36 45°	22:38 21°	22:36 33°	22:39 15°	22:37 22°	22:36 32°	22:38 36°	22:37 32°	22:37 32°	22:36 37°	-
9.4.	SAO 94112 6,1 mag	Austritt	22:58 334°	23:17 305°	23:02 327°	23:09 316°	22:58 333°	23:02 327°	23:08 317°	23:03 326°	23:12 313°	23:09 317°	23:12 312°	-
9.4.	SAO 94119 7,8 mag	Eintritt	22:40 89°	22:50 107°	22:42 92°	22:44 89°	22:39 92°	22:41 92°	22:44 97°	22:42 92°	-	22:45 98°	22:46 101°	-
9.4.	SAO 94119 7,8 mag	Austritt	-	-	-	23:36 251°	23:32 259°	23:33 257°	23:36 252°	-	-	-	-	-
10.4.	SAO 77255 6,1 mag	Eintritt	17:58 75°	17:51 93°	17:58 80°	17:51 83°	17:53 72°	17:52 76°	-	17:56 79°	17:57 89°	17:55 85°	17:53 87°	18:04 89°
10.4.	SAO 77255 6,1 mag	Austritt	19:10 274°	19:08 255°	19:12 270°	19:07 265°	19:05 276°	19:06 273°	-	19:11 270°	19:13 260°	19:11 264°	19:09 261°	19:18 263°
12.4.	SAO 79483 6,8 mag	Eintritt	18:12 43°	-	18:09 50°	-	-	-	18:07 49°	18:00 62°	18:02 57°	17:57 60°	18:09 61°
12.4.	SAO 79483 6,8 mag	Austritt	18:57 329°	-	19:01 323°	-	-	-	18:59 323°	19:05 310°	19:02 315°	19:01 311°	19:12 313°
13.4.	350nc 6,5 mag	Eintritt	19:20 60°	19:05 84°	19:19 66°	19:10 72°	19:16 58°	19:14 63°	19:08 70°	19:17 66°	19:13 78°	19:13 73°	19:09 77°	19:22 74°
13.4.	350nc 6,5 mag	Austritt	20:13 328°	20:18 304°	20:17 323°	20:14 315°	20:08 328°	20:10 324°	20:10 316°	20:15 322°	20:21 311°	20:18 315°	20:17 316°	20:26 311°
13.4.	SAO 97976 6,7 mag	Eintritt	20:36 100°	20:35 121°	20:38 104°	20:32 111°	20:31 100°	20:31 104°	20:29 110°	20:36 104°	20:38 114°	20:36 111°	20:34 109°	20:45 114°
13.4.	SAO 97976 6,7 mag	Austritt	21:46 291°	21:46 272°	21:48 288°	21:44 281°	21:41 291°	21:42 288°	21:41 282°	21:47 288°	21:50 279°	21:48 282°	21:47 278°	21:55 284°
13.4.	SAO 98009 7,9 mag	Eintritt	21:39 70°	21:35 92°	21:41 74°	21:34 82°	21:34 71°	21:34 75°	21:31 81°	21:39 75°	21:40 84°	21:38 85°	21:36 79°	21:46 85°
13.4.	SAO 98009 7,9 mag	Austritt	22:33 323°	22:42 303°	22:37 320°	22:37 312°	22:29 322°	22:32 318°	22:34 312°	22:36 319°	22:43 310°	22:39 313°	22:40 309°	22:44 316°
13.4.	SAO 98019 6,8 mag	Eintritt	22:17	21:57	22:12	22:00	22:09	22:05	21:58	22:09	22:05	22:05	22:01	22:14
13.4.	SAO 98019 6,8 mag	Austritt	23°	21:57°	36°	28°	38°	38°	51°	38°	55°	50°	56°	45°
13.4.	SAO 98019 6,9 mag	Eintritt	22:24 11°	22:49 330°	22:33 358°	22:39 342°	22:23 4°	22:30 355°	22:36 343°	22:33 356°	22:46 340°	22:41 344°	22:43 338°	22:44 350°

Datum	Stern	Vorgang	Berlin	Bern	Dresden	Frankfurt	Hamburg	Hannover	Köln	Leipzig	München	Nürnberg	Stuttgart	Wien
14.4.	SAO 98098 6,8 mag	Eintritt	0:21 83°	0:27 99°	0:24 86°	0:23 92°	0:19 85°	0:20 87°	0:21 92°	0:23 86°	0:27 93°	0:25 91°	0:25 94°	0:28 88°
14.4.	SAO 98098 6,8 mag	Austritt	1:13 308°	1:24 295°	1:16 306°	1:18 301°	1:12 307°	1:14 305°	1:17 301°	1:15 306°	1:21 300°	1:19 302°	1:20 299°	1:20 304°
14.4.	SAO 98674 7,7 mag	Eintritt	20:28 103°	20:24 124°	20:29 106°	20:22 113°	20:23 102°	20:23 106°	20:19 112°	20:27 107°	20:28 116°	20:26 113°	20:24 117°	20:35 112°
14.4.	SAO 98674 7,7 mag	Austritt	21:38 299°	21:37 279°	21:41 295°	21:36 288°	21:33 298°	21:34 295°	21:33 289°	21:39 295°	21:42 286°	21:40 289°	21:38 285°	21:48 292°
14.4.	8Leo 5,9 mag	Eintritt	20:31 54°	20:14 82°	20:30 60°	20:19 70°	20:27 53°	20:24 59°	20:17 68°	20:27 61°	20:23 74°	20:23 70°	20:19 74°	20:32 68°
14.4.	8Leo 5,9 mag	Austritt	21:11 347°	21:21 319°	21:16 341°	21:15 331°	21:06 346°	21:10 341°	21:11 332°	21:14 340°	21:22 328°	21:19 332°	21:18 327°	21:26 335°
15.4.	SAO 99185 7,7 mag	Eintritt	19:49 65°	19:32 91°	19:47 71°	19:37 78°	19:45 63°	19:43 69°	19:36 76°	19:45 71°	19:40 84°	19:40 79°	19:37 83°	19:48 79°
15.4.	SAO 99185 7,7 mag	Austritt	20:36 342°	20:40 316°	20:40 336°	20:37 328°	20:31 342°	20:34 337°	20:34 329°	20:38 336°	20:43 324°	20:40 328°	20:39 324°	20:48 330°
16.4.	53Leo 5,3 mag	Eintritt	3:36 105°	3:46 113°	3:38 106°	3:40 109°	3:35 105°	3:37 106°	3:39 109°	3:38 106°	3:43 110°	3:41 109°	3:42 110°	-
16.4.	53Leo 5,3 mag	Austritt	-	-	-	4:32 293°	4:26 297°	4:28 295°	4:31 293°	-	-	-	-	-
16.4.	SAO 118892 6,7 mag	Eintritt	19:16 53°	18:56 82°	19:12 61°	19:03 69°	19:15 49°	19:10 57°	19:03 66°	19:11 60°	19:02 76°	19:04 70°	19:01 74°	19:08 72°
16.4.	SAO 118892 6,7 mag	Austritt	19:47 357°	19:53 326°	19:51 349°	19:50 339°	19:43 359°	19:46 351°	19:48 342°	19:50 349°	19:55 334°	19:53 339°	19:52 334°	19:59 339°
16.4.	SAO 118952 7,0 mag	Eintritt	23:45 133°	23:50 152°	23:48 135°	23:45 143°	23:41 135°	23:42 138°	23:42 144°	23:46 136°	23:51 143°	23:48 141°	23:48 145°	23:55 137°
17.4.	SAO 118952 7,0 mag	Austritt	0:49 282°	0:49 266°	0:52 280°	0:47 273°	0:45 280°	0:46 278°	0:44 273°	0:50 279°	0:53 273°	0:51 275°	0:49 272°	0:58 278°
17.4.	SAO 119392 7,3 mag	Eintritt	19:46 65°	19:30 91°	19:43 71°	19:36 79°	19:45 63°	19:42 69°	19:36 77°	19:42 71°	19:35 84°	19:37 80°	19:34 84°	19:41 80°
17.4.	SAO 119392 7,3 mag	Austritt	20:26 349°	20:29 322°	20:29 343°	20:27 334°	20:23 350°	20:25 344°	20:25 335°	20:28 342°	20:31 330°	20:29 334°	20:29 329°	20:34 335°
17.4.	SAO 119447 7,8 mag	Eintritt	22:48 70°	22:34 94°	22:48 74°	22:38 84°	22:43 72°	22:41 76°	22:35 84°	22:45 75°	22:42 85°	22:42 82°	22:38 87°	22:52 78°
17.4.	SAO 119447 7,8 mag	Austritt	23:34 349°	23:40 327°	23:37 346°	23:36 336°	23:30 347°	23:32 343°	23:33 335°	23:36 344°	23:41 335°	23:39 338°	23:38 333°	23:45 343°

165

Datum	Stern	Vorgang	Berlin	Bern	Dresden	Frankfurt	Hamburg	Hannover	Köln	Leipzig	München	Nürnberg	Stuttgart	Wien
18.4.	SAO 139322 7,1 mag	Eintritt	22:05 133°	22:04 156°	22:06 145°	22:02 134°	22:02 134°	22:02 137°	22:01 144°	22:05 137°	22:06 147°	22:05 144°	22:04 148°	22:10 141°
18.4.	SAO 139322 7,1 mag	Austritt	23:13 285°	23:02 264°	23:13 282°	23:05 274°	23:08 283°	23:08 281°	23:03 274°	23:11 281°	23:10 273°	23:09 276°	23:06 271°	23:18 280°
19.4.	80Vir 5,8 mag	Eintritt	4:23 65°	4:26 75°	4:25 70°	4:23 70°	4:20 65°	4:21 66°	4:21 67°	4:24 71°	4:27 72°	4:26 70°	4:25 72°	4:30 71°
19.4.	80Vir 5,8 mag	Austritt	5:04 339°	5:14 330°	5:07 337°	5:08 335°	5:00 340°	5:03 339°	5:05 336°	5:06 337°	5:13 332°	5:10 334°	5:11 333°	5:14 332°
19.4.	SAO 139847 6,7 mag	Eintritt	21:13 57°	20:55 87°	21:09 64°	21:02 74°	21:12 57°	21:08 64°	21:02 73°	21:09 65°	21:01 79°	21:03 74°	21:00 79°	21:06 72°
19.4.	SAO 139847 6,7 mag	Austritt	21:46 356°	21:51 326°	21:49 350°	21:49 339°	21:45 355°	21:47 349°	21:48 340°	21:48 349°	21:51 336°	21:50 340°	21:50 335°	21:53 343°
20.4.	SAO 159111 7,9 mag	Eintritt	22:09 89°	21:59 111°	22:08 93°	22:03 100°	22:08 93°	22:06 93°	22:02 100°	22:07 93°	22:03 103°	22:04 100°	22:01 104°	22:07 97°
20.4.	SAO 159111 7,9 mag	Austritt	23:09 321°	23:04 300°	23:10 318°	23:06 309°	23:07 319°	23:07 316°	23:05 309°	23:09 317°	23:08 308°	23:08 311°	23:06 307°	23:12 314°
20.4.	SAO 159117 7,0 mag	Eintritt	22:30 115°	22:24 136°	22:29 118°	22:26 125°	22:28 118°	22:27 119°	22:25 125°	22:29 118°	22:27 127°	22:27 125°	22:25 128°	22:30 122°
20.4.	SAO 159117 7,0 mag	Austritt	23:38 295°	23:28 276°	23:38 293°	23:32 285°	23:35 294°	23:34 291°	23:30 285°	23:37 292°	23:34 284°	23:34 286°	23:31 282°	23:40 290°
21.4.	30Lib 6,7 mag	Eintritt	3:40 116°	3:39 125°	3:42 117°	3:37 120°	3:34 118°	3:35 118°	3:34 117°	3:40 117°	3:43 121°	3:41 120°	3:39 122°	3:49 120°
21.4.	30Lib 6,7 mag	Austritt	4:49 281°	4:50 274°	4:51 279°	4:48 278°	4:44 281°	4:46 280°	4:45 279°	4:50 280°	4:53 276°	4:51 277°	4:50 276°	4:58 276°
21.4.	SAO 159765 7,5 mag	Eintritt	23:59 110°	23:52 128°	23:59 112°	23:54 120°	23:57 111°	23:56 114°	23:53 120°	23:58 113°	23:55 121°	23:55 118°	23:53 122°	24:00 115°
22.4.	SAO 159765 7,5 mag	Austritt	1:11 292°	1:01 276°	1:12 290°	1:05 283°	1:08 290°	1:07 288°	1:03 283°	1:10 289°	1:08 284°	1:07 286°	1:05 281°	1:15 288°
22.4.	SAO 159807 6,4 mag	Eintritt	1:35 124°	1:30 140°	1:36 126°	1:30 132°	1:31 126°	1:31 128°	1:28 133°	1:34 127°	1:34 133°	1:33 131°	1:31 134°	1:40 128°
22.4.	SAO 159807 6,4 mag	Austritt	2:48 274°	2:38 279°	2:49 272°	2:41 278°	2:43 281°	2:43 280°	2:38 279°	2:47 280°	2:46 276°	2:45 277°	2:42 276°	2:55 276°
22.4.	SAO 158849 6,9 mag	Eintritt	4:27 109°	4:25 116°	4:29 110°	4:23 112°	4:21 109°	4:22 110°	4:20 112°	4:27 110°	4:30 114°	4:27 112°	4:25 114°	4:36 113°
22.4.	SAO 158849 6,9 mag	Austritt	5:38 276°	5:39 271°	5:41 275°	5:37 275°	5:34 278°	5:35 277°	5:34 276°	5:39 275°	5:43 272°	5:40 274°	5:39 273°	5:47 270°

Datum	Stern	Vorgang	Berlin	Bern	Dresden	Frankfurt	Hamburg	Hannover	Köln	Leipzig	München	Nürnberg	Stuttgart	Wien
22.4.	SAO 159866 7,9 mag	Eintritt	4:59 66°	4:55 74°	5:00 68°	4:55 69°	4:54 65°	4:54 67°	4:52 69°	4:58 68°	5:00 72°	4:58 70°	4:56 71°	-
22.4.	SAO 159866 7,9 mag	Austritt	5:56 318°	6:00 311°	5:59 315°	5:56 316°	5:51 320°	5:52 319°	5:52 317°	5:57 316°	6:03 312°	6:00 314°	5:59 314°	-
24.4.	SAO 186169 6,6 mag	Eintritt	0:36 151°	-	0:36 155°	0:39 169°	-	0:36 157°	-	0:36 156°	0:40 172°	0:38 166°	0:41 176°	0:38 160°
24.4.	SAO 186169 6,6 mag	Austritt	1:21 230°	-	1:18 227°	1:06 214°	-	1:15 225°	-	1:17 226°	1:05 212°	1:08 217°	1:01 208°	1:16 223°
24.4.	SAO 186216 7,1 mag	Eintritt	0:56 85°	0:43 102°	0:54 87°	0:48 94°	0:54 86°	0:52 89°	0:48 94°	0:53 88°	0:48 95°	0:49 93°	0:47 96°	0:53 90°
24.4.	SAO 186216 7,1 mag	Austritt	2:06 295°	1:56 281°	2:06 293°	2:00 288°	2:04 294°	2:02 292°	1:59 288°	2:05 293°	2:02 287°	2:02 289°	1:59 286°	2:08 291°
25.4.	SAO 187581 7,7 mag	Eintritt	2:57 156°	-	2:58 160°	3:01 177°	2:54 158°	2:55 162°	3:00 177°	2:57 161°	-	3:01 173°	-	3:04 167°
25.4.	SAO 187581 7,7 mag	Austritt	3:31 208°	-	3:28 205°	3:10 190°	3:27 207°	3:23 204°	3:09 190°	3:26 204°	-	3:15 193°	-	3:25 197°
25.4.	SAO 187632 6,9 mag	Eintritt	4:20 63°	4:05 72°	4:20 65°	4:11 67°	4:16 63°	4:14 64°	4:08 67°	4:18 65°	4:14 69°	4:14 67°	4:10 69°	4:23 68°
25.4.	SAO 187632 6,9 mag	Austritt	5:35 293°	5:27 288°	5:37 291°	5:28 291°	5:29 295°	5:29 294°	5:25 293°	5:34 292°	5:34 288°	5:33 290°	5:30 290°	5:43 287°
6.5.	Del2Tau 4,8 mag	Eintritt	18:49 117°	-	18:53 122°	-	-	-	-	18:52 122°	19:01 136°	18:57 131°	18:59 136°	19:00 131°
6.5.	Del2Tau 4,8 mag	Austritt	19:37 226°	-	19:37 221°	-	-	-	-	19:37 221°	19:35 208°	19:36 213°	19:34 208°	19:38 214°
6.5.	SAO 93927 7,9 mag	Eintritt	19:43 136°	-	19:47 142°	19:56 158°	19:41 135°	19:45 141°	19:53 155°	19:47 143°	-	19:56 158°	-	19:56 155°
6.5.	SAO 93927 7,9 mag	Austritt	20:16 208°	-	20:15 202°	20:10 187°	20:15 209°	20:14 203°	20:10 190°	20:15 202°	-	20:10 187°	-	20:13 190°
8.5.	SAO 78355 6,6 mag	Eintritt	21:45 36°	21:46 60°	21:46 41°	21:44 50°	21:44 38°	21:44 42°	21:43 50°	21:45 42°	21:46 52°	21:45 49°	21:45 53°	21:47 46°
8.5.	SAO 78355 6,6 mag	Austritt	22:15 330°	22:30 308°	22:18 326°	22:23 318°	22:14 329°	22:17 325°	22:22 318°	22:18 325°	22:26 316°	22:23 319°	22:26 315°	22:22 322°
9.5.	63Gem 5,3 mag	Eintritt	22:35 46°	22:37 66°	22:36 49°	22:35 58°	22:33 48°	22:34 51°	22:34 58°	22:35 50°	22:37 59°	22:36 56°	22:36 60°	22:38 53°
9.5.	63Gem 5,3 mag	Austritt	23:07 332°	23:22 313°	23:10 329°	23:15 321°	23:07 330°	23:10 327°	23:14 321°	23:10 328°	23:18 320°	23:15 322°	23:18 319°	23:14 325°

Datum	Stern	Vorgang	Berlin	Bern	Dresden	Frankfurt	Hamburg	Hannover	Köln	Leipzig	München	Nürnberg	Stuttgart	Wien
10.5	SAO 80131 7.5 mag	Eintritt	19:59 120°	20:07 142°	20:03 123°	20:01 131°	19:55 121°	19:57 131°	19:58 124°	20:01 124°	20:07 133°	20:04 130°	20:04 134°	20:10 128°
10.5	SAO 80131 7.5 mag	Austritt	21:03 270°	21:03 250°	21:05 267°	21:02 260°	20:59 269°	21:00 260°	20:59 266°	21:03 258°	21:06 261°	21:04 257°	21:03 264°	21:10 264°
11.5	SAO 98488 6.6 mag	Eintritt	18:43 67°	18:30 91°	18:42 72°	-	-	-	-	18:40 72°	18:38 84°	18:37 80°	18:34 84°	18:46 78°
11.5	SAO 98488 6.6 mag	Austritt	19:36 332°	19:43 308°	19:40 327°	-	-	-	-	19:38 327°	19:45 316°	19:42 319°	19:41 315°	19:49 322°
11.5	SAO 98668 7.9 mag	Eintritt	22:51 141°	23:05 160°	22:54 143°	22:57 151°	22:49 143°	22:51 145°	22:55 144°	22:54 144°	23:01 151°	22:58 149°	23:00 153°	23:01 146°
11.5	SAO 98668 7.9 mag	Austritt	23:40 257°	23:43 241°	23:42 255°	23:41 249°	23:37 256°	23:39 249°	23:39 249°	23:41 248°	23:45 250°	23:43 247°	23:43 253°	23:46 253°
12.5	37 Leo 5.7 mag	Eintritt	18:46 110°	18:42 131°	18:47 114°	18:41 120°	-	-	18:41 114°	18:45 114°	18:47 124°	18:45 120°	18:43 119°	18:53 119°
12.5	37 Leo 5.7 mag	Austritt	19:59 298°	19:55 277°	20:01 294°	19:55 287°	-	19:54 294°	19:59 294°	19:59 285°	20:01 288°	19:59 284°	19:57 291°	20:07 291°
13.5	SAO 99157 7.7 mag	Eintritt	1:38 154°	1:52 167°	1:41 156°	1:45 160°	1:37 154°	1:43 160°	1:41 156°	-	1:45 162°	1:47 -	-	-
13.5	SAO 99157 7.7 mag	Austritt	2:15 246°	2:21 234°	2:16 244°	2:18 241°	2:14 246°	2:18 241°	2:16 244°	-	2:18 239°	2:19 -	-	-
17.5	SAO 139739 7.9 mag	Eintritt	3:16 75°	3:21 83°	3:19 77°	3:17 78°	3:13 74°	3:15 77°	3:15 77°	3:18 81°	3:22 79°	3:20 80°	3:19 -	-
17.5	SAO 139739 7.9 mag	Austritt	4:15 318°	-	4:09 323°	4:09 326°	4:02 327°	4:04 324°	4:06 326°	-	-	-	4:12 321°	-
17.5	SAO 158874 7.8 mag	Eintritt	22:47 65°	22:31 87°	22:47 78°	22:36 68°	22:42 68°	22:40 71°	22:33 69°	22:44 78°	22:40 78°	22:40 76°	22:36 80°	22:50 71°
17.5	SAO 158874 7.8 mag	Austritt	23:33 347°	23:36 328°	23:36 344°	23:34 335°	23:30 344°	23:31 341°	23:31 335°	23:35 343°	23:39 337°	23:36 334°	23:36 342°	23:43 342°
18.5	SAO 158900 7.9 mag	Eintritt	1:12 181°	1:16 185°	-	1:08 184°	1:12 189°	1:15 187°	1:35 218°	-	-	-	1:28 193°	-
18.5	SAO 158900 7.9 mag	Austritt	1:37 223°	1:38 219°	-	1:31 221°	1:30 217°	-	-	-	-	-	1:40 211°	-
19.5	SAO 160052 5.6 mag	Eintritt	22:22 104°	22:13 123°	22:21 107°	22:16 114°	22:20 106°	22:18 108°	22:15 108°	22:20 108°	22:17 115°	22:17 113°	22:15 116°	22:21 109°
19.5	SAO 160052 5.6 mag	Austritt	23:33 293°	23:23 277°	23:33 291°	23:27 284°	23:30 291°	23:29 289°	23:25 290°	23:32 284°	23:29 284°	23:29 286°	23:26 283°	23:36 289°

Datum	Stern	Vorgang	Berlin	Bern	Dresden	Frankfurt	Hamburg	Hannover	Köln	Leipzig	München	Nürnberg	Stuttgart	Wien
20.5.	SAO 184634 7,6 mag	Eintritt	1:24 58°	1:09 72°	1:24 60°	1:14 65°	1:18 59°	1:17 61°	1:11 66°	1:21 60°	1:18 66°	1:18 64°	1:14 67°	1:28 62°
20.5.	SAO 184634 7,6 mag	Austritt	2:17 330°	2:17 319°	2:20 328°	2:14 325°	2:12 330°	2:13 328°	2:11 325°	2:18 328°	2:21 323°	2:18 325°	2:17 323°	2:28 324°
20.5.	SAO 185584 6,7 mag	Eintritt	23:13 39°	22:50 66°	23:09 44°	22:58 55°	23:09 42°	23:06 47°	22:58 55°	23:08 45°	22:58 57°	23:00 53°	22:56 58°	23:07 48°
20.5.	SAO 185584 6,7 mag	Austritt	23:45 347°	23:46 323°	23:46 343°	23:45 332°	23:44 344°	23:44 340°	23:44 332°	23:46 342°	23:48 331°	23:47 334°	23:46 330°	23:50 339°
21.5.	SAO 185678 6,6 mag	Eintritt	2:26 50°	2:11 61°	2:26 52°	2:16 55°	2:20 49°	2:19 51°	2:13 55°	2:23 52°	2:20 57°	2:20 55°	2:16 57°	2:29 55°
21.5.	SAO 185678 6,6 mag	Austritt	3:19 323°	3:17 315°	3:22 321°	3:15 320°	3:13 325°	3:14 323°	3:11 321°	3:19 322°	3:23 317°	3:20 319°	3:18 318°	3:31 316°
21.5.	SAO 185765 6,6 mag	Eintritt	4:14 100°	4:12 105°	4:17 102°	4:11 101°	4:09 98°	4:10 99°	4:07 100°	4:15 101°	4:17 105°	4:15 103°	4:13 103°	-
21.5.	SAO 185765 6,2 mag	Austritt	5:26 264°	5:27 260°	5:28 262°	5:25 264°	5:22 267°	5:23 266°	5:22 266°	5:27 263°	5:30 259°	5:28 261°	5:27 261°	-
22.5.	SAO 187088 6,8 mag	Eintritt	1:45 88°	1:32 98°	1:44 89°	1:36 93°	1:40 88°	1:39 90°	1:34 93°	1:42 90°	1:39 94°	1:39 92°	1:36 94°	1:47 92°
22.5.	SAO 187088 6,8 mag	Austritt	3:05 277°	2:55 270°	3:06 275°	2:57 274°	2:59 278°	2:59 277°	2:54 275°	3:03 276°	3:02 272°	3:01 274°	2:58 273°	3:11 272°
22.5.	SAO 187156 7,5 mag	Eintritt	3:43 108°	3:36 114°	3:44 110°	3:37 110°	3:37 106°	3:37 107°	3:33 109°	3:42 109°	3:43 113°	3:41 111°	3:38 111°	3:51 114°
22.5.	SAO 187156 7,5 mag	Austritt	4:56 248°	4:52 243°	4:58 245°	4:52 247°	4:52 251°	4:52 249°	4:49 249°	4:56 247°	4:57 243°	4:56 245°	4:53 245°	5:02 239°
23.5.	SAO 188255 7,4 mag	Eintritt	1:19 48°	1:00 62°	1:17 50°	1:07 55°	1:16 49°	1:13 51°	1:06 55°	1:15 50°	1:08 56°	1:09 54°	1:05 57°	1:16 53°
23.5.	SAO 188255 7,4 mag	Austritt	2:18 309°	2:09 299°	2:19 307°	2:12 304°	2:14 309°	2:14 308°	2:10 305°	2:17 307°	2:15 303°	2:15 304°	2:12 303°	2:23 304°
27.5.	SAO 165366 7,2 mag	Eintritt	3:42 33°	3:24 39°	3:39 35°	3:32 35°	3:41 31°	3:38 32°	3:32 34°	3:38 34°	3:30 38°	3:33 36°	3:30 37°	3:35 39°
27.5.	SAO 165366 7,2 mag	Austritt	4:46 282°	4:31 278°	4:45 280°	4:36 282°	4:42 285°	4:40 284°	4:35 284°	4:43 281°	4:39 278°	4:39 280°	4:35 280°	4:47 274°
1.6.	MuCet 4,4 mag	Eintritt	3:28 57°	-	3:25 59°	-	3:30 56°	-	-	3:26 58°	-	-	-	3:20 63°
1.6.	MuCet 4,4 mag	Austritt	4:21 259°	-	4:19 258°	4:18 259°	4:23 262°	4:21 261°	-	4:20 259°	4:14 255°	4:17 257°	-	4:14 254°

Datum	Stern	Vorgang	Berlin	Bern	Dresden	Frankfurt	Hamburg	Hannover	Köln	Leipzig	München	Nürnberg	Stuttgart	Wien
7.6.	80Cnc 6,8 mag	Eintritt	22:21 38°	22:22 60°	22:22 52°	22:20 52°	22:19 41°	22:19 44°	22:18 52°	22:21 43°	22:22 53°	22:21 50°	22:21 54°	22:24 46°
7.6.	80Cnc 6,8 mag	Austritt	22:40 356°	22:58 335°	22:44 352°	22:50 343°	22:40 353°	22:43 350°	22:49 343°	22:44 351°	22:53 342°	22:50 344°	22:53 341°	22:49 347°
10.6.	SAO 119101 7,9 mag	Eintritt	19:56 180°	-	20:01 185°	-	-	-	-	20:01 187°	-	-	-	20:11 190°
10.6.	SAO 119101 7,9 mag	Austritt	20:30 238°	-	20:30 234°	-	-	-	-	20:27 231°	-	-	-	20:35 229°
11.6.	SAO 139010 7,8 mag	Eintritt	22:47 116°	22:51 127°	22:50 118°	22:47 122°	22:42 118°	22:44 119°	22:44 118°	22:48 118°	22:53 122°	22:50 121°	22:50 124°	22:57 119°
11.6.	SAO 139010 7,8 mag	Austritt	23:51 296°	23:57 287°	23:54 295°	23:53 291°	23:48 295°	23:49 294°	23:50 291°	23:53 294°	23:58 291°	23:55 292°	23:55 290°	0:00 293°
13.6.	SAO 135648 6,9 mag	Eintritt	0:52 140°	1:01 141°	0:56 141°	0:55 143°	0:49 139°	0:51 141°	0:52 143°	0:54 141°	1:01 145°	0:58 144°	0:58 145°	1:03 145°
13.6.	SAO 135648 6,9 mag	Austritt	1:46 264°	1:52 257°	1:48 262°	1:48 261°	1:44 265°	1:45 264°	1:46 262°	1:48 263°	1:52 258°	1:50 260°	1:50 259°	-
14.6.	SAO 152285 6,8 mag	Eintritt	23:00 171°	23:03 -	23:03 174°	23:04 187°	22:56 174°	22:58 177°	23:02 188°	23:02 175°	23:11 187°	23:06 183°	23:10 177°	23:12 -
14.6.	SAO 152285 6,8 mag	Austritt	23:38 231°	23:38 229°	23:38 229°	23:25 218°	23:31 220°	23:30 227°	23:21 217°	23:35 228°	23:30 221°	23:31 221°	23:24 225°	23:43 -
15.6.	SAO 159310 7,6 mag	Eintritt	0:14 147°	0:17 158°	0:16 148°	0:13 152°	0:08 147°	0:10 148°	0:09 148°	0:15 148°	0:20 153°	0:16 152°	0:13 151°	0:25 -
15.6.	SAO 159310 7,6 mag	Austritt	1:10 250°	1:07 241°	1:12 248°	1:07 246°	1:05 251°	1:06 249°	1:04 247°	1:10 248°	1:12 244°	1:10 246°	1:09 244°	1:17 -
15.6.	SAO 159849 6,9 mag	Eintritt	20:41 128°	20:38 148°	20:41 130°	20:38 138°	20:39 130°	20:39 132°	20:37 139°	20:40 131°	20:40 139°	20:39 137°	20:38 141°	20:43 133°
15.6.	SAO 159849 6,9 mag	Austritt	21:51 273°	21:37 256°	21:51 271°	21:42 264°	21:47 271°	21:46 269°	21:41 264°	21:49 270°	21:46 264°	21:46 266°	21:42 269°	21:54 -
15.6.	SAO 159866 7,9 mag	Eintritt	21:05 81°	20:52 100°	21:04 84°	20:56 92°	21:02 84°	21:00 86°	20:55 92°	21:03 92°	20:58 92°	20:59 90°	20:56 94°	21:06 86°
15.6.	SAO 159866 7,9 mag	Austritt	22:11 319°	22:05 304°	22:12 317°	22:06 310°	22:07 315°	22:07 317°	22:04 310°	22:10 316°	22:10 310°	22:09 312°	22:07 309°	22:16 315°
18.6.	SAO 186717 7,1 mag	Eintritt	3:45 55°	3:43 60°	3:46 58°	3:43 -	3:42 53°	3:42 53°	3:41 53°	3:45 56°	3:47 58°	3:45 58°	3:44 -	3:51 65°
18.6.	SAO 186717 7,1 mag	Austritt	4:31 -	4:49 294°	-	4:44 299°	4:38 305°	4:40 303°	4:40 303°	4:45 298°	4:51 293°	4:48 296°	4:47 296°	-

170

Datum	Stern	Vorgang	Berlin	Bern	Dresden	Frankfurt	Hamburg	Hannover	Köln	Leipzig	München	Nürnberg	Stuttgart	Wien
18.6.	SAO 187679 7,5 mag	Eintritt	-	-	21:36 109°	-	-	-	-	21:35 110°	21:32 117°	21:33 115°	-	21:34 112°
18.6.	SAO 187679 7,5 mag	Austritt	22:46 261°	22:30 247°	22:45 260°	22:37 254°	-	22:42 259°	-	22:44 259°	22:38 253°	22:39 255°	22:36 252°	22:44 257°
18.6.	SAO 187729 6,5 mag	Eintritt	22:47 84°	22:34 97°	22:45 86°	22:39 91°	22:45 85°	22:43 87°	22:38 91°	22:44 86°	22:39 92°	22:40 90°	22:38 93°	22:45 88°
19.6.	SAO 187729 6,5 mag	Austritt	0:03 280°	23:50 271°	0:02 279°	23:55 275°	23:59 280°	23:58 279°	23:53 276°	0:01 279°	23:57 274°	23:57 276°	23:54 274°	0:05 276°
24.6.	SAO 165651 7,6 mag	Eintritt	2:29 3°	2:09 11°	2:25 6°	2:19 4°	2:31 357°	2:27 360°	2:21 1°	2:25 4°	2:15 10°	2:19 7°	2:16 8°	2:19 14°
24.6.	SAO 165651 7,6 mag	Austritt	3:05 308°	2:51 303°	3:05 305°	2:55 309°	2:58 315°	2:57 313°	2:52 313°	3:02 307°	2:59 301°	2:59 305°	2:55 305°	3:09 296°
25.6.	33Psc 4,7 mag	Eintritt	1:13 41°	0:59 48°	1:10 43°	1:06 44°	1:14 40°	1:12 41°	1:08 43°	1:10 42°	1:03 46°	1:06 45°	1:03 45°	1:05 46°
25.6.	33Psc 4,7 mag	Austritt	2:15 272°	2:01 267°	2:13 270°	2:07 271°	2:14 274°	2:12 273°	2:08 272°	2:12 271°	2:06 268°	2:08 270°	2:06 269°	2:11 266°
26.6.	20Cet 4,9 mag	Eintritt	2:55 116°	2:43 121°	2:53 118°	2:47 116°	2:53 112°	2:51 113°	2:47 114°	2:52 117°	2:48 122°	2:49 119°	2:46 119°	2:55 127°
26.6.	20Cet 4,9 mag	Austritt	3:38 191°	3:21 187°	3:34 188°	3:30 192°	3:40 196°	3:36 194°	3:32 195°	3:35 190°	3:25 185°	3:29 188°	3:27 189°	3:26 178°
3.7.	SAO 79680 7,8 mag	Eintritt	20:14 72°	20:21 86°	20:15 74°	20:17 79°	20:13 73°	20:15 75°	20:17 80°	20:15 75°	20:19 80°	20:18 79°	20:19 81°	-
3.7.	SAO 79680 7,8 mag	Austritt	20:57 306°	21:08 294°	20:59 304°	21:03 300°	20:58 305°	20:59 304°	21:03 300°	20:59 304°	-	21:03 300°	21:05 298°	-
4.7.	SAO 98162 6,1 mag	Eintritt	21:09 104°	21:19 115°	-	21:14 110°	21:08 105°	21:10 106°	21:13 110°	21:11 106°	-	21:14 109°	21:15 111°	-
4.7.	SAO 98162 6,1 mag	Austritt	-	-	-	22:02 279°	21:57 283°	21:59 282°	22:02 279°	-	-	-	-	-
11.7.	SAO 159111 7,9 mag	Eintritt	22:07 33°	21:51 57°	22:06 38°	21:54 48°	22:00 36°	21:58 40°	21:51 48°	22:03 39°	22:00 49°	21:59 46°	21:55 51°	22:10 44°
11.7.	SAO 159111 7,9 mag	Austritt	22:22 9°	22:35 347°	22:28 4°	22:28 356°	22:18 7°	22:22 3°	22:24 356°	22:26 3°	22:35 353°	22:31 356°	22:32 353°	22:39 357°
11.7.	SAO 159117 7,0 mag	Eintritt	22:09 82°	22:05 92°	22:11 83°	22:04 87°	22:03 82°	22:04 84°	22:01 87°	22:09 83°	22:10 88°	22:08 86°	22:06 88°	22:17 85°
11.7.	SAO 159117 7,0 mag	Austritt	23:12 318°	23:16 311°	23:15 317°	23:12 315°	23:07 319°	23:09 317°	23:09 315°	23:14 317°	23:19 313°	23:16 314°	23:15 313°	23:23 313°

Datum	Stern	Vorgang	Berlin	Bern	Dresden	Frankfurt	Hamburg	Hannover	Köln	Leipzig	München	Nürnberg	Stuttgart	Wien
12.7.	SAO 159724 / 7.0 mag	Eintritt	22:48 / 126°	22:48 / 135°	22:51 / 130°	22:45 / 130°	22:43 / 128°	22:44 / 128°	22:42 / 130°	22:49 / 128°	22:52 / 132°	22:50 / 130°	22:48 / 131°	22:59 / 131°
12.7.	SAO 159724 / 7.0 mag	Austritt	23:57 / 263°	23:56 / 257°	23:59 / 261°	23:55 / 261°	23:52 / 264°	23:53 / 263°	23:52 / 262°	23:57 / 262°	0:00 / 258°	23:58 / 260°	23:57 / 259°	0:05 / 257°
12.7.	SAO 159709 / 7.7 mag	Eintritt	23:02 / 193°	-	-	-	22:54 / 190°	-	-	-	-	-	-	-
12.7.	SAO 159709 / 7.7 mag	Austritt	23:04 / 197°	-	-	-	23:02 / 202°	-	-	-	-	-	-	-
12.7.	SAO 159745 / 6.4 mag	Eintritt	23:50 / 123°	23:52 / 129°	23:53 / 124°	23:48 / 125°	23:45 / 121°	23:46 / 122°	23:45 / 124°	23:51 / 124°	23:55 / 127°	23:52 / 126°	23:51 / 126°	0:01 / 128°
13.7.	SAO 159745 / 6.4 mag	Austritt	0:55 / 263°	0:58 / 257°	0:58 / 261°	0:55 / 261°	0:52 / 265°	0:53 / 264°	0:53 / 263°	0:56 / 262°	1:00 / 258°	0:58 / 260°	0:57 / 259°	1:03 / 255°
14.7.	SAO 185877 / 7.5 mag	Eintritt	20:15 / 133°	20:11 / 152°	20:15 / 135°	20:11 / 143°	20:13 / 134°	20:12 / 143°	20:10 / 143°	20:14 / 143°	20:13 / 143°	20:13 / 141°	20:12 / 145°	20:17 / 138°
14.7.	SAO 185877 / 7.5 mag	Austritt	21:20 / 249°	21:01 / 233°	21:19 / 248°	21:09 / 241°	21:15 / 248°	21:14 / 246°	21:07 / 247°	21:17 / 247°	21:12 / 241°	21:12 / 243°	21:08 / 245°	21:21 / 239°
14.7.	SAO 185961 / 7.9 mag	Eintritt	22:37 / 40°	22:19 / 54°	22:36 / 42°	22:25 / 47°	22:32 / 42°	22:30 / 47°	22:23 / 47°	22:34 / 49°	22:29 / 49°	22:30 / 49°	22:25 / 46°	22:39 / 46°
14.7.	SAO 185961 / 7.9 mag	Austritt	23:22 / 333°	23:20 / 322°	23:24 / 330°	23:18 / 328°	23:15 / 334°	23:16 / 332°	23:14 / 329°	23:22 / 331°	23:25 / 325°	23:22 / 327°	23:20 / 326°	23:33 / 325°
15.7.	SAO 186037 / 6.9 mag	Eintritt	0:18 / 39°	0:09 / 47°	0:18 / 41°	0:12 / 36°	0:14 / 38°	0:14 / 39°	0:09 / 40°	0:17 / 40°	0:15 / 43°	0:15 / 44°	0:12 / 44°	0:22 / 48°
15.7.	SAO 186037 / 6.9 mag	Austritt	1:03 / 326°	1:05 / 319°	1:07 / 323°	1:01 / 325°	0:56 / 331°	0:56 / 329°	0:56 / 328°	1:04 / 325°	1:10 / 319°	1:06 / 322°	1:04 / 322°	1:18 / 315°
15.7.	SAO 186069 / 6.9 mag	Eintritt	0:52 / 45°	0:46 / 52°	0:53 / 48°	0:47 / 47°	0:48 / 42°	0:48 / 43°	0:45 / 45°	0:51 / 47°	0:51 / 52°	0:50 / 49°	0:48 / 49°	0:57 / 54°
15.7.	SAO 186069 / 7.5 mag	Austritt	1:44 / 317°	1:47 / 311°	1:47 / 314°	1:42 / 316°	1:36 / 322°	1:39 / 320°	1:37 / 319°	1:45 / 316°	1:50 / 310°	1:47 / 313°	1:45 / 313°	1:57 / 306°
16.7.	SAO 187468 / 5.9 mag	Eintritt	1:33 / 70°	1:29 / 74°	1:35 / 72°	1:29 / 70°	1:28 / 67°	1:29 / 68°	1:26 / 68°	1:33 / 71°	1:34 / 75°	1:32 / 73°	1:30 / 73°	1:40 / 78°
16.7.	SAO 187468 / 5.9 mag	Austritt	2:45 / 278°	2:46 / 274°	2:47 / 276°	2:43 / 278°	2:40 / 283°	2:41 / 281°	2:40 / 281°	2:46 / 277°	2:49 / 272°	2:47 / 275°	2:46 / 276°	2:54 / 268°
16.7.	SAO 187480 / 7.6 mag	Eintritt	1:53 / 67°	1:50 / 71°	1:55 / 69°	1:50 / 67°	1:49 / 64°	1:50 / 65°	1:47 / 65°	1:53 / 68°	1:55 / 72°	1:53 / 70°	1:51 / 69°	2:00 / 76°
16.7.	SAO 187480 / 7.6 mag	Austritt	3:03 / 281°	3:05 / 276°	3:05 / 278°	3:02 / 281°	2:58 / 285°	2:59 / 284°	2:59 / 284°	3:04 / 279°	3:08 / 274°	3:05 / 277°	3:04 / 278°	3:12 / 270°

Datum	Stern	Vorgang	Berlin	Bern	Dresden	Frankfurt	Hamburg	Hannover	Köln	Leipzig	München	Nürnberg	Stuttgart	Wien
16.7.	SAO 188509 7,5 mag	Eintritt	22:17 103°	22:05 114°	22:16 105°	22:09 108°	22:13 104°	22:12 105°	22:07 108°	22:14 105°	22:11 110°	22:11 108°	22:08 110°	22:18 108°
16.7.	SAO 188509 7,5 mag	Austritt	23:33 249°	23:18 242°	23:33 247°	23:24 246°	23:29 250°	23:27 249°	23:22 247°	23:31 248°	23:27 244°	23:27 246°	23:23 245°	23:35 244°
17.7.	SAO 188612 7,8 mag	Eintritt	1:57 124°	1:54 129°	2:00 128°	1:51 124°	1:50 120°	1:51 121°	1:47 121°	1:57 126°	2:01 131°	1:57 128°	1:54 127°	2:12 139°
17.7.	SAO 188612 7,8 mag	Austritt	2:50 212°	2:45 207°	2:50 209°	2:47 213°	2:48 218°	2:48 217°	2:46 217°	2:50 211°	2:48 204°	2:48 208°	2:47 210°	2:49 196°
17.7.	SAO 189516 7,3 mag	Eintritt	23:30 34°	23:11 43°	23:28 36°	23:19 38°	23:27 33°	23:24 34°	23:18 37°	23:26 36°	23:20 40°	23:21 39°	23:17 40°	23:27 41°
18.7.	SAO 189516 7,3 mag	Austritt	0:28 303°	0:17 297°	0:29 301°	0:20 302°	0:22 306°	0:21 305°	0:17 303°	0:26 302°	0:25 298°	0:24 300°	0:21 300°	0:35 295°
18.7.	SAO 189638 7,5 mag	Eintritt	3:22 101°	3:19 105°	3:24 105°	3:17 100°	3:16 96°	3:17 98°	3:14 97°	3:22 102°	3:25 108°	3:22 105°	3:20 104°	3:34 115°
18.7.	SAO 189638 7,5 mag	Austritt	4:26 223°	4:24 217°	4:26 219°	4:24 223°	4:24 229°	4:24 227°	4:23 227°	4:26 221°	4:26 214°	4:25 218°	4:25 219°	4:27 207°
19.7.	SAO 164949 6,6 mag	Eintritt	-	-	21:51 121°	-	-	-	-	-	-	-	-	21:49 125°
19.7.	SAO 164949 6,6 mag	Austritt	22:43 211°	-	22:39 209°	-	-	-	-	22:39 209°	22:30 203°	-	-	22:35 205°
20.7.	SAO 165032 7,1 mag	Eintritt	3:40 93°	3:31 96°	3:41 96°	3:32 91°	3:34 87°	3:33 89°	3:29 88°	3:39 94°	3:39 99°	3:37 96°	3:34 94°	3:50 106°
20.7.	SAO 165032 7,1 mag	Austritt	4:48 216°	4:41 210°	4:48 212°	4:44 216°	4:46 222°	4:46 220°	4:43 220°	4:47 214°	4:45 207°	4:46 211°	4:44 212°	4:47 200°
25.7.	SAO 110334 7,9 mag	Eintritt	1:45 7°	1:30 11°	1:41 10°	1:39 6°	1:49 0°	1:45 2°	1:42 2°	1:42 8°	1:33 13°	1:37 10°	1:35 9°	1:33 17°
25.7.	SAO 110334 7,9 mag	Austritt	2:21 301°	2:09 297°	2:20 297°	2:13 302°	2:18 308°	2:16 306°	2:12 307°	2:19 300°	2:15 295°	2:15 298°	2:12 299°	2:21 288°
31.7.	SAO 79680 7,8 mag	Eintritt	4:22 95°	4:18 101°	4:20 98°	4:20 96°	4:24 91°	4:23 93°	4:22 93°	4:21 97°	4:18 102°	4:19 99°	4:19 99°	4:17 106°
31.7.	SAO 79680 7,8 mag	Austritt	5:13 264°	5:07 258°	5:11 261°	5:11 263°	5:15 269°	5:14 267°	5:12 266°	5:12 263°	5:07 257°	5:09 260°	5:09 260°	5:07 252°
6.8.	SAO 139739 7,9 mag	Eintritt	21:16 99°	21:20 106°	21:18 100°	21:16 102°	21:12 99°	21:13 100°	21:13 102°	21:17 100°	21:21 104°	21:19 102°	21:19 104°	21:25 103°
6.8.	SAO 139739 7,9 mag	Austritt	22:16 304°	22:24 298°	22:19 302°	22:19 301°	22:13 305°	22:15 304°	22:17 302°	22:18 302°	22:24 299°	22:21 300°	22:22 300°	22:25 298°

Datum	Stern	Vorgang	Berlin	Bern	Dresden	Frankfurt	Hamburg	Hannover	Köln	Leipzig	München	Nürnberg	Stuttgart	Wien
9.8.	SAO 160052 5,6 mag	Eintritt	18:40 83°	18:27 98°	18:40 85°	18:31 91°	-	18:34 86°	-	18:38 85°	18:34 91°	18:34 90°	18:31 93°	18:43 86°
9.8.	SAO 160052 5,6 mag	Austritt	19:52 311°	19:46 300°	19:53 310°	19:47 305°	-	19:47 306°	-	19:51 309°	19:52 304°	19:50 306°	19:48 304°	19:59 308°
9.8.	SAO 184634 7,6 mag	Eintritt	21:58 45°	21:50 54°	21:59 47°	21:52 49°	21:53 45°	21:53 47°	21:49 46°	21:57 52°	21:57 50°	21:56 51°	21:53 53°	22:03 53°
9.8.	SAO 184634 7,6 mag	Austritt	22:40 336°	22:45 327°	22:44 333°	22:39 333°	22:33 339°	22:35 337°	22:35 335°	22:41 334°	22:48 328°	22:44 331°	22:43 330°	22:54 326°
10.8.	520ph 6,6 mag	Eintritt	18:16 85°	-	18:15 87°	-	-	-	-	-	18:09 94°	-	-	18:16 89°
10.8.	520ph 6,6 mag	Austritt	19:29 301°	-	19:30 299°	-	-	-	-	-	19:26 294°	-	-	19:34 297°
11.8.	SAO 186894 7,0 mag	Eintritt	18:53 111°	18:44 126°	18:52 113°	18:47 118°	18:51 112°	18:49 114°	18:46 113°	18:51 113°	18:48 119°	18:48 117°	18:46 120°	18:53 115°
11.8.	SAO 186894 7,0 mag	Austritt	20:08 262°	19:53 251°	20:08 261°	19:59 257°	20:04 262°	20:03 260°	19:57 260°	20:06 256°	20:02 257°	20:02 257°	19:58 255°	20:10 259°
11.8.	SAO 186912 7,6 mag	Eintritt	19:26 120°	19:18 135°	19:26 122°	19:20 127°	19:23 121°	19:22 123°	19:19 123°	19:24 123°	19:22 126°	19:22 126°	19:20 129°	19:28 124°
11.8.	SAO 186912 7,6 mag	Austritt	20:38 251°	20:22 240°	20:38 249°	20:28 246°	20:33 249°	20:32 246°	20:26 249°	20:36 245°	20:32 246°	20:32 246°	20:28 247°	20:41 244°
12.8.	SAO 187088 6,8 mag	Eintritt	23:59 78°	23:59 82°	0:03 80°	23:58 78°	23:57 74°	23:58 76°	23:55 79°	0:02 83°	0:04 80°	0:02 80°	0:00 80°	0:09 86°
12.8.	SAO 187088 6,8 mag	Austritt	1:13 273°	1:16 269°	1:15 270°	1:12 273°	1:08 278°	1:10 276°	1:09 276°	1:14 272°	1:18 267°	1:15 271°	1:15 263°	1:21 263°
13.8.	SAO 188255 7,4 mag	Eintritt	0:16 26°	0:08 32°	0:15 30°	0:12 26°	0:15 22°	0:14 22°	0:11 28°	0:15 34°	0:13 30°	0:13 30°	0:11 30°	0:17 39°
13.8.	SAO 188255 7,4 mag	Austritt	1:01 314°	1:02 308°	1:05 310°	0:57 315°	0:51 322°	0:54 319°	0:52 312°	1:02 305°	1:08 309°	1:04 309°	1:02 310°	1:15 299°
13.8.	4 Cap 7,4 mag	Eintritt	19:42 64°	19:26 76°	19:40 66°	19:33 70°	19:41 65°	19:38 66°	19:33 66°	19:39 66°	19:33 71°	19:34 70°	19:31 72°	19:38 68°
13.8.	4 Cap 6,0 mag	Austritt	20:54 285°	20:41 276°	20:53 284°	20:46 281°	20:51 284°	20:49 284°	20:44 284°	20:51 279°	20:47 281°	20:48 281°	20:45 281°	20:55 281°
13.8.	SAO 189120 7,6 mag	Eintritt	19:43 109°	19:33 122°	19:42 111°	19:37 115°	19:42 110°	19:40 111°	19:37 115°	19:41 111°	19:37 115°	19:38 115°	19:36 117°	19:41 113°
13.8.	SAO 189120 7,6 mag	Austritt	20:53 240°	20:35 230°	20:51 239°	20:42 236°	20:50 241°	20:47 239°	20:41 239°	20:50 239°	20:43 234°	20:45 236°	20:41 234°	20:51 236°

Datum	Stern	Vorgang	Berlin	Bern	Dresden	Frankfurt	Hamburg	Hannover	Köln	Leipzig	München	Nürnberg	Stuttgart	Wien
13.8.	SAO 189202 7.4 mag	Eintritt	22:19 129°	22:10 137°	22:20 131°	22:11 131°	22:13 127°	22:13 128°	22:08 130°	22:17 130°	22:17 136°	22:16 133°	22:12 134°	22:28 138°
13.8.	SAO 189202 7.4 mag	Austritt	23:12 208°	22:57 203°	23:11 206°	23:03 208°	23:08 212°	23:07 211°	23:02 210°	23:09 207°	23:04 202°	23:05 205°	23:02 205°	23:10 197°
17.8.	SAO 165366 7.2 mag	Eintritt	2:21 54°	2:10 57°	2:21 57°	2:14 53°	2:17 48°	2:16 50°	2:12 49°	2:19 55°	2:17 60°	2:17 57°	2:14 56°	2:24 66°
17.8.	SAO 165366 7.2 mag	Austritt	3:38 250°	3:33 245°	3:39 247°	3:33 250°	3:33 256°	3:33 254°	3:31 254°	3:37 249°	3:38 242°	3:37 246°	3:35 247°	3:43 237°
17.8.	SAO 146799 7.3 mag	Eintritt	23:38 116°	23:24 120°	23:38 119°	23:29 116°	23:34 112°	23:32 113°	23:27 113°	23:36 117°	23:32 122°	23:32 119°	23:28 118°	23:43 129°
18.8.	SAO 146799 7.3 mag	Austritt	0:26 190°	0:08 188°	0:23 187°	0:17 192°	0:26 196°	0:23 195°	0:18 196°	0:23 190°	0:14 184°	0:17 188°	0:14 189°	0:15 175°
18.8.	SAO 146842 7.1 mag	Eintritt	3:18 67°	3:08 71°	3:18 70°	3:11 66°	3:13 61°	3:13 63°	3:08 62°	3:16 68°	3:15 74°	3:14 70°	3:11 69°	3:23 80°
18.8.	SAO 146842 7.1 mag	Austritt	4:34 234°	4:28 227°	4:35 230°	4:30 233°	4:31 240°	4:31 238°	4:28 237°	4:33 232°	4:32 225°	4:32 229°	4:30 229°	4:36 219°
19.8.	SAO 128739 7.6 mag	Eintritt	2:37 28°	2:22 30°	2:35 31°	2:29 26°	2:36 21°	2:34 23°	2:29 22°	2:34 29°	2:28 34°	2:30 30°	2:27 29°	2:34 40°
19.8.	SAO 128739 7.6 mag	Austritt	3:46 271°	3:37 265°	3:47 266°	3:38 271°	3:39 278°	3:39 275°	3:34 276°	3:45 269°	3:44 262°	3:43 266°	3:40 267°	3:53 256°
21.8.	SAO 110616 7.7 mag	Eintritt	23:02 123°	22:56 130°	23:01 126°	22:59 124°	23:03 119°	23:01 121°	22:59 121°	23:01 124°	22:58 130°	22:59 127°	22:58 127°	23:00 135°
21.8.	SAO 110616 7.7 mag	Austritt	23:36 190°	23:22 184°	23:32 187°	23:31 190°	23:39 195°	23:36 193°	23:34 193°	23:33 189°	23:24 183°	23:28 186°	23:27 187°	23:22 176°
24.8.	Del1Tau 3.9 mag	Eintritt	3:58 86°	3:44 91°	3:56 89°	3:49 86°	3:56 80°	3:54 82°	3:49 82°	3:55 87°	3:50 93°	3:51 90°	3:48 89°	3:57 99°
24.8.	Del1Tau 3.9 mag	Austritt	5:09 234°	4:52 226°	5:07 230°	5:00 233°	5:07 240°	5:05 237°	4:59 236°	5:06 232°	4:58 224°	5:01 228°	4:57 229°	5:04 219°
24.8.	Del2Tau 4.8 mag	Eintritt	5:02 155°	-	-	-	4:46 134°	4:48 140°	4:43 141°	-	-	-	-	-
24.8.	Del2Tau 4.8 mag	Austritt	5:09 165°	-	-	-	5:19 186°	5:13 180°	5:07 178°	-	-	-	-	-
25.8.	SAO 94345 6.5 mag	Eintritt	0:15 356°	-	0:09 4°	0:13 356°	-	-	-	0:12 360°	0:03 11°	0:07 5°	0:07 5°	23:59 17°
25.8.	SAO 94345 6.5 mag	Austritt	0:23 337°	-	0:25 328°	0:21 337°	-	-	-	0:24 333°	0:24 321°	0:24 327°	0:23 328°	0:26 314°

175

Datum	Stern	Vorgang	Berlin	Bern	Dresden	Frankfurt	Hamburg	Hannover	Köln	Leipzig	München	Nürnberg	Stuttgart	Wien
25.8	SAO 94421 7,8 mag	Eintritt	2:47 91°	2:37 95°	2:45 94°	2:41 91°	2:47 86°	2:45 88°	2:42 88°	2:45 92°	2:40 97°	2:42 94°	2:40 94°	2:43 103°
25.8	SAO 94421 7,8 mag	Austritt	3:49 238°	3:35 233°	3:46 235°	3:42 236°	3:49 244°	3:47 242°	3:43 241°	3:46 237°	3:39 234°	3:41 235°	3:39 235°	3:41 225°
25.8	SAO 77076 7,7 mag	Eintritt	3:18 70°	3:05 75°	3:16 73°	3:12 70°	3:18 65°	3:16 67°	3:12 67°	3:15 71°	3:09 76°	3:11 73°	3:09 73°	3:12 81°
25.8	SAO 77076 7,7 mag	Austritt	4:25 259°	4:11 253°	4:23 256°	4:17 259°	4:23 265°	4:21 262°	4:16 262°	4:22 258°	4:16 251°	4:18 255°	4:15 255°	4:20 246°
25.8	SAO 77084 6,8 mag	Eintritt	3:38 82°	3:25 80°	3:36 80°	3:31 77°	3:37 72°	3:35 74°	3:31 74°	3:35 78°	3:29 80°	3:31 80°	3:29 80°	3:33 89°
25.8	SAO 77084 6,8 mag	Austritt	4:46 253°	4:31 246°	4:38 249°	4:44 252°	4:38 258°	4:42 256°	4:37 255°	4:43 251°	4:37 244°	4:39 248°	4:36 248°	4:41 239°
25.8	SAO 77098 6,2 mag	Eintritt	4:31 100°	4:19 108°	4:30 104°	4:23 101°	4:28 94°	4:27 97°	4:22 97°	4:29 102°	4:25 106°	4:25 105°	4:23 105°	4:33 116°
25.8	SAO 77098 6,2 mag	Austritt	5:36 230°	5:18 220°	5:33 226°	5:26 228°	5:35 236°	5:32 233°	5:27 232°	5:33 228°	5:24 219°	5:27 223°	5:24 224°	5:28 213°
26.8	SAO 78006 7,8 mag	Eintritt	0:24 83°	-	0:22 85°	-	0:27 79°	0:26 81°	-	0:23 83°	0:22 85°	-	-	0:18 90°
26.8	SAO 78006 7,8 mag	Austritt	1:15 260°	-	1:13 258°	1:13 260°	1:17 264°	1:16 263°	1:15 262°	1:14 259°	1:09 255°	1:11 257°	1:11 258°	1:08 251°
26.8	SAO 78074 7,6 mag	Eintritt	1:45 49°	1:37 54°	1:42 52°	1:42 49°	1:48 44°	1:46 46°	1:45 46°	1:43 50°	1:37 55°	1:40 52°	1:40 52°	1:36 60°
26.8	SAO 78074 7,6 mag	Austritt	2:32 292°	2:25 287°	2:30 289°	2:28 292°	2:32 298°	2:30 295°	2:28 295°	2:30 291°	2:26 285°	2:28 288°	2:27 289°	2:28 280°
26.8	SAO 78129 6,7 mag	Eintritt	3:15 21°	3:01 30°	3:10 27°	3:10 22°	3:21 9°	3:17 15°	3:14 15°	3:12 24°	3:03 32°	3:07 28°	3:06 27°	3:02 39°
26.8	SAO 78129 6,7 mag	Austritt	3:46 319°	3:39 309°	3:47 313°	3:41 319°	3:41 332°	3:41 326°	3:38 326°	3:45 317°	3:44 307°	3:43 312°	3:41 313°	3:48 300°
27.8	SAO 79216 7,4 mag	Eintritt	3:19 16°	3:06 29°	3:13 24°	3:15 17°	-	3:25 2°	3:21 6°	3:15 20°	3:06 31°	3:10 26°	3:10 25°	3:04 38°
27.8	SAO 79216 7,4 mag	Austritt	3:37 338°	3:35 323°	3:39 329°	3:34 335°	-	3:30 352°	3:30 348°	3:37 333°	3:38 321°	3:37 327°	3:36 328°	3:42 314°
27.8	DelGem 3,5 mag	Eintritt	5:04 35°	4:49 47°	5:00 41°	4:57 38°	5:08 25°	5:04 31°	5:00 33°	5:01 38°	4:52 48°	4:55 44°	4:53 44°	4:53 53°
27.8	DelGem 3,5 mag	Austritt	5:43 321°	5:37 306°	5:44 314°	5:38 316°	5:37 330°	5:38 325°	5:36 322°	5:42 317°	5:42 305°	5:41 311°	5:39 310°	5:48 301°

Datum	Stern	Vorgang	Berlin	Bern	Dresden	Frankfurt	Hamburg	Hannover	Köln	Leipzig	München	Nürnberg	Stuttgart	Wien
4.9.	SAO 159310 7,6 mag	Eintritt	18:07 103°	18:03 113°	18:09 104°	18:02 108°	18:02 104°	18:02 105°	17:59 108°	18:07 104°	18:08 109°	18:06 107°	18:04 109°	18:15 106°
4.9.	SAO 159310 7,6 mag	Austritt	19:20 296°	19:20 289°	19:22 295°	19:17 293°	19:14 296°	19:16 295°	19:14 293°	19:20 295°	19:24 291°	19:21 293°	19:20 292°	19:29 292°
8.9.	SAO 187729 6,5 mag	Eintritt	17:58 41°	-	17:56 44°	17:45 50°	17:55 43°	17:52 45°	-	17:54 45°	17:46 51°	17:48 49°	17:43 52°	17:55 47°
8.9.	SAO 187729 6,5 mag	Austritt	18:49 321°	-	18:50 319°	18:44 315°	18:45 321°	18:45 319°	-	18:48 319°	18:47 313°	18:47 315°	18:44 313°	18:55 315°
9.9.	SAO 188815 7,9 mag	Eintritt	17:25 121°	-	17:24 123°	-	-	-	-	-	-	-	-	17:23 126°
9.9.	SAO 188815 7,9 mag	Austritt	18:28 234°	-	18:25 232°	-	-	-	-	-	-	-	-	18:24 229°
9.9.	SAO 188863 6,5 mag	Eintritt	19:09 120°	18:59 131°	19:09 122°	19:02 125°	19:06 120°	19:04 121°	19:00 125°	19:07 122°	19:05 127°	19:05 125°	19:02 127°	19:12 125°
9.9.	SAO 188863 6,5 mag	Austritt	20:14 226°	19:57 219°	20:14 224°	20:04 224°	20:10 228°	20:09 226°	20:03 225°	20:12 225°	20:06 221°	20:07 223°	20:03 222°	20:15 220°
11.9.	EtaCap 4,9 mag	Eintritt	1:19 77°	1:20 82°	1:21 80°	1:18 77°	1:15 71°	1:16 73°	1:15 73°	1:19 78°	1:23 85°	1:21 81°	1:20 80°	1:27 90°
11.9.	EtaCap 4,9 mag	Austritt	-	2:28 236°	-	2:27 243°	-	-	2:25 247°	-	2:29 234°	-	2:28 239°	-
12.9.	56Aqr 6,4 mag	Eintritt	18:31 120°	-	18:30 122°	-	-	-	-	18:30 123°	18:27 130°	18:27 127°	-	18:28 127°
12.9.	56Aqr 6,4 mag	Austritt	19:19 206°	-	19:15 204°	-	-	-	-	19:15 204°	19:05 198°	19:09 201°	-	19:10 199°
13.9.	SAO 165651 7,6 mag	Eintritt	22:23 52°	22:07 53°	22:22 53°	22:14 50°	22:21 48°	22:19 49°	22:13 48°	22:20 52°	22:14 55°	22:16 53°	22:12 52°	22:21 59°
13.9.	SAO 165651 7,6 mag	Austritt	23:43 253°	23:29 251°	23:42 250°	23:33 255°	23:38 258°	23:37 257°	23:31 258°	23:40 252°	23:37 248°	23:37 251°	23:33 252°	23:45 243°
14.9.	30Psc 4,7 mag	Eintritt	19:15 75°	-	19:13 76°	-	-	-	-	19:13 76°	19:07 80°	19:09 78°	-	19:08 79°
14.9.	30Psc 4,7 mag	Austritt	20:20 240°	20:06 235°	20:18 239°	20:13 239°	20:21 242°	20:18 241°	20:14 240°	20:18 239°	20:11 236°	20:13 238°	20:11 237°	20:14 235°
14.9.	33Psc 4,7 mag	Eintritt	21:20 87°	21:06 91°	21:18 89°	21:12 88°	21:19 85°	21:16 86°	21:12 86°	21:17 88°	21:11 91°	21:13 89°	21:10 89°	21:17 94°
14.9.	33Psc 4,7 mag	Austritt	22:29 219°	22:12 217°	22:26 217°	22:20 220°	22:27 223°	22:25 222°	22:20 222°	22:25 218°	22:18 215°	22:20 217°	22:17 218°	22:23 210°

Datum	Stern	Vorgang	Berlin	Bern	Dresden	Frankfurt	Hamburg	Hannover	Köln	Leipzig	München	Nürnberg	Stuttgart	Wien
16.9.	SAO 129029 7,7 mag	Eintritt	2:13 21°	1:59 27°	2:11 26°	2:06 21°	2:13 16°	2:11 15°	2:06 15°	2:11 23°	2:05 30°	2:07 26°	2:04 25°	2:10 37°
16.9.	SAO 129029 7,7 mag	Austritt	3:15 278°	3:10 268°	3:17 273°	3:10 276°	3:07 286°	3:09 282°	3:05 282°	3:15 275°	3:17 266°	3:15 271°	3:12 271°	3:24 261°
16.9.	SAO 109552 7,9 mag	Eintritt	3:49 355°	3:32 4°	3:44 359°	3:41 346°	-	3:51 346°	3:45 350°	3:45 360°	3:37 7°	3:40 7°	3:37 7°	3:40 20°
16.9.	SAO 109552 7,9 mag	Austritt	4:19 308°	4:26 287°	4:25 301°	4:19 316°	-	4:10 316°	4:11 310°	4:22 302°	4:30 287°	4:25 294°	4:24 293°	4:36 282°
17.9.	SAO 110464 7,1 mag	Eintritt	21:23 16°	21:10 21°	21:19 18°	21:18 17°	21:26 12°	21:23 14°	21:20 17°	21:20 22°	21:12 19°	21:16 19°	21:14 19°	21:12 25°
17.9.	SAO 110464 7,1 mag	Austritt	22:04 294°	21:53 290°	22:02 292°	21:58 295°	22:03 297°	22:01 297°	21:58 293°	22:02 289°	21:57 291°	21:58 292°	21:56 292°	22:00 285°
18.9.	SAO 110565 6,3 mag	Eintritt	4:44 20°	4:28 34°	4:41 26°	4:35 24°	4:44 12°	4:41 17°	4:35 24°	4:41 29°	4:35 35°	4:36 30°	4:33 30°	4:41 39°
18.9.	SAO 110565 6,3 mag	Austritt	5:37 291°	5:39 273°	5:41 285°	5:36 284°	5:29 298°	5:32 293°	5:31 289°	5:39 280°	5:43 275°	5:41 278°	5:39 272°	5:49 272°
19.9.	SAO 93327 6,4 mag	Eintritt	0:52 356°	0:34 2°	0:47 2°	0:46 362°	-	0:58 342°	-	0:48 358°	0:37 7°	0:42 2°	0:40 359°	0:37 16°
19.9.	SAO 93327 6,4 mag	Austritt	1:20 312°	1:08 305°	1:22 305°	1:09 315°	-	1:07 326°	1:19 309°	1:18 299°	1:16 305°	1:12 307°	1:28 290°	
20.9.	SAO 93781 7,6 mag	Eintritt	5:15 37°	4:58 51°	5:13 42°	5:05 42°	5:13 30°	5:10 35°	5:04 37°	5:11 40°	5:06 51°	5:07 47°	5:03 54°	5:13
20.9.	SAO 93781 7,6 mag	Austritt	6:18 289°	6:16 271°	6:21 283°	6:15 281°	6:11 294°	6:13 290°	6:11 285°	6:19 273°	6:22 278°	6:19 276°	6:17 273°	6:29
20.9.	SAO 93777 6,1 mag	Eintritt	5:16 348°	4:43 20°	5:04 6°	4:57 4°	-	-	5:03 352°	5:05 1°	4:51 20°	4:55 12°	4:51 13°	4:57 24°
20.9.	SAO 93777 6,1 mag	Austritt	5:24 336°	5:37 300°	5:37 318°	5:29 317°	-	-	5:19 329°	5:32 322°	5:43 302°	5:38 310°	5:36 308°	5:52 300°
20.9.	SAO 94136 6,8 mag	Eintritt	22:12 149°	22:27	22:14 158°	22:10 149°	22:11 140°	22:10 143°	22:09 144°	22:11 152°	-	-	-	-
20.9.	SAO 94136 6,8 mag	Austritt	22:27	22:20 172°	22:24	22:33	22:30	22:29	22:24	22:27 178°	-	-	-	
21.9.	SAO 94183 7,6 mag	Eintritt	0:19 181°	0:12 142°	0:19 139°	0:13 181°	0:17 190°	0:15 187°	0:12 187°	0:17 178°	0:18 148°	0:16 140°	0:13 138°	-
21.9.	SAO 94183 7,6 mag	Austritt	0:49 134°	0:33 142°	0:44 139°	0:44 133°	0:54 126°	0:51 128°	0:47 128°	0:46 136°	0:33 148°	0:40 140°	0:39 138°	-
21.9.	SAO 94183 7,6 mag		192°	183°	186°	193°	200°	198°	198°	190°	177°	185°	187°	-

178

Datum	Stern	Vorgang	Berlin	Bern	Dresden	Frankfurt	Hamburg	Hannover	Köln	Leipzig	München	Nürnberg	Stuttgart	Wien
21.9.	SAO 94199 6,2 mag	Eintritt	0:57 57°	0:44 61°	0:54 60°	0:51 57°	0:58 52°	0:55 54°	0:52 54°	0:54 58°	0:47 63°	0:50 60°	0:48 60°	0:49 68°
21.9.	SAO 94199 6,2 mag	Austritt	2:01 267°	1:48 262°	1:59 264°	1:53 267°	1:59 273°	1:58 271°	1:53 271°	1:59 266°	1:53 260°	1:55 263°	1:52 264°	1:58 255°
21.9.	SAO 77527 7,8 mag	Eintritt	23:13 21°	23:05 27°	23:09 25°	23:11 21°	23:19 13°	23:16 16°	23:15 16°	23:11 22°	23:04 29°	23:08 25°	23:08 25°	23:01 34°
21.9.	SAO 77527 7,8 mag	Austritt	23:42 316°	23:37 310°	23:41 312°	23:39 317°	23:41 325°	23:40 322°	23:39 322°	23:41 315°	23:39 308°	23:40 312°	23:39 313°	23:41 302°
21.9.	SAO 77564 7,4 mag	Eintritt	23:44 137°	23:41 146°	23:44 143°	23:42 137°	23:44 131°	23:43 133°	23:41 133°	23:44 139°	23:43 150°	23:43 143°	23:41 142°	-
22.9.	SAO 77564 7,4 mag	Austritt	0:13 199°	0:01 191°	0:09 194°	0:10 200°	0:18 207°	0:15 204°	0:13 205°	0:11 197°	0:01 187°	0:06 193°	0:06 195°	-
22.9.	SAO 77596 7,2 mag	Eintritt	0:16 103°	0:09 107°	0:14 105°	0:12 102°	0:17 98°	0:15 100°	0:13 99°	0:14 104°	0:11 109°	0:12 106°	0:11 105°	0:12 114°
22.9.	SAO 77596 7,2 mag	Austritt	1:10 234°	0:58 228°	1:07 230°	1:05 234°	1:12 239°	1:09 237°	1:07 237°	1:07 232°	1:00 226°	1:03 230°	1:02 230°	1:00 221°
22.9.	SAO 77813 6,7 mag	Eintritt	5:36 106°	5:29 123°	5:37 111°	5:29 111°	5:30 101°	5:30 104°	5:26 107°	5:34 109°	5:36 121°	5:33 115°	5:30 117°	5:45 123°
22.9.	SAO 77813 6,7 mag	Austritt	6:48 242°	6:30 221°	6:47 237°	6:38 234°	6:44 246°	6:42 242°	6:37 237°	6:45 238°	6:40 225°	6:41 231°	6:37 229°	6:48 225°
22.9.	SAO 78742 7,0 mag	Eintritt	0:28 32°	0:19 39°	0:24 37°	0:25 33°	0:33 25°	0:30 28°	0:29 28°	0:26 34°	0:19 41°	0:22 37°	0:22 37°	0:17 46°
23.9.	SAO 78742 7,0 mag	Austritt	1:02 315°	0:57 308°	1:02 311°	0:59 315°	1:01 324°	1:00 320°	0:59 320°	1:01 313°	0:59 306°	1:00 310°	0:59 311°	1:01 300°
23.9.	SAO 79680 7,8 mag	Eintritt	0:13 158°	-	-	-	0:12 149°	-	-	-	-	-	-	-
24.9.	SAO 79680 7,8 mag	Austritt	0:32 202°	-	-	-	0:38 212°	-	-	-	-	-	-	-
24.9.	SAO 79782 7,0 mag	Eintritt	3:28 163°	-	-	3:29 176°	3:22 151°	3:23 156°	3:22 160°	3:31 173°	-	-	-	-
24.9.	SAO 79782 7,0 mag	Austritt	3:48 200°	-	-	3:34 185°	3:54 212°	3:49 206°	3:43 201°	3:40 189°	-	-	-	-
25.9.	SAO 98198 7,9 mag	Eintritt	2:28 69°	2:21 78°	2:26 73°	2:25 71°	2:31 64°	2:29 66°	2:27 68°	2:26 71°	2:21 79°	2:24 75°	2:23 75°	2:21 83°
25.9.	SAO 98198 7,9 mag	Austritt	3:17 304°	3:12 293°	3:16 299°	3:14 301°	3:17 309°	3:16 306°	3:14 305°	3:16 301°	3:13 293°	3:14 297°	3:13 297°	3:15 289°

Datum	Stern	Vorgang	Berlin	Bern	Dresden	Frankfurt	Hamburg	Hannover	Köln	Leipzig	München	Nürnberg	Stuttgart	Wien
26.9	SAO 98874 7,6 mag	Eintritt	4:34 151°	4:40 181°	4:35 158°	4:33 159°	4:32 145°	4:32 149°	4:32 153°	4:34 156°	4:39 176°	4:36 165°	4:35 167°	4:46 185°
26.9	SAO 98874 7,6 mag	Austritt	5:14 237°	4:51 204°	5:09 229°	5:06 228°	5:16 243°	5:12 238°	5:08 233°	5:10 232°	4:57 210°	5:03 222°	5:01 219°	4:55 202°
2.10	SAO 155677 6,8 mag	Eintritt	18:05 121°	18:06 127°	18:08 122°	18:03 123°	18:00 120°	18:01 121°	18:00 123°	18:06 122°	18:09 125°	18:07 124°	18:06 125°	18:15 125°
2.10	SAO 155677 6,8 mag	Austritt	19:11 267°	19:13 261°	19:13 265°	19:10 265°	19:07 269°	19:08 268°	19:07 267°	19:12 266°	19:15 262°	19:13 264°	19:12 264°	19:19 260°
3.10	SAO 184906 7,4 mag	Eintritt	17:31 119°	17:27 127°	17:33 120°	17:26 122°	17:25 118°	17:26 120°	17:23 122°	17:30 120°	17:32 124°	17:30 122°	17:28 124°	17:40 123°
3.10	SAO 184906 7,4 mag	Austritt	18:42 262°	18:39 256°	18:44 260°	18:38 260°	18:37 263°	18:38 262°	18:35 261°	18:42 261°	18:44 257°	18:42 259°	18:40 258°	18:50 256°
6.10	SAO 188511 7,5 mag	Eintritt	16:29 117°	16:28 119°	16:28 119°	-	16:27 118°	-	16:27 119°	16:27 119°	-	-	16:30 122°	16:24 93°
6.10	SAO 188511 7,5 mag	Austritt	17:38 236°	-	17:37 235°	17:34 237°	-	-	17:35 235°	-	-	17:38 232°		
6.10	SAO 188612 7,8 mag	Eintritt	20:14 30°	20:05 35°	20:14 30°	20:09 30°	20:12 27°	20:11 27°	20:07 31°	20:13 36°	20:10 33°	20:11 33°	20:08 33°	20:16 41°
6.10	SAO 188612 7,8 mag	Austritt	21:07 307°	21:06 302°	21:10 303°	21:02 308°	20:58 314°	21:00 311°	20:57 312°	21:07 306°	21:12 300°	21:08 303°	21:06 304°	21:20 294°
7.10	SAO 189638 7,5 mag	Eintritt	21:56 32°	21:49 36°	21:56 36°	21:52 31°	21:54 28°	21:53 27°	21:51 33°	21:55 33°	21:53 39°	21:53 36°	21:52 35°	21:57 45°
7.10	SAO 189638 7,5 mag	Austritt	22:53 285°	22:55 285°	22:56 287°	22:51 292°	22:46 299°	22:48 296°	22:46 289°	22:54 282°	22:59 286°	22:56 287°	22:54 276°	23:04 276°
8.10	SAO 164508 7,6 mag	Eintritt	22:54 112°	22:53 110°	22:57 105°	22:50 105°	22:47 99°	22:49 101°	22:46 101°	22:55 108°	22:59 115°	22:56 111°	22:53 109°	23:10 125°
8.10	SAO 164508 7,6 mag	Austritt	23:51 208°	23:47 200°	23:51 203°	23:49 208°	23:50 215°	23:50 212°	23:49 212°	23:51 206°	23:48 196°	23:49 202°	23:49 203°	23:47 187°
9.10	SAO 164949 6,6 mag	Eintritt	-	16:28 90°	-	-	-	-	-	-	-	-	-	16:24 93°
9.10	SAO 164949 6,6 mag	Austritt	17:38 240°	-	17:36 238°	-	17:37 240°	17:35 239°	17:35 238°	17:28 234°	17:30 236°	-	17:33 235°	
9.10	SAO 165032 7,1 mag	Eintritt	22:27 74°	22:19 77°	22:28 77°	22:21 73°	22:22 69°	22:22 70°	22:18 69°	22:26 75°	22:26 80°	22:25 77°	22:22 76°	22:34 86°
9.10	SAO 165032 7,1 mag	Austritt	23:43 233°	23:38 228°	23:44 229°	23:40 233°	23:40 239°	23:40 237°	23:38 237°	23:43 231°	23:42 225°	23:42 229°	23:40 229°	23:46 219°

Datum	Stern	Vorgang	Berlin	Bern	Dresden	Frankfurt	Hamburg	Hannover	Köln	Leipzig	München	Nürnberg	Stuttgart	Wien
12.10.	SAO 147017 6.8 mag	Eintritt	2:23 73°	2:23 85°	2:24 78°	2:21 77°	2:19 68°	2:20 71°	2:19 72°	2:23 76°	2:26 86°	2:24 81°	2:23 81°	2:30 90°
12.10.	SAO 147017 6.8 mag	Austritt	3:28 232°	3:27 218°	3:29 227°	3:28 227°	3:27 238°	3:27 234°	3:27 231°	3:29 229°	3:29 219°	3:29 224°	3:28 223°	3:30 216°
13.10.	SAO 109783 6.9 mag	Eintritt	18:31 31°	18:19 37°	18:28 33°	18:26 33°	18:34 29°	18:31 31°	18:28 32°	18:29 32°	18:22 36°	18:25 34°	18:23 35°	18:22 37°
13.10.	SAO 109783 6.9 mag	Austritt	19:24 279°	19:12 275°	19:22 277°	19:18 278°	19:24 281°	19:22 280°	19:18 280°	19:22 278°	19:16 274°	19:18 276°	19:16 276°	19:19 272°
14.10.	SAO 109883 7,0 mag	Eintritt	0:02 73°	23:49 77°	0:02 77°	23:53 72°	23:58 67°	23:57 69°	23:51 69°	0:00 75°	23:57 80°	23:57 77°	23:53 76°	0:06 87°
14.10.	SAO 109883 7,0 mag	Austritt	1:19 225°	1:07 218°	1:18 221°	1:12 224°	1:16 231°	1:15 229°	1:11 228°	1:17 223°	1:13 215°	1:14 220°	1:11 220°	1:18 209°
14.10.	SAO 109952 7,0 mag	Eintritt	4:42 114°	-	4:47 121°	4:46 125°	4:37 108°	4:39 113°	4:42 119°	4:45 119°	5:01 146°	4:51 131°	4:53 135°	5:04 148°
14.10.	SAO 109952 7,7 mag	Austritt	5:25 200°	-	5:24 192°	5:21 187°	5:25 205°	5:24 199°	5:22 193°	5:24 194°	5:13 168°	5:19 182°	5:17 177°	5:14 167°
14.10.	SAO 110334 7,9 mag	Eintritt	20:23 118°	20:12 123°	20:22 121°	20:16 117°	20:21 113°	20:20 115°	20:16 115°	20:21 119°	20:17 125°	20:17 121°	20:15 120°	20:23 133°
14.10.	SAO 110334 7,9 mag	Austritt	21:01 188°	20:45 185°	20:57 185°	20:55 190°	21:04 194°	21:01 192°	20:57 193°	20:58 187°	20:48 182°	20:52 185°	20:51 187°	20:46 172°
14.10.	SAO 110332 6.9 mag	Eintritt	20:31 34°	20:17 37°	20:28 36°	20:24 33°	20:32 30°	20:30 32°	20:26 31°	20:28 35°	20:20 38°	20:23 36°	20:21 35°	20:22 42°
14.10.	SAO 110332 6.9 mag	Austritt	21:31 271°	21:16 269°	21:29 269°	21:22 273°	21:29 276°	21:27 275°	21:22 275°	21:28 271°	21:22 267°	21:24 269°	21:21 270°	21:27 262°
16.10.	SAO 93301 7,1 mag	Eintritt	6:44 106°	6:59 134°	-	6:49 117°	6:41 103°	6:43 108°	6:46 114°	6:47 111°	-	-	6:53 123°	-
16.10.	SAO 93301 7,1 mag	Austritt	7:36 223°	7:31 194°	-	7:35 211°	7:35 225°	7:35 220°	7:34 213°	7:36 218°	-	-	7:34 206°	-
17.10.	SAO 93662 6.9 mag	Eintritt	4:28 33°	4:15 51°	4:27 39°	4:20 40°	4:26 27°	4:24 32°	4:18 36°	4:26 37°	4:21 49°	4:22 44°	4:19 45°	4:28 50°
17.10.	SAO 93662 6.9 mag	Austritt	5:25 295°	5:29 274°	5:29 289°	5:25 285°	5:18 299°	5:21 294°	5:21 289°	5:27 290°	5:32 278°	5:29 283°	5:28 280°	5:37 279°
17.10.	SAO 94036 7,2 mag	Eintritt	22:34 125°	22:25 130°	22:33 129°	22:28 123°	22:32 118°	22:30 120°	22:27 119°	22:32 126°	22:30 134°	22:30 129°	22:27 128°	22:40 149°
17.10.	SAO 94036 7,2 mag	Austritt	23:12 197°	22:56 191°	23:07 192°	23:06 198°	23:16 205°	23:12 203°	23:09 203°	23:09 196°	22:58 187°	23:03 192°	23:02 194°	22:53 172°

Datum	Stern	Vorgang	Berlin	Bern	Dresden	Frankfurt	Hamburg	Hannover	Köln	Leipzig	München	Nürnberg	Stuttgart	Wien
18.10	SAO 77157 6.8 mag	Eintritt	19:50 99°	-	-	-	19:53 96°	-	-	20:37 237°	-	-	-	20:30 229°
18.10	SAO 77157 6.8 mag	Austritt	20:38 238°	20:36 235°	-	20:41 241°	-	-	-	-	-	-	-	-
19.10	ZetTau 3.0 mag	Eintritt	1:46 138°	-	1:50 148°	1:39 142°	1:38 128°	1:39 132°	1:34 134°	1:46 142°	-	1:49 154°	1:45 154°	-
19.10	ZetTau 3.0 mag	Austritt	2:22 197°	2:15 186°	2:10 191°	2:25 202°	2:20 202°	2:14 199°	2:17 192°	-	2:05 179°	2:01 179°	-	-
20.10	SAO 78467 7.4 mag	Eintritt	0:13 106°	0:04 113°	0:12 110°	0:08 106°	0:13 111°	0:11 103°	0:08 107°	0:11 114°	0:07 -	0:08 111°	0:07 110°	0:11 120°
20.10	SAO 78467 7.4 mag	Austritt	1:12 238°	0:57 230°	1:09 234°	1:05 237°	1:13 244°	1:10 241°	1:06 241°	1:09 236°	1:01 228°	1:04 232°	1:02 233°	1:03 223°
20.10	SAO 79401 6.9 mag	Eintritt	23:08 64°	23:02 70°	23:06 67°	23:06 65°	23:12 59°	23:10 61°	23:08 61°	23:07 66°	23:02 71°	23:04 68°	23:04 68°	23:00 76°
20.10	SAO 79401 6.9 mag	Austritt	24:00 291°	23:53 285°	23:58 288°	23:56 290°	24:00 297°	23:59 294°	23:57 294°	23:58 290°	23:54 283°	23:56 287°	23:55 287°	23:55 279°
21.10	SAO 79615 7.7 mag	Eintritt	5:51 86°	5:37 71°	5:50 75°	5:41 62°	5:47 67°	5:45 70°	5:39 72°	5:48 81°	5:45 77°	5:44 80°	5:41 80°	5:53 -
21.10	SAO 79615 7.7 mag	Austritt	6:55 310°	6:55 288°	6:58 306°	6:53 299°	6:49 312°	6:51 308°	6:50 301°	6:56 306°	7:00 295°	6:58 299°	6:56 298°	7:07 298°
22.10	EtaCnc 5.5 mag	Eintritt	1:39 87°	1:30 97°	1:37 92°	1:34 90°	1:40 82°	1:38 85°	1:35 87°	1:37 98°	1:32 98°	1:34 94°	1:32 94°	1:34 101°
22.10	EtaCnc 5.5 mag	Austritt	2:40 283°	2:30 271°	2:39 279°	2:35 279°	2:39 288°	2:38 285°	2:35 283°	2:34 280°	2:35 272°	2:35 276°	2:33 275°	2:37 269°
22.10	SAO 80278 7.9 mag	Eintritt	3:18 91°	3:07 105°	3:17 95°	3:11 96°	3:17 86°	3:15 90°	3:11 92°	3:16 94°	3:12 103°	3:13 99°	3:10 100°	3:17 105°
22.10	SAO 80278 7.9 mag	Austritt	4:27 285°	4:15 269°	4:27 281°	4:20 279°	4:24 289°	4:23 286°	4:19 282°	4:25 282°	4:22 272°	4:22 276°	4:19 274°	4:28 271°
22.10	39Cnc 6.5 mag	Eintritt	5:27 133°	5:29 138°	5:29 138°	5:23 143°	5:22 134°	5:22 140°	5:20 140°	5:27 138°	5:31 152°	5:28 146°	5:27 149°	5:38 150°
22.10	39Cnc 6.5 mag	Austritt	6:31 252°	6:10 224°	6:30 247°	6:20 241°	6:27 254°	6:25 250°	6:19 243°	6:28 247°	6:21 233°	6:23 239°	6:18 235°	6:31 237°
22.10	40Cnc 6.5 mag	Eintritt	5:33 141°	5:44 160°	5:36 147°	5:32 138°	5:28 130°	5:29 138°	5:28 140°	5:34 149°	5:42 164°	5:37 156°	5:36 161°	5:48 161°
22.10	40Cnc 6.5 mag	Austritt	6:32 244°	6:03 206°	6:31 239°	6:19 231°	6:28 247°	6:26 242°	6:18 234°	6:29 239°	6:19 221°	6:22 229°	6:16 224°	6:30 227°

Datum	Stern	Vorgang	Berlin	Bern	Dresden	Frankfurt	Hamburg	Hannover	Köln	Leipzig	München	Nürnberg	Stuttgart	Wien
22.10.	SAO 80361 7,0 mag	Eintritt	6:29 144°	6:49 190°	6:33 150°	6:30 158°	6:23 142°	6:25 147°	6:25 155°	6:31 149°	6:40 167°	6:35 160°	6:35 166°	-
22.10.	SAO 80361 7,0 mag	Austritt	7:27 246°	6:55 199°	7:27 240°	7:15 230°	7:22 247°	7:21 242°	7:13 233°	7:24 240°	7:16 223°	7:19 230°	7:13 223°	-
23.10.	SAO 98600 7,5 mag	Eintritt	1:00 65°	0:52 75°	0:57 69°	0:57 68°	1:03 58°	1:01 62°	0:59 64°	0:58 67°	0:52 76°	0:55 72°	0:54 72°	0:51 80°
23.10.	SAO 98600 7,5 mag	Austritt	1:45 315°	1:41 303°	1:44 310°	1:42 311°	1:44 321°	1:43 317°	1:42 315°	1:44 312°	1:42 303°	1:43 307°	1:42 307°	1:43 299°
23.10.	SAO 98681 7,9 mag	Eintritt	5:06 156°	-	5:10 164°	5:07 171°	5:01 151°	5:03 157°	5:03 165°	5:07 163°	-	5:13 177°	5:16 186°	5:28 192°
23.10.	SAO 98681 7,9 mag	Austritt	5:52 237°	-	5:48 229°	5:36 220°	5:50 241°	5:46 235°	5:38 226°	5:47 230°	-	5:36 215°	5:27 205°	5:35 202°
24.10.	SAO 99149 7,6 mag	Eintritt	1:41 105°	-	1:39 109°	1:39 108°	1:42 100°	1:41 103°	-	1:40 107°	1:37 116°	1:38 112°	-	1:37 119°
24.10.	SAO 99149 7,6 mag	Austritt	2:34 285°	2:28 272°	2:33 281°	2:32 281°	2:35 290°	2:34 287°	2:33 284°	2:33 282°	2:29 273°	2:31 277°	2:30 276°	2:29 271°
24.10.	SAO 99174 7,9 mag	Eintritt	3:18 132°	3:16 150°	3:17 137°	3:16 139°	3:17 128°	3:16 131°	3:15 135°	3:17 136°	3:17 148°	3:16 142°	3:16 144°	3:19 150°
24.10.	SAO 99174 7,9 mag	Austritt	4:12 262°	3:57 242°	4:09 257°	4:05 254°	4:12 266°	4:10 262°	4:06 258°	4:09 258°	4:02 246°	4:05 251°	4:02 249°	4:04 245°
24.10.	SAO 99210 7,8 mag	Eintritt	5:31 62°	5:14 85°	5:27 68°	5:21 73°	5:30 57°	5:27 63°	5:21 70°	5:27 67°	5:19 80°	5:21 75°	5:18 78°	5:25 79°
24.10.	SAO 99210 7,8 mag	Austritt	6:14 341°	6:15 315°	6:17 334°	6:14 328°	6:10 344°	6:12 338°	6:11 331°	6:15 335°	6:18 322°	6:17 326°	6:15 323°	6:23 325°
25.10.	SAO 118892 6,7 mag	Eintritt	4:04 171°	-	4:08 183°	4:11 193°	4:02 164°	4:03 171°	4:06 180°	4:07 180°	-	-	-	-
25.10.	SAO 118892 6,7 mag	Austritt	4:33 231°	-	4:26 219°	4:18 207°	4:35 237°	4:31 230°	4:25 220°	4:27 222°	-	-	-	-
26.10.	SAO 119392 7,3 mag	Eintritt	4:11 125°	-	4:11 130°	-	-	-	-	4:11 129°	-	-	-	4:10 141°
26.10.	SAO 119392 7,3 mag	Austritt	5:05 281°	-	5:03 276°	5:01 272°	5:05 284°	5:04 280°	-	5:03 276°	4:58 265°	5:00 270°	4:59 267°	4:59 266°
26.10.	SAO 119447 7,8 mag	Eintritt	6:51 151°	6:58 185°	6:52 156°	6:51 164°	6:49 149°	6:49 154°	6:49 162°	6:51 156°	6:55 172°	6:53 166°	6:53 171°	-
26.10.	SAO 119447 7,8 mag	Austritt	7:44 264°	7:22 229°	7:42 259°	7:34 250°	7:42 265°	7:39 260°	7:34 252°	7:41 259°	7:33 243°	7:35 249°	7:31 244°	-

Datum	Stern	Vorgang	Berlin	Bern	Dresden	Frankfurt	Hamburg	Hannover	Köln	Leipzig	München	Nürnberg	Stuttgart	Wien
27.10	SAO 139322 / 7.1 mag	Eintritt	5:57 / 161°	–	5:59 / 169°	6:01 / 177°	5:56 / 168°	5:57 / 164°	–	5:58 / 168°	6:08 / 195°	6:02 / 181°	6:05 / 189°	6:05 / 186°
27.10	SAO 139322 / 7.1 mag	Austritt	6:36 / 250°	–	6:33 / 243°	6:26 / 233°	6:37 / 252°	6:34 / 246°	–	6:33 / 243°	6:18 / 216°	6:25 / 230°	6:20 / 221°	6:24 / 226°
31.10	SAO 185512 / 7.2 mag	Eintritt	17:42 / 154°	17:46 / 163°	17:46 / 157°	17:40 / 155°	17:35 / 149°	17:37 / 151°	17:35 / 152°	17:43 / 155°	17:51 / 164°	17:46 / 159°	17:44 / 159°	18:03 / 174°
31.10	SAO 185512 / 7.2 mag	Austritt	18:17 / 214°	18:13 / 205°	18:18 / 210°	18:16 / 213°	18:16 / 219°	18:16 / 217°	18:15 / 217°	18:17 / 212°	18:15 / 203°	18:16 / 209°	18:15 / 209°	18:13 / 191°
1.11	SAO 185959 / 6.8 mag	Eintritt	18:45 / 159°	–	18:54 / 170°	18:42 / 159°	18:35 / 150°	18:37 / 153°	18:35 / 153°	18:47 / 162°	–	18:55 / 173°	18:50 / 168°	–
1.11	SAO 185959 / 6.8 mag	Austritt	19:06 / 193°	–	19:01 / 182°	19:05 / 194°	19:07 / 204°	19:07 / 201°	19:06 / 201°	19:05 / 190°	–	18:59 / 179°	19:00 / 184°	–
2.11	Chi3Sgr / 5.6 mag	Eintritt	16:25 / 143°	–	16:27 / 146°	16:19 / 147°	16:19 / 142°	16:19 / 143°	16:16 / 146°	16:24 / 145°	16:26 / 152°	16:24 / 149°	16:21 / 150°	16:36 / 153°
2.11	Chi3Sgr / 5.6 mag	Austritt	17:08 / 207°	–	17:07 / 204°	16:59 / 205°	17:04 / 210°	17:03 / 209°	16:57 / 206°	17:05 / 202°	17:00 / 199°	17:01 / 202°	16:57 / 195°	17:06 / 195°
4.11	SAO 190065 / 6.9 mag	Eintritt	15:11 / 62°	15:08 / 63°	15:08 / 63°	–	–	–	–	–	–	–	–	15:07 / 66°
4.11	SAO 190065 / 6.9 mag	Austritt	16:25 / 274°	16:24 / 273°	16:24 / 273°	–	–	–	–	–	–	–	–	16:26 / 269°
4.11	SAO 190146 / 7.9 mag	Eintritt	18:09 / 101°	17:57 / 104°	18:10 / 103°	18:00 / 98°	18:03 / 99°	18:03 / 99°	17:57 / 99°	18:07 / 102°	18:06 / 105°	18:05 / 103°	18:01 / 103°	18:16 / 110°
4.11	SAO 190146 / 7.9 mag	Austritt	19:20 / 218°	19:10 / 218°	19:20 / 218°	19:14 / 222°	19:17 / 225°	19:16 / 224°	19:12 / 220°	19:18 / 216°	19:16 / 221°	19:16 / 218°	19:13 / 219°	19:21 / 210°
4.11	SAO 190162 / 7.6 mag	Eintritt	18:54 / 218°	18:45 / 218°	18:57 / 218°	18:46 / 222°	18:47 / 225°	18:47 / 224°	18:42 / 220°	18:53 / 216°	18:55 / 218°	18:52 / 218°	18:48 / 219°	19:08 / 210°
4.11	SAO 190162 / 7.6 mag	Austritt	19:48 / 119°	19:38 / 122°	19:47 / 122°	19:43 / 117°	19:46 / 113°	19:45 / 115°	19:42 / 114°	19:46 / 119°	19:42 / 125°	19:44 / 121°	19:42 / 120°	19:42 / 134°
5.11	SAO 164829 / 7.4 mag	Eintritt	17:51 / 90°	17:36 / 93°	17:51 / 92°	17:41 / 90°	17:47 / 89°	17:45 / 89°	17:40 / 89°	17:49 / 91°	17:45 / 94°	17:45 / 92°	17:41 / 92°	17:54 / 97°
5.11	SAO 164829 / 7.4 mag	Austritt	19:07 / 225°	18:54 / 223°	19:06 / 226°	18:59 / 226°	19:04 / 229°	19:02 / 228°	18:57 / 229°	19:05 / 224°	19:01 / 221°	19:02 / 223°	18:58 / 224°	19:07 / 215°
5.11	29Aqr / 7.2 mag	Eintritt	17:51 / 90°	17:36 / 93°	17:51 / 92°	17:42 / 90°	17:47 / 88°	17:45 / 89°	17:40 / 89°	17:49 / 91°	17:45 / 94°	17:45 / 92°	17:41 / 97°	17:54 / 97°
5.11	29Aqr / 7.2 mag	Austritt	19:07 / 225°	18:54 / 223°	19:07 / 223°	18:59 / 226°	19:04 / 229°	19:03 / 229°	18:58 / 229°	19:05 / 224°	19:01 / 221°	19:02 / 223°	18:58 / 224°	19:07 / 215°

Datum	Stern	Vorgang	Berlin	Bern	Dresden	Frankfurt	Hamburg	Hannover	Köln	Leipzig	München	Nürnberg	Stuttgart	Wien
7.11.	SAO 146799 7,3 mag	Eintritt	18:58 76°	18:42 78°	18:56 78°	18:48 75°	18:54 73°	18:52 74°	18:47 73°	18:55 77°	18:50 80°	18:50 78°	18:47 77°	18:58 85°
7.11.	SAO 146799 7,3 mag	Austritt	20:16 225°	20:01 224°	20:14 223°	20:07 227°	20:13 230°	20:11 229°	20:06 230°	20:13 225°	20:08 221°	20:09 224°	20:06 225°	20:14 215°
7.11.	SAO 146815 6,8 mag	Eintritt	20:45 120°	20:34 124°	20:49 127°	20:34 117°	20:35 111°	20:35 113°	20:29 111°	20:44 122°	20:48 134°	20:43 125°	20:37 122°	-
7.11.	SAO 146815 6,8 mag	Austritt	21:24 178°	21:09 173°	21:19 171°	21:18 181°	21:26 189°	21:23 186°	21:20 187°	21:21 176°	21:09 163°	21:16 172°	21:14 175°	-
7.11.	SAO 146842 7,1 mag	Eintritt	22:53 43°	22:45 50°	22:53 47°	22:48 43°	22:50 36°	22:50 39°	22:46 39°	22:51 45°	22:50 52°	22:50 48°	22:48 47°	22:55 58°
8.11.	SAO 146842 7,1 mag	Austritt	0:03 258°	0:02 248°	0:04 254°	0:01 256°	23:58 264°	23:59 261°	23:58 260°	0:03 256°	0:05 247°	0:04 251°	0:02 252°	0:09 243°
8.11.	SAO 128739 7,6 mag	Eintritt	22:01 32°	21:48 36°	22:00 36°	21:54 31°	22:00 25°	21:58 27°	21:53 26°	21:59 33°	21:54 39°	21:55 36°	21:52 34°	22:00 46°
8.11.	SAO 128739 7,6 mag	Austritt	23:11 265°	23:05 258°	23:13 261°	23:06 265°	23:05 272°	23:06 270°	23:02 269°	23:11 263°	23:12 256°	23:10 260°	23:07 260°	23:18 250°
9.11.	SAO 128787 7,0 mag	Eintritt	1:46 67°	1:48 82°	1:48 72°	1:46 72°	1:44 62°	1:44 65°	1:44 68°	1:47 70°	1:50 80°	1:48 76°	1:48 77°	1:53 83°
9.11.	SAO 128787 7,0 mag	Austritt	2:50 241°	2:52 225°	2:51 237°	2:51 235°	2:49 246°	2:50 242°	2:50 238°	2:51 238°	2:52 227°	2:52 232°	2:52 230°	2:53 226°
10.11.	SAO 109783 6,9 mag	Eintritt	3:41 125°	-	-	3:54 147°	3:37 119°	3:41 126°	3:47 136°	3:46 134°	-	-	-	-
10.11.	SAO 109783 6,9 mag	Austritt	4:13 189°	-	-	4:04 167°	4:14 195°	4:13 188°	4:09 177°	4:10 181°	-	-	-	-
11.11.	SAO 110268 7,8 mag	Eintritt	2:41 11°	2:31 33°	2:39 19°	2:35 21°	2:42 3°	2:39 10°	2:35 16°	2:39 17°	2:35 31°	2:36 25°	2:34 27°	2:38 32°
11.11.	SAO 110268 7,8 mag	Austritt	3:20 302°	3:31 278°	3:25 294°	3:24 291°	3:13 309°	3:18 302°	3:21 295°	3:23 296°	3:31 282°	3:27 288°	3:28 285°	3:33 282°
11.11.	SAO 93059 6,7 mag	Eintritt	22:30 67°	22:15 71°	22:29 70°	22:21 66°	22:27 61°	22:25 63°	22:20 63°	22:27 68°	22:22 74°	22:23 71°	22:20 70°	22:30 80°
11.11.	SAO 93059 6,7 mag	Austritt	23:48 237°	23:33 229°	23:47 233°	23:39 236°	23:44 243°	23:43 240°	23:38 240°	23:46 235°	23:41 227°	23:42 231°	23:38 232°	23:47 222°
11.11.	SAO 93067 6,3 mag	Eintritt	23:03 40°	22:46 46°	23:01 44°	22:54 40°	23:01 34°	22:59 36°	22:54 36°	23:00 42°	22:53 48°	22:55 45°	22:52 44°	23:00 54°
12.11.	SAO 93067 6,3 mag	Austritt	0:16 264°	0:05 255°	0:16 260°	0:08 263°	0:10 271°	0:10 268°	0:05 267°	0:14 262°	0:12 254°	0:12 258°	0:09 258°	0:20 249°

Datum	Stern	Vorgang	Berlin	Bern	Dresden	Frankfurt	Hamburg	Hannover	Köln	Leipzig	München	Nürnberg	Stuttgart	Wien
12.11.	SAO 93427 7,9 mag	Eintritt	19:07 60°	18:57 63°	19:04 62°	19:02 60°	19:09 57°	19:07 58°	19:04 57°	19:05 61°	18:59 64°	19:01 62°	19:00 61°	19:00 68°
12.11.	SAO 93427 7,9 mag	Austritt	20:10 252°	19:57 250°	20:07 250°	20:03 254°	20:10 257°	20:08 256°	20:04 256°	20:07 252°	20:01 248°	20:03 251°	20:01 251°	20:03 244°
13.11.	SAO 93524 6,5 mag	Eintritt	2:53 54°	2:45 71°	2:53 59°	2:47 61°	2:49 50°	2:49 54°	2:45 58°	2:52 58°	2:51 68°	2:50 64°	2:48 66°	2:57 69°
13.11.	SAO 93524 6,5 mag	Austritt	4:01 271°	4:02 252°	4:03 266°	4:00 263°	3:56 274°	3:58 270°	3:57 266°	4:02 267°	4:05 257°	4:03 261°	4:02 259°	4:09 258°
13.11.	SAO 93810 6,3 mag	Eintritt	17:18 76°	-	17:16 78°	-	17:21 74°	-	-	-	-	-	-	-
13.11.	SAO 93810 6,3 mag	Austritt	18:10 249°	-	18:08 247°	-	18:13 251°	18:11 250°	-	18:08 248°	-	-	-	18:02 242°
14.11.	106 Tau 5,3 mag	Eintritt	18:22 11°	-	18:18 15°	-	18:28 3°	18:25 7°	18:20 13°	18:20 13°	-	-	-	18:10 24°
14.11.	106 Tau 5,3 mag	Austritt	18:44 321°	-	18:43 317°	-	18:43 330°	18:43 326°	18:43 320°	18:43 320°	-	-	-	18:42 307°
14.11.	SAO 77012 7,8 mag	Eintritt	19:31 23°	19:22 27°	19:27 26°	19:28 22°	19:36 16°	19:33 18°	19:32 19°	19:29 24°	19:22 29°	19:25 25°	19:25 25°	19:20 34°
14.11.	SAO 77012 7,8 mag	Austritt	20:05 307°	19:58 303°	20:04 304°	20:01 308°	20:04 314°	20:03 312°	20:01 313°	20:04 306°	20:01 300°	20:01 304°	20:00 304°	20:03 294°
15.11.	SAO 78045 6,0 mag	Eintritt	20:18 56°	20:11 60°	20:16 59°	20:16 56°	20:22 52°	20:20 53°	20:18 53°	20:17 57°	20:11 62°	20:14 59°	20:13 59°	20:10 66°
15.11.	SAO 78045 6,0 mag	Austritt	21:10 284°	21:02 279°	21:08 281°	21:06 284°	21:10 289°	21:09 287°	21:06 287°	21:08 283°	21:04 278°	21:05 281°	21:04 281°	21:05 273°
15.11.	EtaGem 3,7 mag	Eintritt	22:50 31°	22:35 40°	22:46 36°	22:43 32°	22:54 22°	22:50 26°	22:46 27°	22:47 33°	22:38 42°	22:41 37°	22:39 37°	22:39 48°
15.11.	EtaGem 3,7 mag	Austritt	23:34 309°	23:25 298°	23:34 304°	23:27 307°	23:29 318°	23:29 314°	23:25 313°	23:32 306°	23:30 297°	23:30 302°	23:28 302°	23:37 291°
16.11.	SAO 78182 7,2 mag	Eintritt	0:08 -	-	-	-	23:58 141°	24:00 147°	23:57 150°	-	-	-	-	-
16.11.	SAO 78182 7,2 mag	Austritt	1:56 -	-	-	-	0:33 201°	0:28 195°	0:21 191°	-	-	-	-	-
16.11.	MuGem 3,2 mag	Eintritt	2:52 187°	2:44 109°	2:53 97°	2:45 99°	2:47 88°	2:47 92°	2:42 96°	2:51 96°	2:51 106°	2:49 101°	2:46 103°	2:59 107°
16.11.	MuGem 3,2 mag	Austritt	4:09 264°	3:59 244°	4:10 259°	4:02 255°	4:04 266°	4:04 262°	4:00 257°	4:08 259°	4:07 249°	4:06 253°	4:03 250°	4:15 250°

186

Datum	Stern	Vorgang	Berlin	Bern	Dresden	Frankfurt	Hamburg	Hannover	Köln	Leipzig	München	Nürnberg	Stuttgart	Wien
16.11.	SAO 78352 7,5 mag	Eintritt	4:22 109°	4:25 132°	4:25 114°	4:20 119°	4:16 107°	4:17 111°	4:16 116°	4:23 114°	4:28 126°	4:24 121°	4:23 124°	4:34 123°
16.11.	SAO 78352 7,5 mag	Austritt	5:32 252°	5:23 229°	5:33 248°	5:27 242°	5:27 254°	5:28 250°	5:24 243°	5:31 248°	5:31 237°	5:30 241°	5:27 237°	5:38 241°
16.11.	SAO 78445 6,8 mag	Eintritt	6:50 83°	6:53 102°	6:52 86°	6:49 93°	6:46 83°	6:47 86°	6:46 92°	6:50 86°	6:54 95°	6:52 92°	6:51 96°	6:57 91°
16.11.	SAO 78445 6,8 mag	Austritt	7:52 285°	7:58 267°	7:54 282°	7:54 276°	7:49 285°	7:51 282°	7:52 276°	7:53 282°	7:58 274°	7:56 276°	7:57 273°	8:00 278°
16.11.	SAO 79126 7,8 mag	Eintritt	21:06 100°	21:01 105°	21:04 103°	21:04 101°	21:08 96°	21:06 97°	21:05 98°	21:05 102°	21:01 107°	21:03 104°	21:02 103°	21:01 111°
16.11.	SAO 79126 7,8 mag	Austritt	22:00 252°	21:51 245°	21:57 248°	21:56 251°	22:02 257°	22:00 255°	21:58 254°	21:58 250°	21:52 244°	21:55 247°	21:54 248°	21:52 239°
17.11.	SAO 79401 6,9 mag	Eintritt	6:23 155°	-	6:29 162°	-	6:18 155°	6:23 162°	6:34 183°	6:28 163°	-	-	-	6:44 177°
17.11.	SAO 79401 6,9 mag	Austritt	7:02 224°	-	7:01 217°	-	6:57 223°	6:55 217°	6:42 196°	6:59 216°	-	-	-	7:00 204°
17.11.	Mu2Cnc 5,4 mag	Eintritt	21:08 30°	-	21:04 36°	-	21:15 18°	21:11 24°	-	21:06 33°	20:59 42°	21:02 37°	-	20:55 47°
17.11.	Mu2Cnc 5,4 mag	Austritt	21:32 334°	-	21:33 328°	-	21:29 346°	21:30 340°	-	21:32 331°	21:32 321°	21:32 326°	-	21:33 315°
18.11.	SAO 80063 7,5 mag	Eintritt	0:40 99°	0:31 111°	0:39 104°	0:34 103°	0:39 94°	0:38 97°	0:34 99°	0:38 102°	0:35 111°	0:35 106°	0:33 107°	0:39 114°
18.11.	SAO 80063 7,5 mag	Austritt	1:48 270°	1:34 256°	1:46 266°	1:40 265°	1:46 275°	1:44 271°	1:40 268°	1:45 267°	1:40 257°	1:41 262°	1:39 261°	1:45 255°
18.11.	SAO 80099 7,9 mag	Eintritt	2:41 174°	-	-	-	2:31 162°	2:36 173°	-	-	-	-	-	-
18.11.	SAO 80099 7,9 mag	Austritt	2:59 202°	-	-	-	3:02 213°	2:54 201°	-	-	-	-	-	-
19.11.	SAO 98468 7,9 mag	Eintritt	1:32 46°	1:15 65°	1:28 53°	1:23 54°	1:35 37°	1:31 44°	1:25 49°	1:28 51°	1:19 64°	1:22 58°	1:20 60°	1:21 66°
19.11.	SAO 98468 6,9 mag	Austritt	2:10 336°	2:08 314°	2:12 329°	2:08 327°	2:04 344°	2:06 337°	2:05 332°	2:11 331°	2:12 317°	2:11 323°	2:09 321°	2:18 316°
19.11.	SAO 98534 7,7 mag	Eintritt	4:50 119°	4:47 142°	4:51 124°	4:45 129°	4:45 118°	4:45 121°	4:42 127°	4:49 124°	4:51 135°	4:49 131°	4:47 134°	4:58 131°
19.11.	SAO 98534 7,7 mag	Austritt	6:03 278°	5:52 255°	6:04 274°	5:56 267°	5:58 278°	5:58 275°	5:53 268°	6:02 274°	6:01 263°	6:00 267°	5:57 263°	6:09 268°

Datum	Stern	Vorgang	Berlin	Bern	Dresden	Frankfurt	Hamburg	Hannover	Köln	Leipzig	München	Nürnberg	Stuttgart	Wien
19.11.	SAO 98652 7,1 mag	Eintritt	5:44 90°	5:36 111°	5:44 94°	5:37 101°	5:39 89°	5:38 93°	5:34 99°	5:42 94°	5:42 105°	5:41 101°	5:38 104°	5:50 100°
19.11.	SAO 98552 7,1 mag	Austritt	6:53 310°	6:53 289°	6:56 307°	6:51 299°	6:48 310°	6:49 306°	6:48 300°	6:54 306°	6:58 297°	6:55 300°	6:54 296°	7:03 302°
19.11.	SAO 98960 7,2 mag	Eintritt	23:03 97°	-	23:02 101°	-	23:06 92°	-	-	23:55 110°	23:51 -	23:53 -	-	22:58 110°
19.11.	SAO 98960 7,2 mag	Austritt	23:56 288°	-	23:54 284°	-	23:57 293°	23:56 290°	-	23:55 286°	23:51 277°	23:53 281°	-	23:51 274°
21.11.	SAO 99455 7,3 mag	Eintritt	0:59 104°	0:55 118°	0:57 108°	0:57 109°	1:00 99°	0:59 103°	0:58 105°	0:58 107°	0:55 116°	0:56 112°	0:56 113°	0:55 118°
21.11.	SAO 99455 7,3 mag	Austritt	1:55 293°	1:48 277°	1:54 288°	1:52 287°	1:55 297°	1:54 294°	1:52 290°	1:54 290°	1:50 280°	1:52 284°	1:51 283°	1:51 279°
25.11.	SAO 158900 7,9 mag	Eintritt	7:28 134°	7:28 137°	7:28 137°	7:26 134°	7:27 138°	7:27 138°	7:26 145°	7:28 145°	7:28 149°	7:27 145°	7:27 150°	-
25.11.	SAO 158900 7,9 mag	Austritt	8:30 256°	8:16 277°	8:30 268°	8:23 268°	8:28 279°	8:26 275°	8:22 268°	8:28 266°	8:24 266°	8:25 269°	8:21 265°	-
28.11.	Jupiter -1,8 mag	Eintritt	10:37 75°	10:23 92°	10:35 78°	10:28 77°	10:35 79°	10:33 79°	10:28 78°	10:34 78°	10:28 85°	10:30 83°	10:27 87°	10:34 80°
28.11.	Jupiter -1,8 mag	Austritt	11:41 309°	11:33 295°	11:41 307°	11:36 301°	11:39 308°	11:38 306°	11:35 301°	11:40 307°	11:38 301°	11:38 303°	11:36 300°	11:43 305°
30.11.	SAO 188737 7,6 mag	Eintritt	15:35 7°	15:33 12°	15:33 -	-	-	-	-	15:32 9°	-	-	-	15:31 21°
30.11.	SAO 188737 7,6 mag	Austritt	15:58 334°	16:02 329°	16:02 -	-	15:24 63°	15:22 63°	15:17 64°	15:58 332°	15:21 68°	15:22 67°	15:18 70°	16:15 317°
1.12	SAO 188763 7,1 mag	Eintritt	15:28 64°	15:13 69°	15:27 66°	15:18 65°	15:24 63°	15:22 63°	15:17 64°	15:25 65°	15:21 68°	15:22 67°	15:18 70°	15:29 70°
1.12	SAO 189763 7,1 mag	Austritt	16:48 265°	16:38 262°	16:49 263°	16:40 265°	16:42 268°	16:42 267°	16:37 264°	16:46 264°	16:45 261°	16:44 263°	16:41 263°	16:54 257°
1.12.	SAO 189794 7,2 mag	Eintritt	16:24 66°	16:12 69°	16:24 68°	16:16 66°	16:19 63°	16:18 64°	16:13 64°	16:22 67°	16:20 68°	16:19 68°	16:16 68°	16:28 73°
1.12.	SAO 189794 7,2 mag	Austritt	17:43 259°	17:36 257°	17:45 257°	17:38 260°	17:38 264°	17:38 262°	17:35 263°	17:43 258°	17:43 254°	17:42 257°	17:39 258°	17:50 249°
2.12	SAO 164637 7,5 mag	Eintritt	18:59 37°	18:52 41°	18:59 41°	18:54 36°	18:57 31°	18:56 33°	18:53 32°	18:58 38°	18:56 44°	18:56 41°	18:54 39°	19:01 50°
2.12	SAO 164637 7,5 mag	Austritt	20:04 275°	20:04 269°	20:07 271°	20:02 275°	19:59 281°	20:00 279°	19:58 279°	20:05 273°	20:08 266°	20:06 270°	20:04 271°	20:13 260°

Datum	Stern	Vorgang	Berlin	Bern	Dresden	Frankfurt	Hamburg	Hannover	Köln	Leipzig	München	Nürnberg	Stuttgart	Wien
3.12.	SAO 165211 7,8 mag	Eintritt	21:38 95°	21:42 106°	21:41 100°	21:38 97°	21:33 88°	21:35 91°	21:34 92°	21:39 97°	21:45 108°	21:42 102°	21:41 102°	21:51 115°
3.12.	SAO 165211 7,8 mag	Austritt	22:35 214°	22:33 200°	22:35 208°	22:35 210°	22:35 220°	22:35 217°	22:35 215°	22:35 210°	22:34 199°	22:35 205°	22:34 205°	22:32 193°
5.12.	30Psc 4,7 mag	Eintritt	17:21 353°	17:03 356°	17:17 358°	17:14 349°	17:30 337°	17:23 343°	17:21 338°	17:18 354°	17:07 1°	17:12 356°	17:09 354°	17:09 8°
5.12.	30Psc 4,7 mag	Austritt	17:52 308°	17:37 305°	17:54 303°	17:39 313°	17:38 325°	17:40 319°	17:30 324°	17:50 307°	17:49 299°	17:47 304°	17:42 307°	18:02 290°
5.12.	33Psc 4,7 mag	Eintritt	19:21 44°	19:07 46°	19:20 47°	19:13 42°	19:19 38°	19:17 40°	19:12 39°	19:19 45°	19:14 50°	19:15 47°	19:12 45°	19:21 56°
5.12.	33Psc 4,7 mag	Austritt	20:39 253°	20:30 248°	20:40 249°	20:32 253°	20:34 259°	20:34 257°	20:29 257°	20:38 251°	20:37 245°	20:36 249°	20:33 250°	20:43 239°
5.12.	SAO 128621 6,0 mag	Eintritt	22:52 104°	23:00 123°	22:56 111°	22:52 108°	22:46 97°	22:48 100°	22:47 103°	22:54 108°	23:03 123°	22:57 115°	22:56 115°	23:11 132°
5.12.	SAO 128621 6,0 mag	Austritt	23:43 200°	23:33 178°	23:42 193°	23:40 194°	23:43 207°	23:42 203°	23:41 199°	23:42 196°	23:36 179°	23:39 188°	23:38 187°	23:34 172°
7.12.	SAO 129029 7,7 mag	Eintritt	0:15 4°	0:04 25°	0:12 12°	0:09 13°	0:18 352°	0:14 1°	0:10 7°	0:12 10°	0:07 24°	0:09 18°	0:07 19°	0:09 27°
7.12.	SAO 129029 7,7 mag	Austritt	0:47 304°	1:00 280°	0:53 296°	0:52 294°	0:39 315°	0:45 306°	0:48 299°	-0:51 298°	0:59 283°	0:56 289°	0:56 287°	1:01 282°
7.12.	SAO 109934 7,0 mag	Eintritt	16:49 131°	16:38 137°	16:49 136°	16:40 129°	16:45 124°	16:43 126°	16:39 125°	16:46 132°	16:46 144°	16:44 136°	16:40 134°	-
7.12.	SAO 109934 7,0 mag	Austritt	17:13 173°	16:55 167°	17:08 167°	17:07 176°	17:17 181°	17:14 179°	17:10 180°	17:10 172°	16:56 160°	17:03 168°	17:02 171°	-
8.12.	SAO 110464 7,1 mag	Eintritt	18:18 51°	18:03 53°	18:16 53°	18:10 50°	18:18 47°	18:16 48°	18:11 47°	18:15 52°	18:08 55°	18:11 53°	18:08 52°	18:12 60°
8.12.	SAO 110464 7,1 mag	Austritt	19:30 251°	19:15 249°	19:29 248°	19:21 252°	19:28 256°	19:26 255°	19:20 255°	19:27 250°	19:21 246°	19:23 248°	19:20 250°	19:28 240°
9.12.	SAO 110565 6,3 mag	Eintritt	1:47 51°	1:46 69°	1:48 56°	1:45 59°	1:44 48°	1:45 51°	1:43 56°	1:47 55°	1:48 66°	1:47 61°	1:46 63°	1:51 66°
9.12.	SAO 110565 6,3 mag	Austritt	2:48 268°	2:53 249°	2:50 264°	2:50 259°	2:45 271°	2:47 267°	2:48 262°	2:50 264°	2:53 254°	2:52 258°	2:52 255°	2:54 255°
9.12.	SAO 93301 7,1 mag	Eintritt	19:46 55°	19:31 57°	19:44 58°	19:38 54°	19:46 49°	19:43 51°	19:38 50°	19:43 56°	19:37 60°	19:39 57°	19:36 56°	19:42 66°
9.12.	SAO 93301 7,1 mag	Austritt	21:00 251°	20:45 247°	20:59 248°	20:51 252°	20:57 257°	20:55 255°	20:50 255°	20:57 250°	20:52 244°	20:53 247°	20:50 248°	20:59 238°

Datum	Stern	Vorgang	Berlin	Bern	Dresden	Frankfurt	Hamburg	Hannover	Köln	Leipzig	München	Nürnberg	Stuttgart	Wien
9.12	SAO 93327	Eintritt	21:14 76°	20:59 81°	21:13 80°	22:29 -	21:04 76°	21:10 70°	21:08 72°	21:03 77°	21:11 72°	21:07 84°	21:07 80°	21:04 79°	21:16 90°
6.12	SAO 93327	Austritt	22:30 232°	22:14 223°	22:29 228°	22:21 230°	22:27 235°	22:25 234°	22:20 230°	22:27 230°	22:22 221°	22:23 226°	22:20 226°	22:28 216°
10.12	SAO 93373	Eintritt	1:37 52°	1:33 70°	1:38 57°	1:33 60°	1:34 48°	1:34 52°	1:31 57°	1:37 56°	1:37 67°	1:36 62°	1:34 64°	1:42 67°
10.12	SAO 93373	Austritt	2:41 272°	2:45 253°	2:44 268°	2:42 263°	2:38 275°	2:39 271°	2:40 266°	2:43 268°	2:46 258°	2:45 262°	2:44 259°	2:49 269°
11.12	SAO 93777	Eintritt	0:38 89°	0:34 106°	0:40 94°	0:33 95°	0:32 88°	0:33 88°	0:29 92°	0:37 93°	0:40 104°	0:37 99°	0:35 101°	0:48 106°
11.12	SAO 93777	Austritt	1:50 238°	1:40 219°	1:50 234°	1:44 230°	1:46 242°	1:45 238°	1:42 234°	1:48 234°	1:46 223°	1:46 228°	1:44 225°	1:52 223°
11.12	SAO 93781	Eintritt	1:12 116°	1:25 149°	1:16 123°	1:11 126°	1:05 111°	1:07 115°	1:06 121°	1:14 121°	1:24 140°	1:18 131°	1:17 134°	1:31 140°
11.12	SAO 93781	Austritt	2:07 214°	2:06 178°	2:06 207°	1:58 202°	2:04 218°	2:03 213°	1:58 209°	2:05 209°	1:56 189°	2:00 198°	1:55 194°	2:02 191°
12.12	106 Tau	Eintritt	3:27 112°	3:39 139°	3:30 117°	3:29 124°	3:22 110°	3:25 114°	3:26 121°	3:29 117°	3:37 130°	3:33 125°	3:33 129°	3:39 126°
12.12	5.3 mag	Austritt	4:25 236°	4:18 209°	4:26 232°	4:22 224°	4:22 237°	4:22 233°	4:20 226°	4:25 231°	4:24 219°	4:24 224°	4:22 219°	4:28 224°
12.12	SAO 77012	Eintritt	4:51 94°	5:00 114°	4:54 97°	4:54 104°	4:49 93°	4:50 96°	4:52 102°	4:53 97°	4:59 107°	4:56 104°	4:57 107°	4:59 103°
12.12	SAO 77012	Austritt	5:50 256°	5:54 238°	5:52 254°	5:52 248°	5:49 258°	5:50 254°	5:51 249°	5:52 254°	5:55 245°	5:53 248°	5:53 245°	5:55 250°
12.12	SAO 77527	Eintritt	17:49 147°	17:50 162°	17:50 154°	17:47 147°	17:48 139°	17:48 142°	17:47 141°	17:49 145°	-	17:49 156°	17:48 154°	-
12.12	SAO 77527	Austritt	18:09 190°	17:56 182°	18:03 182°	18:06 190°	18:15 196°	18:12 196°	18:10 150°	18:06 187°	-	18:01 183°	18:01 183°	-
13.12	SAO 77858	Eintritt	1:24 51°	1:09 70°	1:23 57°	1:14 59°	1:21 47°	1:18 51°	1:12 66°	1:21 66°	1:17 67°	1:17 62°	1:13 64°	1:25 67°
13.12	SAO 77858	Austritt	2:26 300°	2:26 279°	2:29 295°	2:24 290°	2:20 304°	2:22 299°	2:20 293°	2:27 296°	2:31 284°	2:28 289°	2:26 286°	2:37 286°
13.12	SAO 77891	Eintritt	2:07 72°	1:59 91°	2:08 76°	2:00 80°	2:02 69°	2:02 73°	1:57 76°	2:06 76°	2:05 86°	2:04 82°	2:01 84°	2:13 85°
13.12	SAO 77891	Austritt	3:18 283°	3:17 263°	3:20 279°	3:15 274°	3:12 285°	3:14 281°	3:12 276°	3:18 279°	3:21 269°	3:19 273°	3:17 270°	3:27 272°

190

Datum	Stern	Vorgang	Berlin	Bern	Dresden	Frankfurt	Hamburg	Hannover	Köln	Leipzig	München	Nürnberg	Stuttgart	Wien
13.12.	SAO 78045 6,0 mag	Eintritt	5:19 110°	5:29 132°	5:22 113°	5:22 121°	5:15 110°	5:18 113°	5:19 120°	5:21 114°	5:27 124°	5:24 120°	5:25 124°	5:28 119°
13.12.	SAO 78045 6,0 mag	Austritt	6:16 253°	6:17 233°	6:18 250°	6:16 243°	6:13 253°	6:15 250°	6:15 244°	6:17 250°	6:19 241°	6:18 244°	6:18 240°	6:21 246°
13.12.	SAO 78912 7,5 mag	Eintritt	23:20 55°	23:03 67°	23:17 60°	23:10 59°	23:19 48°	23:16 52°	23:11 55°	23:16 58°	23:09 67°	23:11 63°	23:08 63°	23:14 71°
14.12.	SAO 78912 7,5 mag	Austritt	0:21 300°	0:13 284°	0:22 295°	0:15 294°	0:15 305°	0:16 301°	0:12 298°	0:20 296°	0:19 285°	0:19 290°	0:16 289°	0:27 284°
14.12.	44Gem 5,9 mag	Eintritt	3:17 109°	3:19 132°	3:19 114°	3:14 120°	3:11 108°	3:12 112°	3:11 117°	3:17 114°	3:22 125°	3:19 120°	3:17 124°	3:27 121°
14.12.	44Gem 5,9 mag	Austritt	4:26 262°	4:20 240°	4:28 258°	4:22 252°	4:21 263°	4:22 259°	4:19 253°	4:26 258°	4:27 248°	4:25 251°	4:23 248°	4:33 253°
14.12.	SAO 79070 6,5 mag	Eintritt	4:18 85°	4:18 106°	4:20 89°	4:15 95°	4:13 85°	4:14 88°	4:12 94°	4:18 89°	4:21 99°	4:19 96°	4:18 99°	4:26 95°
14.12.	SAO 79070 6,5 mag	Austritt	5:24 289°	5:28 270°	5:27 286°	5:25 279°	5:20 289°	5:22 286°	5:22 280°	5:26 285°	5:30 277°	5:28 280°	5:27 276°	5:33 282°
14.12.	SAO 79126 7,8 mag	Eintritt	5:44 149°	-	5:48 155°	5:55 170°	5:40 150°	5:44 155°	5:52 169°	5:48 156°	6:04 178°	5:56 168°	6:05 185°	5:58 163°
14.12.	SAO 79126 7,8 mag	Austritt	6:22 227°	-	6:23 222°	6:15 206°	6:19 225°	6:18 220°	6:13 207°	6:21 221°	6:15 199°	6:18 209°	6:10 193°	6:25 215°
15.12.	Mu2Cnc 5,4 mag	Eintritt	4:16 102°	4:17 124°	4:19 106°	4:13 113°	4:11 102°	4:12 106°	4:10 112°	4:17 107°	4:20 116°	4:17 113°	4:16 116°	4:26 112°
15.12.	Mu2Cnc 5,4 mag	Austritt	5:26 284°	5:26 264°	5:29 281°	5:25 274°	5:22 284°	5:23 280°	5:22 274°	5:27 280°	5:30 272°	5:28 274°	5:27 271°	5:35 277°
15.12.	SAO 80491 6,8 mag	Eintritt	21:34 59°	21:24 69°	21:31 63°	21:30 61°	21:37 52°	21:35 55°	21:32 57°	21:32 61°	21:25 70°	21:28 66°	21:27 66°	21:25 74°
15.12.	SAO 80491 6,8 mag	Austritt	22:20 315°	22:14 302°	22:19 310°	22:16 311°	22:18 321°	22:17 318°	22:16 315°	22:19 312°	22:17 302°	22:17 307°	22:16 306°	22:19 299°
17.12.	SAO 98892 7,6 mag	Eintritt	1:38 110°	1:30 129°	1:37 115°	1:32 118°	1:35 107°	1:34 111°	1:31 116°	1:36 114°	1:35 125°	1:34 121°	1:32 123°	1:40 124°
17.12.	SAO 98892 7,6 mag	Austritt	2:48 287°	2:37 266°	2:48 283°	2:41 277°	2:45 289°	2:44 285°	2:40 280°	2:47 283°	2:44 272°	2:44 276°	2:41 273°	2:51 275°
17.12.	SAO 98897 7,8 mag	Eintritt	2:14 138°	2:16 164°	2:16 143°	2:11 148°	2:10 135°	2:10 139°	2:09 145°	2:14 142°	2:17 156°	2:15 150°	2:14 154°	2:23 153°
17.12.	SAO 98897 7,8 mag	Austritt	3:18 262°	2:58 234°	3:17 257°	3:07 250°	3:14 264°	3:12 260°	3:06 253°	3:15 257°	3:08 244°	3:10 249°	3:06 245°	3:18 248°

Datum	Stern	Vorgang	Berlin	Bern	Dresden	Frankfurt	Hamburg	Hannover	Köln	Leipzig	München	Nürnberg	Stuttgart	Wien
17.12	SAO 98660 7,2 mag	Eintritt	5:44 117°	5:46 138°	5:47 120°	5:42 128°	5:42 128°	5:40 121°	5:39 128°	5:45 121°	5:49 129°	5:46 127°	5:45 131°	5:54 123°
17.12	SAO 98660 7,2 mag	Austritt	6:54 292°	6:54 274°	6:56 290°	6:52 282°	6:52 282°	6:50 288°	6:49 282°	6:55 289°	6:58 282°	6:56 284°	6:55 280°	7:03 288°
17.12	SAO 99321 6,8 mag	Eintritt	23:26 154°	23:34 185°	23:28 161°	23:27 162°	23:27 162°	23:25 157°	23:27 159°	23:27 162°	23:32 178°	23:29 168°	23:29 170°	23:36 184°
18.12	SAO 99321 6,8 mag	Austritt	0:07 242°	0:02 208°	0:02 234°	23:59 232°	23:59 232°	23:59 243°	0:02 237°	0:03 236°	23:50 216°	23:57 227°	23:54 223°	23:49 210°
18.12	SAO 99455 7,3 mag	Eintritt	8:06 72°	8:02 91°	8:08 74°	8:01 83°	8:00 74°	8:01 77°	7:58 84°	8:05 75°	8:07 83°	8:05 81°	8:03 85°	-
18.12	SAO 99455 7,3 mag	Austritt	8:51 343°	9:03 326°	8:55 341°	8:56 333°	8:48 341°	8:51 338°	8:54 332°	8:54 340°	9:02 333°	8:58 335°	8:59 331°	-
18.12	NuVir 4,2 mag	Eintritt	23:45 120°	-	23:44 125°	-	23:46 116°	23:45 120°	23:44 129°	23:44 124°	23:43 134°	23:43 129°	-	23:43 136°
19.12	NuVir 4,2 mag	Austritt	0:40 281°	0:31 263°	0:38 276°	0:36 274°	0:41 285°	0:39 281°	0:37 277°	0:38 277°	0:34 267°	0:35 271°	0:34 269°	0:35 266°
20.12	SAO 139010 7,8 mag	Eintritt	7:49 160°	8:01 188°	7:52 162°	7:45 174°	8:37 163°	7:47 166°	7:49 175°	7:51 164°	7:58 173°	7:54 171°	8:38 247°	-
20.12	SAO 139010 7,8 mag	Austritt	8:44 261°	8:32 237°	8:46 259°	8:37 249°	8:38 259°	8:38 256°	8:33 248°	8:43 258°	8:43 250°	8:42 252°	8:38 247°	-
23.12	SAO 155285 6,8 mag	Eintritt	5:30 102°	5:23 124°	5:28 106°	5:25 113°	5:29 102°	5:28 106°	5:25 112°	5:28 106°	5:25 116°	5:26 113°	5:24 117°	5:27 111°
23.12	SAO 155285 6,8 mag	Austritt	6:32 307°	6:24 287°	6:31 304°	6:28 296°	6:30 306°	6:30 303°	6:27 297°	6:31 304°	6:28 295°	6:29 297°	6:27 294°	6:32 301°
23.12	SAO 159310 7,6 mag	Eintritt	6:49 73°	6:34 97°	6:46 77°	6:39 86°	6:46 75°	6:44 79°	6:39 86°	6:45 78°	6:39 88°	6:41 85°	6:38 89°	6:46 81°
23.12	SAO 159310 7,6 mag	Austritt	7:39 338°	7:38 316°	7:40 334°	7:38 325°	7:37 335°	7:38 332°	7:37 325°	7:39 333°	7:40 324°	7:40 327°	7:39 322°	7:44 331°
27.12	SAO 188296 6,7 mag	Eintritt	15:12 104°	-	15:14 106°	15:08 103°	15:08 103°	15:07 101°	-	15:12 105°	15:14 109°	15:12 106°	-	15:23 114°
27.12	SAO 188296 6,7 mag	Austritt	16:19 235°	-	16:20 233°	16:17 236°	16:17 -	16:16 239°	-	16:19 234°	16:20 229°	16:19 232°	-	16:22 224°
28.12	SAO 183345 6,2 mag	Eintritt	15:08 104°	-	15:10 106°	-	15:02 100°	15:02 101°	-	15:07 105°	-	15:06 106°	-	15:18 114°
28.12	SAO 183345 6,2 mag	Austritt	16:15 225°	-	16:16 222°	-	16:12 230°	16:12 228°	-	16:14 224°	-	16:13 222°	-	16:17 212°

192

Datum	Stern	Vorgang	Berlin	Bern	Dresden	Frankfurt	Hamburg	Hannover	Köln	Leipzig	München	Nürnberg	Stuttgart	Wien
28.12.	SAO 189403 7,8 mag	Eintritt	16:44 90°	16:44 90°	16:47 93°	16:41 89°	16:41 89°	16:41 89°	16:38 86°	16:45 91°	16:47 96°	16:45 93°	16:45 93°	16:54 102°
28.12.	SAO 189403 7,8 mag	Austritt	17:51 236°	17:51 236°	17:52 232°	17:51 236°	17:51 236°	17:51 236°	17:49 240°	17:52 234°	17:53 228°	17:52 231°	17:52 231°	17:54 222°
28.12.	SAO 189425 7,4 mag	Eintritt	-	-	-	17:41 141°	-	17:35 134°	17:34 133°	-	-	-	17:51 156°	-
28.12.	SAO 189425 7,4 mag	Austritt	-	-	-	18:05 183°	-	18:08 192°	18:08 192°	-	-	-	17:58 168°	-
30.12.	SAO 164949 6,6 mag	Eintritt	17:58 360°	17:58 360°	17:56 7°	17:55 358°	17:55 358°	18:02 348°	18:00 347°	17:56 2°	17:51 12°	17:53 7°	17:53 7°	17:53 7°
30.12.	SAO 164949 6,6 mag	Austritt	18:30 308°	18:30 308°	18:36 301°	18:27 309°	18:27 309°	18:20 320°	18:18 321°	18:32 305°	18:39 293°	18:35 300°	18:35 300°	18:35 300°
30.12.	SAO 164984 7,1 mag	Eintritt	19:14 123°	19:27 146°	19:20 132°	19:13 125°	19:13 125°	19:13 125°	19:13 125°	19:16 127°	-	19:21 136°	19:21 136°	19:21 136°
30.12.	SAO 164984 7,1 mag	Austritt	19:49 186°	19:35 159°	19:46 177°	19:47 183°	19:47 183°	19:47 183°	19:47 183°	19:48 182°	-	19:43 172°	19:43 172°	19:43 172°

Position von Merkur und Venus relativ zur Sonne

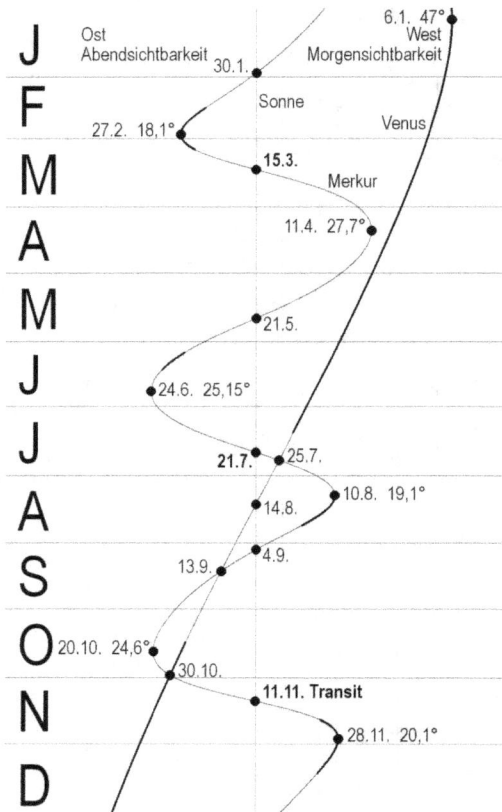

Position von Merkur und Venus in Bezug zur Sonne im Lauf des Jahres 2019. Die Datumswerte geben die Zeitpunkte der größten Elongationen (mit Elongationswert) und der oberen und unterern Konjunktionen zur Sonne an. Daten der unteren Konjunktionen sind fett, die der Elongationen und oberen Konjunktionen normal gedruckt. Eine dicke Linie bedeutet freiäugige Sichtbarkeit in Mitteleuropa.

Helligkeiten und Scheibchendurchmesser der Planeten 2019

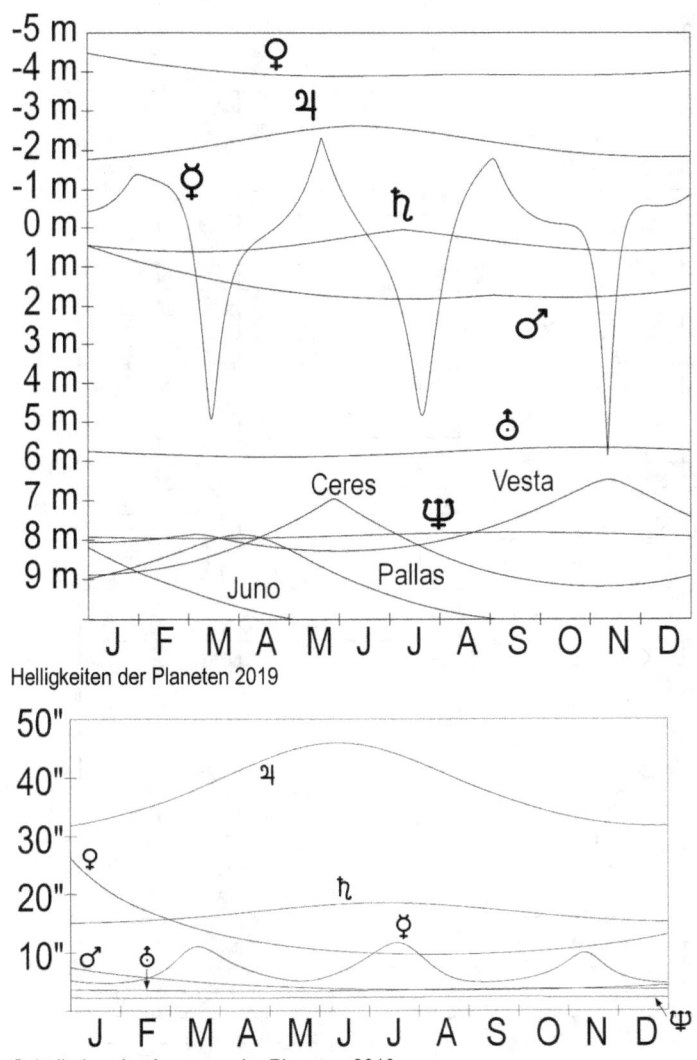

Helligkeiten der Planeten 2019

Scheibchendurchmesser der Planeten 2019

Ephemeriden

Sonne

Datum	Rektaszension	Deklination	Scheibchendurchmesser	Zentralmeridian	B	P
1.1.	18h44,4m	-23,04°	32,6'	209,2°	-3,0°	2,1°
6.1.	19h06,5m	-22,56°	32,6'	143,4°	-3,6°	-0,3°
11.1.	19h28,3m	-21,89°	32,6'	77,5°	-4,1°	-2,7°
16.1.	19h49,9m	-21,04°	32,6'	11,7°	-4,6°	-5,1°
21.1.	20h11,2m	-20,02°	32,5'	305,9°	-5,1°	-7,4°
26.1.	20h32,2m	-18,85°	32,5'	240,0°	-5,5°	-9,6°
31.1.	20h52,8m	-17,53°	32,5'	174,2°	-5,9°	-11,7°
5.2.	21h13,2m	-16,09°	32,5'	108,4°	-6,3°	-13,7°
10.2.	21h33,2m	-14,53°	32,5'	42,5°	-6,6°	-15,6°
15.2.	21h52,8m	-12,87°	32,4'	336,7°	-6,8°	-17,4°
20.2.	22h12,2m	-11,12°	32,4'	270,9°	-7,0°	-19,0°
25.2.	22h31,3m	-9,30°	32,4'	205,0°	-7,1°	-20,4°
2.3.	22h50,1m	-7,42°	32,3'	139,1°	-7,2°	-21,7°
7.3.	23h08,7m	-5,49°	32,3'	73,3°	-7,3°	-22,9°
12.3.	23h27,2m	-3,54°	32,2'	7,4°	-7,2°	-23,9°
17.3.	23h45,6m	-1,57°	32,2'	301,5°	-7,1°	-24,7°
22.3.	0h03,8m	0,41°	32,1'	235,6°	-7,0°	-25,4°
27.3.	0h22,0m	2,38°	32,1'	169,6°	-6,8°	-25,8°
1.4.	0h40,2m	4,33°	32,1'	103,7°	-6,6°	-26,1°
6.4.	0h58,5m	6,24°	32,0'	37,7°	-6,3°	-26,3°
11.4.	1h16,8m	8,11°	32,0'	331,7°	-5,9°	-26,2°
16.4.	1h35,2m	9,92°	31,9'	265,7°	-5,6°	-26,0°
21.4.	1h53,8m	11,67°	31,9'	199,7°	-5,1°	-25,5°
26.4.	2h12,6m	13,33°	31,8'	133,6°	-4,7°	-24,9°
1.5.	2h31,6m	14,91°	31,8'	67,6°	-4,2°	-24,1°
6.5.	2h50,8m	16,38°	31,7'	1,5°	-3,7°	-23,2°
11.5.	3h10,2m	17,74°	31,7'	295,4°	-3,1°	-22,0°
16.5.	3h29,9m	18,97°	31,7'	229,3°	-2,6°	-20,7°
21.5.	3h49,8m	20,07°	31,6'	163,1°	-2,0°	-19,2°
26.5.	4h09,9m	21,03°	31,6'	97,0°	-1,4°	-17,6°
31.5.	4h30,2m	21,83°	31,6'	30,8°	-0,8°	-15,8°
5.6.	4h50,7m	22,48°	31,6'	324,7°	-0,2°	-13,9°
10.6.	5h11,4m	22,96°	31,5'	258,5°	0,4°	-11,9°
15.6.	5h32,1m	23,28°	31,5'	192,3°	1,0°	-9,8°
20.6.	5h52,9m	23,42°	31,5'	126,1°	1,6°	-7,7°
25.6.	6h13,7m	23,40°	31,5'	59,9°	2,2°	-5,4°
30.6.	6h34,5m	23,20°	31,5'	353,7°	2,7°	-3,2°
5.7.	6h55,1m	22,83°	31,5'	287,6°	3,3°	-0,9°
10.7.	7h15,6m	22,30°	31,5'	221,4°	3,8°	1,3°

Datum	Rektaszension	Deklination	Scheibchendurchmesser	Zentralmeridian	B	P
15.7.	7h36,0m	21,60°	31,5'	155,2°	4,3°	3,6°
20.7.	7h56,1m	20,76°	31,5'	89,1°	4,8°	5,8°
25.7.	8h16,0m	19,76°	31,5'	22,9°	5,2°	7,9°
30.7.	8h35,7m	18,63°	31,5'	316,8°	5,6°	10,0°
4.8.	8h55,1m	17,38°	31,6'	250,6°	6,0°	11,9°
9.8.	9h14,3m	16,00°	31,6'	184,5°	6,3°	13,8°
14.8.	9h33,2m	14,52°	31,6'	118,4°	6,6°	15,6°
19.8.	9h51,9m	12,95°	31,6'	52,3°	6,8°	17,3°
24.8.	10h10,3m	11,28°	31,7'	346,3°	7,0°	18,8°
29.8.	10h28,7m	9,55°	31,7'	280,2°	7,1°	20,2°
3.9.	10h46,8m	7,75°	31,7'	214,1°	7,2°	21,5°
8.9.	11h04,9m	5,90°	31,8'	148,1°	7,3°	22,7°
13.9.	11h22,8m	4,00°	31,8'	82,1°	7,2°	23,7°
18.9.	11h40,7m	2,08°	31,9'	16,1°	7,2°	24,5°
23.9.	11h58,7m	0,14°	31,9'	310,1°	7,0°	25,2°
28.9.	12h16,7m	-1,81°	31,9'	244,1°	6,9°	25,7°
3.10.	12h34,7m	-3,75°	32,0'	178,1°	6,6°	26,1°
8.10.	12h52,9m	-5,67°	32,0'	112,1°	6,4°	26,2°
13.10.	13h11,3m	-7,56°	32,1'	46,2°	6,0°	26,2°
18.10.	13h29,9m	-9,41°	32,1'	340,2°	5,7°	26,1°
23.10.	13h48,7m	-11,20°	32,2'	274,3°	5,3°	25,7°
28.10.	14h07,9m	-12,93°	32,2'	208,3°	4,8°	25,1°
2.11.	14h27,3m	-14,57°	32,3'	142,4°	4,3°	24,3°
7.11.	14h47,1m	-16,11°	32,3'	76,5°	3,8°	23,4°
12.11.	15h07,2m	-17,54°	32,3'	10,5°	3,2°	22,2°
17.11.	15h27,7m	-18,84°	32,4'	304,6°	2,6°	20,9°
22.11.	15h48,5m	-20,01°	32,4'	238,7°	2,0°	19,3°
27.11.	16h09,6m	-21,02°	32,4'	172,8°	1,4°	17,6°
2.12.	16h31,1m	-21,87°	32,5'	106,9°	0,8°	15,7°
7.12.	16h52,8m	-22,54°	32,5'	41,0°	0,2°	13,7°
12.12.	17h14,8m	-23,03°	32,5'	335,1°	-0,5°	11,6°
17.12.	17h36,8m	-23,33°	32,5'	269,3°	-1,1°	9,3°
22.12.	17h59,0m	-23,44°	32,6'	203,4°	-1,8°	7,0°
27.12.	18h21,2m	-23,35°	32,6'	137,5°	-2,4°	4,6°
1.1.	18h43,4m	-23,06°	32,6'	71,7°	-3,0°	2,2°

Änderung des Zentralmeridian: 0,55°/Stunde, B = Neigung der Sonnenachse zur Erde, P = Positionswinkel des Sonnen-Nordpols

Beginn der synodischen Sonnenrotation nach Carrington 2019

Rotation	Datum
2213	16.1 20h52m
2214	13.2 5h04m
2215	12.3 13h01m
2216	8.4 20h10m
2217	6.5 2h16m
2218	2.6 7h27m

Rotation	Datum
2219	29.6 12h12m
2220	26.7 17h06m
2221	22.8 22h34m
2222	19.9 4h44m
2223	16.10 11h31m
2224	12.11 18h42m
2225	10.12 2h14m

Merkur

Datum	Rektaszension	Deklination	Kulmination	Auf-/Untergang	Phase	Helligkeit	Scheibchendurchmesser
1.1.	17h33,0m	-23,16°	11:17	7:15A	0,89	-0,4 mag	5,2"
6.1.	18h05,3m	-23,90°	11:30	7:33A	0,93	-0,5 mag	5,0"
11.1.	18h38,7m	-24,15°	11:43	7:48A	0,95	-0,6 mag	4,9"
16.1.	19h12,9m	-23,85°	11:58	8:00A	0,97	-0,7 mag	4,8"
21.1.	19h47,5m	-22,97°	12:13	8:09A	0,99	-0,9 mag	4,7"
26.1.	20h22,5m	-21,48°	12:28		1,00	-1,2 mag	4,7"
31.1.	20h57,7m	-19,37°	12:44		1,00	-1,4 mag	4,8"
5.2.	21h32,7m	-16,64°	12:59	17:43U	0,99	-1,3 mag	4,9"
10.2.	22h07,3m	-13,31°	13:14	18:15U	0,96	-1,3 mag	5,1"
15.2.	22h40,6m	-9,48°	13:27	18:49U	0,89	-1,2 mag	5,5"
20.2.	23h11,2m	-5,39°	13:38	19:19U	0,77	-1,0 mag	6,0"
25.2.	23h36,0m	-1,53°	13:42	19:41U	0,58	-0,6 mag	6,8"
2.3.	23h51,1m	1,42°	13:36	19:47U	0,35	0,1 mag	7,9"
7.3.	23h53,2m	2,75°	13:17	19:33U	0,15	1,6 mag	9,2"
12.3.	23h43,1m	2,12°	12:46	18:57U	0,03	3,8 mag	10,4"
17.3.	23h26,9m	-0,03°	12:10	6:09A	0,01	4,6 mag	11,0"
22.3.	23h13,3m	-2,58°	11:38	5:49A	0,08	2,7 mag	10,9"
27.3.	23h07,8m	-4,54°	11:13	5:33A	0,18	1,6 mag	10,2"
1.4.	23h11,1m	-5,49°	10:58	5:22A	0,29	1,0 mag	9,4"
6.4.	23h21,8m	-5,44°	10:49	5:12A	0,38	0,6 mag	8,6"
11.4.	23h38,0m	-4,52°	10:46	5:04A	0,47	0,4 mag	7,8"
16.4.	23h58,2m	-2,86°	10:47	4:57A	0,54	0,2 mag	7,2"
21.4.	0h21,7m	-0,59°	10:51	4:50A	0,61	0,1 mag	6,7"
26.4.	0h48,0m	2,21°	10:58	4:43A	0,68	-0,1 mag	6,2"
1.5.	1h17,0m	5,44°	11:08	4:37A	0,75	-0,3 mag	5,8"
6.5.	1h49,0m	9,02°	11:20	4:31A	0,83	-0,6 mag	5,5"
11.5.	2h24,3m	12,81°	11:36	4:28A	0,90	-1,0 mag	5,3"
16.5.	3h03,5m	16,62°	11:56	4:26A	0,97	-1,6 mag	5,1"
21.5.	3h46,6m	20,14°	12:20	20:13U	1,00	-2,3 mag	5,1"
26.5.	4h32,2m	22,97°	12:46	20:56U	0,97	-1,8 mag	5,2"
31.5.	5h17,9m	24,78°	13:12	21:34U	0,89	-1,2 mag	5,4"
5.6.	6h01,0m	25,48°	13:35	22:00U	0,78	-0,8 mag	5,8"
10.6.	6h39,7m	25,20°	13:53	22:15U	0,67	-0,4 mag	6,2"
15.6.	7h13,0m	24,19°	14:06	22:19U	0,56	-0,0 mag	6,8"
20.6.	7h40,5m	22,67°	14:14	22:15U	0,47	0,3 mag	7,5"
25.6.	8h01,8m	20,89°	14:14	22:04U	0,37	0,6 mag	8,3"

Datum	Rektaszension	Deklination	Kulmination	Auf-/Untergang	Phase	Helligkeit	Scheibchendurchmesser
30.6.	8h16,5m	19,05°	14:09	21:48U	0,29	1,0 mag	9,2"
5.7.	8h23,9m	17,39°	13:55	21:25U	0,20	1,6 mag	10,1"
10.7.	8h23,4m	16,11°	13:34	20:56U	0,12	2,3 mag	10,9"
15.7.	8h15,6m	15,43°	13:06		0,05	3,4 mag	11,5"
20.7.	8h02,6m	15,45°	12:33		0,01	4,7 mag	11,6"
25.7.	7h49,3m	16,11°	12:01	4:38A	0,02	4,1 mag	11,1"
30.7.	7h41,3m	17,16°	11:34	4:05A	0,09	2,6 mag	10,2"
4.8.	7h42,8m	18,27°	11:17	3:41A	0,21	1,3 mag	8,9"
9.8.	7h55,6m	19,07°	11:11	3:30A	0,37	0,3 mag	7,8"
14.8.	8h19,2m	19,19°	11:16	3:33A	0,55	-0,5 mag	6,7"
19.8.	8h51,7m	18,32°	11:29	3:52A	0,74	-1,0 mag	6,0"
24.8.	9h29,3m	16,31°	11:47	4:21A	0,89	-1,3 mag	5,4"
29.8.	10h08,1m	13,35°	12:06	4:57A	0,97	-1,6 mag	5,1"
3.9.	10h45,5m	9,77°	12:24	19:13U	1,00	-1,8 mag	4,9"
8.9.	11h20,5m	5,89°	12:39	19:09U	0,99	-1,4 mag	4,9"
13.9.	11h53,1m	1,94°	12:52	19:02U	0,97	-1,0 mag	4,9"
18.9.	12h23,8m	-1,95°	13:03	18:54U	0,94	-0,7 mag	4,9"
23.9.	12h52,9m	-5,67°	13:12	18:46U	0,91	-0,4 mag	5,0"
28.9.	13h20,8m	-9,18°	13:20	18:37U	0,88	-0,3 mag	5,1"
3.10.	13h47,8m	-12,43°	13:27	18:27U	0,84	-0,2 mag	5,3"
8.10.	14h13,8m	-15,36°	13:33	18:18U	0,79	-0,1 mag	5,6"
13.10.	14h38,6m	-17,92°	13:38	18:09U	0,74	-0,1 mag	6,0"
18.10.	15h01,5m	-20,03°	13:41	18:01U	0,66	-0,1 mag	6,4"
23.10.	15h21,2m	-21,57°	13:41	17:51U	0,56	-0,0 mag	7,0"
28.10.	15h34,9m	-22,37°	13:34	17:40U	0,43	0,2 mag	7,8"
2.11.	15h38,5m	-22,11°	13:16	17:25U	0,26	0,8 mag	8,8"
7.11.	15h27,4m	-20,37°	12:44	17:04U	0,08	2,5 mag	9,7"
12.11.	15h04,4m	-17,21°	12:01	7:24A	0,00	5,6 mag	9,9"
17.11.	14h44,2m	-14,19°	11:22	6:29A	0,11	1,8 mag	9,2"
22.11.	14h40,1m	-13,08°	11:00	6:01A	0,34	0,2 mag	8,0"
27.11.	14h51,4m	-13,87°	10:53	5:58A	0,56	-0,4 mag	6,9"
2.12.	15h12,3m	-15,69°	10:55	6:09A	0,72	-0,6 mag	6,2"
7.12.	15h38,4m	-17,84°	11:01	6:28A	0,82	-0,6 mag	5,7"
12.12.	16h07,6m	-19,94°	11:11	6:50A	0,88	-0,6 mag	5,3"
17.12.	16h38,7m	-21,77°	11:23	7:12A	0,93	-0,6 mag	5,0"
22.12.	17h11,2m	-23,21°	11:36	7:34A	0,96	-0,6 mag	4,9"
27.12.	17h44,7m	-24,18°	11:49	7:54A	0,98	-0,7 mag	4,7"
1.1.	18h19,0m	-24,63°	12:04	8:12A	0,99	-0,9 mag	4,7"

Venus

Datum	Rektaszension	Deklination	Kulmination	Auf-/Untergang	Phase	Helligkeit	Scheibchendurchmesser
1.1.	15h27,8m	-15,30°	9:11	4:23A	0,47	-4,5 mag	26,3"
6.1.	15h48,0m	-16,46°	9:11	4:30A	0,50	-4,4 mag	24,8"
11.1.	16h09,1m	-17,55°	9:13	4:37A	0,53	-4,4 mag	23,5"
16.1.	16h31,0m	-18,56°	9:15	4:45A	0,55	-4,4 mag	22,3"

Datum	Rektaszension	Deklination	Kulmination	Auf-/Untergang	Phase	Helligkeit	Scheibchendurchmesser
21.1.	16h53,6m	-19,45°	9:18	4:53A	0,57	-4,3 mag	21,2"
26.1.	17h16,9m	-20,18°	9:21	5:01A	0,60	-4,3 mag	20,2"
31.1.	17h40,7m	-20,73°	9:26	5:09A	0,62	-4,3 mag	19,4"
5.2.	18h05,0m	-21,07°	9:30	5:15A	0,64	-4,2 mag	18,6"
10.2.	18h29,6m	-21,20°	9:35	5:21A	0,66	-4,2 mag	17,8"
15.2.	18h54,5m	-21,09°	9:40	5:25A	0,67	-4,2 mag	17,2"
20.2.	19h19,4m	-20,74°	9:45	5:29A	0,69	-4,1 mag	16,6"
25.2.	19h44,4m	-20,15°	9:51	5:30A	0,71	-4,1 mag	16,0"
2.3.	20h09,3m	-19,33°	9:56	5:30A	0,73	-4,1 mag	15,5"
7.3.	20h34,0m	-18,27°	10:01	5:29A	0,74	-4,1 mag	15,0"
12.3.	20h58,5m	-17,00°	10:06	5:27A	0,76	-4,0 mag	14,6"
17.3.	21h22,6m	-15,52°	10:10	5:23A	0,77	-4,0 mag	14,2"
22.3.	21h46,4m	-13,87°	10:14	5:18A	0,78	-4,0 mag	13,8"
27.3.	22h10,0m	-12,05°	10:18	5:13A	0,80	-4,0 mag	13,4"
1.4.	22h33,2m	-10,09°	10:21	5:06A	0,81	-4,0 mag	13,1"
6.4.	22h56,1m	-8,00°	10:25	4:59A	0,82	-4,0 mag	12,8"
11.4.	23h18,8m	-5,82°	10:28	4:51A	0,84	-3,9 mag	12,5"
16.4.	23h41,3m	-3,57°	10:30	4:43A	0,85	-3,9 mag	12,2"
21.4.	0h03,7m	-1,27°	10:33	4:35A	0,86	-3,9 mag	12,0"
26.4.	0h26,1m	1,06°	10:36	4:26A	0,87	-3,9 mag	11,8"
1.5.	0h48,4m	3,40°	10:38	4:18A	0,88	-3,9 mag	11,5"
6.5.	1h10,9m	5,72°	10:41	4:09A	0,89	-3,9 mag	11,3"
11.5.	1h33,6m	7,99°	10:44	4:01A	0,90	-3,9 mag	11,2"
16.5.	1h56,5m	10,20°	10:47	3:54A	0,91	-3,9 mag	11,0"
21.5.	2h19,7m	12,32°	10:51	3:46A	0,92	-3,9 mag	10,8"
26.5.	2h43,3m	14,32°	10:55	3:40A	0,93	-3,9 mag	10,7"
31.5.	3h07,3m	16,19°	10:59	3:34A	0,94	-3,9 mag	10,5"
5.6.	3h31,8m	17,89°	11:04	3:29A	0,94	-3,9 mag	10,4"
10.6.	3h56,7m	19,40°	11:09	3:25A	0,95	-3,9 mag	10,3"
15.6.	4h22,0m	20,70°	11:15	3:23A	0,96	-3,9 mag	10,2"
20.6.	4h47,8m	21,76°	11:21	3:23A	0,97	-3,9 mag	10,1"
25.6.	5h14,0m	22,58°	11:27	3:24A	0,97	-3,9 mag	10,0"
30.6.	5h40,4m	23,13°	11:34	3:27A	0,98	-3,9 mag	9,9"
5.7.	6h07,0m	23,40°	11:41	3:32A	0,98	-3,9 mag	9,9"
10.7.	6h33,8m	23,39°	11:48	3:39A	0,99	-3,9 mag	9,8"
15.7.	7h00,4m	23,08°	11:55	3:48A	0,99	-3,9 mag	9,8"
20.7.	7h27,0m	22,50°	12:02	3:59A	0,99	-3,9 mag	9,7"
25.7.	7h53,2m	21,64°	12:08	4:11A	1,00	-3,9 mag	9,7"
30.7.	8h19,2m	20,52°	12:15	4:24A	1,00	-3,9 mag	9,7"
4.8.	8h44,8m	19,15°	12:20	4:38A	1,00	-3,9 mag	9,6"
9.8.	9h09,9m	17,55°	12:26	19:57U	1,00	-3,9 mag	9,6"
14.8.	9h34,5m	15,75°	12:31	19:52U	1,00	-3,9 mag	9,6"
19.8.	9h58,8m	13,77°	12:35	19:46U	1,00	-3,9 mag	9,6"
24.8.	10h22,6m	11,63°	12:39	19:38U	1,00	-3,9 mag	9,7"
29.8.	10h46,0m	9,36°	12:43	19:30U	1,00	-3,9 mag	9,7"
3.9.	11h09,1m	6,98°	12:46	19:22U	1,00	-3,9 mag	9,7"
8.9.	11h32,0m	4,53°	12:49	19:13U	0,99	-3,9 mag	9,8"
13.9.	11h54,8m	2,01°	12:52	19:04U	0,99	-3,9 mag	9,8"

Datum	Rektaszension	Deklination	Kulmination	Auf-/Untergang	Phase	Helligkeit	Scheibchendurchmesser
18.9.	12h17,4m	-0,53°	12:55	18:55U	0,99	-3,9 mag	9,9"
23.9.	12h40,1m	-3,08°	12:58	18:45U	0,98	-3,9 mag	9,9"
28.9.	13h02,9m	-5,61°	13:01	18:36U	0,98	-3,9 mag	10,0"
3.10.	13h25,8m	-8,09°	13:05	18:27U	0,97	-3,9 mag	10,1"
8.10.	13h49,1m	-10,50°	13:08	18:19U	0,97	-3,9 mag	10,1"
13.10.	14h12,6m	-12,81°	13:12	18:11U	0,96	-3,9 mag	10,2"
18.10.	14h36,6m	-14,99°	13:17	18:04U	0,96	-3,9 mag	10,3"
23.10.	15h01,1m	-17,02°	13:21	17:58U	0,95	-3,9 mag	10,4"
28.10.	15h26,0m	-18,87°	13:27	17:53U	0,94	-3,9 mag	10,6"
2.11.	15h51,5m	-20,51°	13:32	17:50U	0,94	-3,9 mag	10,7"
7.11.	16h17,5m	-21,92°	13:39	17:48U	0,93	-3,9 mag	10,8"
12.11.	16h43,9m	-23,06°	13:46	17:48U	0,92	-3,9 mag	11,0"
17.11.	17h10,8m	-23,93°	13:53	17:49U	0,91	-3,9 mag	11,1"
22.11.	17h37,9m	-24,50°	14:00	17:53U	0,90	-3,9 mag	11,3"
27.11.	18h05,1m	-24,77°	14:08	17:59U	0,90	-3,9 mag	11,4"
2.12.	18h32,4m	-24,72°	14:15	18:07U	0,89	-3,9 mag	11,6"
7.12.	18h59,6m	-24,36°	14:23	18:17U	0,88	-3,9 mag	11,8"
12.12.	19h26,5m	-23,70°	14:30	18:29U	0,87	-4,0 mag	12,0"
17.12.	19h53,0m	-22,74°	14:37	18:42U	0,86	-4,0 mag	12,3"
22.12.	20h19,1m	-21,50°	14:43	18:57U	0,84	-4,0 mag	12,5"
27.12.	20h44,6m	-20,01°	14:49	19:12U	0,83	-4,0 mag	12,8"
1.1.	21h09,5m	-18,28°	14:54	19:27U	0,82	-4,0 mag	13,1"

Mars

Datum	Rektaszension	Deklination	Kulmination	Auf-/Untergang	Phase	Helligkeit	Scheibchendurchmesser
1.1.	0h00,1m	-0,31°	17:42	23:45U	0,87	0,5 mag	7,4"
6.1.	0h12,3m	1,13°	17:34	23:44U	0,88	0,5 mag	7,2"
11.1.	0h24,5m	2,56°	17:27	23:44U	0,88	0,6 mag	7,0"
16.1.	0h36,8m	3,98°	17:19	23:43U	0,88	0,7 mag	6,7"
21.1.	0h49,2m	5,39°	17:12	23:43U	0,89	0,7 mag	6,5"
26.1.	1h01,6m	6,78°	17:05	23:42U	0,89	0,8 mag	6,3"
31.1.	1h14,1m	8,14°	16:58	23:42U	0,89	0,9 mag	6,2"
5.2.	1h26,8m	9,48°	16:51	23:41U	0,90	0,9 mag	6,0"
10.2.	1h39,5m	10,78°	16:44	23:41U	0,90	1,0 mag	5,8"
15.2.	1h52,2m	12,05°	16:37	23:40U	0,90	1,0 mag	5,7"
20.2.	2h05,1m	13,27°	16:30	23:40U	0,91	1,1 mag	5,5"
25.2.	2h18,1m	14,45°	16:23	23:40U	0,91	1,1 mag	5,4"
2.3.	2h31,3m	15,58°	16:17	23:39U	0,92	1,2 mag	5,3"
7.3.	2h44,5m	16,66°	16:10	23:39U	0,92	1,2 mag	5,2"
12.3.	2h57,9m	17,68°	16:04	23:38U	0,92	1,3 mag	5,0"
17.3.	3h11,3m	18,65°	15:58	23:37U	0,93	1,3 mag	4,9"
22.3.	3h24,9m	19,55°	15:51	23:37U	0,93	1,4 mag	4,8"
27.3.	3h38,6m	20,38°	15:45	23:36U	0,93	1,4 mag	4,7"
1.4.	3h52,4m	21,14°	15:40	23:34U	0,94	1,4 mag	4,6"
6.4.	4h06,3m	21,83°	15:34	23:33U	0,94	1,5 mag	4,5"

Datum	Rektaszension	Deklination	Kulmination	Auf-/Untergang	Phase	Helligkeit	Scheibchendurchmesser
11.4.	4h20,3m	22,45°	15:28	23:31U	0,94	1,5 mag	4,5"
16.4.	4h34,3m	22,99°	15:22	23:29U	0,95	1,5 mag	4,4"
21.4.	4h48,4m	23,46°	15:17	23:26U	0,95	1,6 mag	4,3"
26.4.	5h02,6m	23,84°	15:11	23:23U	0,95	1,6 mag	4,2"
1.5.	5h16,8m	24,14°	15:06	23:20U	0,96	1,6 mag	4,2"
6.5.	5h31,0m	24,36°	15:00	23:16U	0,96	1,7 mag	4,1"
11.5.	5h45,3m	24,50°	14:55	23:11U	0,96	1,7 mag	4,1"
16.5.	5h59,5m	24,56°	14:49	23:06U	0,97	1,7 mag	4,0"
21.5.	6h13,7m	24,53°	14:44	23:00U	0,97	1,7 mag	4,0"
26.5.	6h27,8m	24,43°	14:38	22:53U	0,97	1,7 mag	3,9"
31.5.	6h41,9m	24,24°	14:33	22:46U	0,97	1,8 mag	3,9"
5.6.	6h55,9m	23,98°	14:27	22:39U	0,98	1,8 mag	3,8"
10.6.	7h09,9m	23,64°	14:21	22:30U	0,98	1,8 mag	3,8"
15.6.	7h23,7m	23,23°	14:15	22:22U	0,98	1,8 mag	3,7"
20.6.	7h37,4m	22,74°	14:09	22:12U	0,98	1,8 mag	3,7"
25.6.	7h51,0m	22,19°	14:03	22:03U	0,99	1,8 mag	3,7"
30.6.	8h04,4m	21,57°	13:57	21:52U	0,99	1,8 mag	3,7"
5.7.	8h17,7m	20,88°	13:50	21:42U	0,99	1,8 mag	3,6"
10.7.	8h30,9m	20,14°	13:44	21:31U	0,99	1,8 mag	3,6"
15.7.	8h44,0m	19,33°	13:37	21:19U	0,99	1,8 mag	3,6"
20.7.	8h56,9m	18,47°	13:30	21:07U	0,99	1,8 mag	3,6"
25.7.	9h09,7m	17,56°	13:23	20:55U	1,00	1,8 mag	3,6"
30.7.	9h22,3m	16,60°	13:16	20:42U	1,00	1,8 mag	3,5"
4.8.	9h34,9m	15,60°	13:09	20:29U	1,00	1,8 mag	3,5"
9.8.	9h47,3m	14,56°	13:02	20:16U	1,00	1,8 mag	3,5"
14.8.	9h59,6m	13,47°	12:54	20:03U	1,00	1,8 mag	3,5"
19.8.	10h11,8m	12,35°	12:47	19:50U	1,00	1,8 mag	3,5"
24.8.	10h23,9m	11,20°	12:39	19:36U	1,00	1,8 mag	3,5"
29.8.	10h35,9m	10,02°	12:32	19:23U	1,00	1,7 mag	3,5"
3.9.	10h47,8m	8,81°	12:24	19:09U	1,00	1,7 mag	3,5"
8.9.	10h59,7m	7,58°	12:16	18:55U	1,00	1,7 mag	3,5"
13.9.	11h11,6m	6,34°	12:08	5:35A	1,00	1,8 mag	3,5"
18.9.	11h23,4m	5,07°	12:00	5:33A	1,00	1,8 mag	3,5"
23.9.	11h35,1m	3,79°	11:52	5:32A	1,00	1,8 mag	3,5"
28.9.	11h46,9m	2,50°	11:44	5:30A	1,00	1,8 mag	3,5"
3.10.	11h58,7m	1,21°	11:36	5:28A	1,00	1,8 mag	3,6"
8.10.	12h10,4m	-0,10°	11:28	5:26A	1,00	1,8 mag	3,6"
13.10.	12h22,2m	-1,40°	11:21	5:25A	0,99	1,8 mag	3,6"
18.10.	12h34,1m	-2,69°	11:13	5:23A	0,99	1,8 mag	3,6"
23.10.	12h46,0m	-3,99°	11:05	5:21A	0,99	1,8 mag	3,6"
28.10.	12h58,0m	-5,27°	10:57	5:20A	0,99	1,8 mag	3,7"
2.11.	13h10,0m	-6,54°	10:50	5:18A	0,99	1,8 mag	3,7"
7.11.	13h22,2m	-7,80°	10:42	5:17A	0,99	1,8 mag	3,7"
12.11.	13h34,4m	-9,03°	10:35	5:15A	0,98	1,8 mag	3,8"
17.11.	13h46,8m	-10,24°	10:27	5:14A	0,98	1,7 mag	3,8"
22.11.	13h59,3m	-11,42°	10:20	5:13A	0,98	1,7 mag	3,8"
27.11.	14h11,9m	-12,58°	10:13	5:12A	0,98	1,7 mag	3,9"
2.12.	14h24,7m	-13,69°	10:06	5:10A	0,97	1,7 mag	3,9"

Datum	Rektaszension	Deklination	Kulmination	Auf-/Untergang	Phase	Helligkeit	Scheibchendurchmesser
7.12.	14h37,6m	-14,77°	9:59	5:09A	0,97	1,7 mag	4,0"
12.12.	14h50,7m	-15,81°	9:53	5:08A	0,97	1,7 mag	4,0"
17.12.	15h04,0m	-16,80°	9:46	5:07A	0,97	1,6 mag	4,1"
22.12.	15h17,4m	-17,73°	9:40	5:06A	0,96	1,6 mag	4,2"
27.12.	15h31,0m	-18,62°	9:34	5:05A	0,96	1,6 mag	4,2"
1.1.	15h44,8m	-19,44°	9:28	5:04A	0,96	1,6 mag	4,3"

Jupiter

Datum	Rektaszension	Deklination	Kulmination	Auf-/Untergang	Helligkeit	Scheibchendurchmesser
1.1.	16h41,3m	-21,57°	10:23	6:11A	-1,8 mag	31,8"
6.1.	16h45,8m	-21,71°	10:08	5:57A	-1,8 mag	32,0"
11.1.	16h50,1m	-21,84°	9:52	5:43A	-1,8 mag	32,3"
16.1.	16h54,4m	-21,95°	9:37	5:28A	-1,8 mag	32,5"
21.1.	16h58,5m	-22,06°	9:21	5:13A	-1,8 mag	32,8"
26.1.	17h02,5m	-22,15°	9:05	4:58A	-1,9 mag	33,2"
31.1.	17h06,3m	-22,24°	8:50	4:42A	-1,9 mag	33,5"
5.2.	17h10,0m	-22,32°	8:34	4:27A	-1,9 mag	33,9"
10.2.	17h13,5m	-22,38°	8:17	4:11A	-1,9 mag	34,3"
15.2.	17h16,7m	-22,44°	8:01	3:55A	-2,0 mag	34,8"
20.2.	17h19,8m	-22,49°	7:44	3:39A	-2,0 mag	35,3"
25.2.	17h22,7m	-22,53°	7:27	3:22A	-2,0 mag	35,7"
2.3.	17h25,3m	-22,57°	7:10	3:05A	-2,0 mag	36,3"
7.3.	17h27,6m	-22,60°	6:53	2:48A	-2,1 mag	36,8"
12.3.	17h29,7m	-22,62°	6:35	2:31A	-2,1 mag	37,4"
17.3.	17h31,4m	-22,64°	6:18	2:13A	-2,1 mag	38,0"
22.3.	17h32,9m	-22,66°	5:59	1:55A	-2,2 mag	38,6"
27.3.	17h34,0m	-22,67°	5:41	1:37A	-2,2 mag	39,2"
1.4.	17h34,9m	-22,68°	5:22	1:18A	-2,2 mag	39,8"
6.4.	17h35,4m	-22,68°	5:03	0:58A	-2,3 mag	40,4"
11.4.	17h35,5m	-22,68°	4:43	0:39A	-2,3 mag	41,1"
16.4.	17h35,3m	-22,68°	4:23	0:19A	-2,4 mag	41,7"
21.4.	17h34,8m	-22,68°	4:03	23:55A	-2,4 mag	42,3"
26.4.	17h33,9m	-22,67°	3:43	23:34A	-2,4 mag	42,9"
1.5.	17h32,8m	-22,66°	3:22	23:13A	-2,5 mag	43,4"
6.5.	17h31,3m	-22,64°	3:01	22:52A	-2,5 mag	43,9"
11.5.	17h29,5m	-22,62°	2:39	22:30A	-2,5 mag	44,4"
16.5.	17h27,5m	-22,60°	2:18	22:08A	-2,5 mag	44,8"
21.5.	17h25,3m	-22,58°	1:56	21:47A	-2,6 mag	45,2"
26.5.	17h22,8m	-22,55°	1:34	21:24A	-2,6 mag	45,5"
31.5.	17h20,2m	-22,52°	1:11	21:02A	-2,6 mag	45,7"
5.6.	17h17,6m	-22,48°	0:49	20:39A	-2,6 mag	45,9"
10.6.	17h14,8m	-22,44°	0:27		-2,6 mag	46,0"
15.6.	17h12,1m	-22,40°	0:04	4:10U	-2,6 mag	46,0"
20.6.	17h09,3m	-22,36°	23:37	3:48U	-2,6 mag	45,9"
25.6.	17h06,7m	-22,32°	23:15	3:26U	-2,6 mag	45,7"

Datum	Rektaszen-sion	Deklination	Kulmination	Auf-/Untergang	Helligkeit	Scheibchendurchmesser
30.6.	17h04,2m	-22,28°	22:53	3:04U	-2,6 mag	45,5"
5.7.	17h01,9m	-22,24°	22:31	2:42U	-2,6 mag	45,2"
10.7.	16h59,8m	-22,21°	22:09	2:21U	-2,5 mag	44,8"
15.7.	16h57,9m	-22,18°	21:48	2:00U	-2,5 mag	44,4"
20.7.	16h56,3m	-22,15°	21:27	1:39U	-2,5 mag	43,9"
25.7.	16h55,0m	-22,13°	21:06	1:18U	-2,5 mag	43,4"
30.7.	16h54,0m	-22,12°	20:45	0:57U	-2,4 mag	42,9"
4.8.	16h53,3m	-22,12°	20:25	0:37U	-2,4 mag	42,3"
9.8.	16h53,0m	-22,13°	20:05	0:16U	-2,4 mag	41,7"
14.8.	16h53,0m	-22,14°	19:45	23:53U	-2,3 mag	41,1"
19.8.	16h53,3m	-22,17°	19:26	23:34U	-2,3 mag	40,5"
24.8.	16h53,9m	-22,20°	19:07	23:15U	-2,3 mag	39,9"
29.8.	16h54,9m	-22,24°	18:49	22:55U	-2,2 mag	39,3"
3.9.	16h56,2m	-22,29°	18:30	22:37U	-2,2 mag	38,7"
8.9.	16h57,8m	-22,34°	18:12	22:18U	-2,2 mag	38,2"
13.9.	16h59,7m	-22,40°	17:54	22:00U	-2,1 mag	37,6"
18.9.	17h01,8m	-22,47°	17:37	21:43U	-2,1 mag	37,1"
23.9.	17h04,3m	-22,54°	17:20	21:25U	-2,1 mag	36,5"
28.9.	17h07,0m	-22,61°	17:03	21:08U	-2,1 mag	36,1"
3.10.	17h09,9m	-22,68°	16:46	20:50U	-2,0 mag	35,6"
8.10.	17h13,1m	-22,75°	16:30	20:33U	-2,0 mag	35,1"
13.10.	17h16,5m	-22,82°	16:13	20:16U	-2,0 mag	34,7"
18.10.	17h20,0m	-22,90°	15:57	20:00U	-2,0 mag	34,3"
23.10.	17h23,8m	-22,96°	15:41	19:44U	-1,9 mag	34,0"
28.10.	17h27,8m	-23,03°	15:26	19:28U	-1,9 mag	33,6"
2.11.	17h31,9m	-23,09°	15:10	19:12U	-1,9 mag	33,3"
7.11.	17h36,2m	-23,14°	14:55	18:56U	-1,9 mag	33,0"
12.11.	17h40,6m	-23,19°	14:40	18:40U	-1,9 mag	32,8"
17.11.	17h45,1m	-23,23°	14:24	18:25U	-1,9 mag	32,5"
22.11.	17h49,7m	-23,26°	14:09	18:10U	-1,9 mag	32,3"
27.11.	17h54,4m	-23,28°	13:54	17:55U	-1,8 mag	32,2"
2.12.	17h59,2m	-23,30°	13:40	17:40U	-1,8 mag	32,0"
7.12.	18h04,1m	-23,30°	13:25	17:25U	-1,8 mag	31,9"
12.12.	18h09,0m	-23,30°	13:10	17:11U	-1,8 mag	31,8"
17.12.	18h14,0m	-23,29°	12:55	16:56U	-1,8 mag	31,7"
22.12.	18h19,0m	-23,26°	12:41	16:41U	-1,8 mag	31,7"
27.12.	18h24,0m	-23,23°	12:26		-1,8 mag	31,7"
1.1.	18h29,0m	-23,18°	12:11	8:10A	-1,8 mag	31,7"

Saturn

Datum	Rektaszension	Deklination	Kulmination	Auf-/Untergang	Helligkeit	Scheibchendurchmesser	Ringöffnung
1.1.	18h49,3m	-22,47°	12:30	16:36U	0,5 mag	15,1"	25,5°
6.1.	18h51,8m	-22,42°	12:13	8:07A	0,5 mag	15,1"	25,3°
11.1.	18h54,4m	-22,37°	11:56	7:50A	0,5 mag	15,1"	25,2°
16.1.	18h56,9m	-22,32°	11:39	7:33A	0,5 mag	15,1"	25,1°

Datum	Rektaszension	Deklination	Kulmination	Auf-/Untergang	Helligkeit	Scheibchendurchmesser	Ringöffnung
21.1.	18h59,4m	-22,27°	11:22	7:15A	0,5 mag	15,2"	25,0°
26.1.	19h01,8m	-22,22°	11:04	6:57A	0,6 mag	15,2"	24,9°
31.1.	19h04,2m	-22,16°	10:47	6:39A	0,6 mag	15,2"	24,8°
5.2.	19h06,6m	-22,10°	10:30	6:22A	0,6 mag	15,3"	24,7°
10.2.	19h08,8m	-22,05°	10:12	6:04A	0,6 mag	15,4"	24,5°
15.2.	19h11,0m	-21,99°	9:55	5:46A	0,6 mag	15,4"	24,4°
20.2.	19h13,1m	-21,93°	9:37	5:29A	0,6 mag	15,5"	24,3°
25.2.	19h15,1m	-21,88°	9:20	5:10A	0,6 mag	15,6"	24,2°
2.3.	19h17,0m	-21,82°	9:02	4:52A	0,6 mag	15,7"	24,1°
7.3.	19h18,8m	-21,77°	8:44	4:34A	0,6 mag	15,8"	24,0°
12.3.	19h20,4m	-21,72°	8:26	4:15A	0,6 mag	15,9"	23,9°
17.3.	19h21,9m	-21,68°	8:08	3:57A	0,6 mag	16,0"	23,8°
22.3.	19h23,3m	-21,64°	7:49	3:39A	0,6 mag	16,1"	23,8°
27.3.	19h24,5m	-21,60°	7:31	3:20A	0,6 mag	16,3"	23,7°
1.4.	19h25,6m	-21,56°	7:12	3:01A	0,6 mag	16,4"	23,6°
6.4.	19h26,5m	-21,54°	6:54	2:42A	0,6 mag	16,5"	23,6°
11.4.	19h27,2m	-21,51°	6:35	2:23A	0,6 mag	16,7"	23,5°
16.4.	19h27,8m	-21,50°	6:16	2:04A	0,5 mag	16,8"	23,5°
21.4.	19h28,2m	-21,49°	5:56	1:45A	0,5 mag	17,0"	23,5°
26.4.	19h28,5m	-21,48°	5:37	1:25A	0,5 mag	17,1"	23,5°
1.5.	19h28,5m	-21,48°	5:17	1:06A	0,5 mag	17,2"	23,5°
6.5.	19h28,4m	-21,49°	4:57	0:46A	0,4 mag	17,4"	23,5°
11.5.	19h28,1m	-21,50°	4:38	0:26A	0,4 mag	17,5"	23,5°
16.5.	19h27,7m	-21,52°	4:17	0:06A	0,4 mag	17,6"	23,5°
21.5.	19h27,0m	-21,55°	3:57	23:42A	0,4 mag	17,8"	23,6°
26.5.	19h26,3m	-21,58°	3:37	23:22A	0,3 mag	17,9"	23,6°
31.5.	19h25,4m	-21,62°	3:16	23:01A	0,3 mag	18,0"	23,7°
5.6.	19h24,3m	-21,66°	2:55	22:41A	0,3 mag	18,1"	23,7°
10.6.	19h23,1m	-21,70°	2:35	22:20A	0,2 mag	18,2"	23,8°
15.6.	19h21,9m	-21,75°	2:14	22:00A	0,2 mag	18,3"	23,9°
20.6.	19h20,5m	-21,80°	1:53	21:39A	0,2 mag	18,3"	24,0°
25.6.	19h19,0m	-21,85°	1:32	21:18A	0,1 mag	18,4"	24,1°
30.6.	19h17,5m	-21,91°	1:10	20:57A	0,1 mag	18,4"	24,2°
5.7.	19h16,0m	-21,96°	0:49	20:36A	0,1 mag	18,4"	24,3°
10.7.	19h14,4m	-22,02°	0:28		0,1 mag	18,5"	24,4°
15.7.	19h12,8m	-22,07°	0:07	4:15U	0,1 mag	18,4"	24,5°
20.7.	19h11,3m	-22,12°	23:41	3:53U	0,1 mag	18,4"	24,6°
25.7.	19h09,8m	-22,17°	23:20	3:32U	0,1 mag	18,4"	24,6°
30.7.	19h08,3m	-22,22°	22:59	3:10U	0,2 mag	18,3"	24,7°
4.8.	19h06,9m	-22,26°	22:38	2:49U	0,2 mag	18,3"	24,8°
9.8.	19h05,6m	-22,31°	22:17	2:28U	0,2 mag	18,2"	24,9°
14.8.	19h04,5m	-22,35°	21:56	2:07U	0,2 mag	18,1"	24,9°
19.8.	19h03,4m	-22,38°	21:36	1:46U	0,3 mag	18,0"	25,0°
24.8.	19h02,5m	-22,41°	21:15	1:25U	0,3 mag	17,9"	25,1°
29.8.	19h01,8m	-22,44°	20:55	1:05U	0,3 mag	17,8"	25,1°
3.9.	19h01,1m	-22,46°	20:34	0:44U	0,4 mag	17,6"	25,2°
8.9.	19h00,7m	-22,48°	20:14	0:24U	0,4 mag	17,5"	25,2°
13.9.	19h00,4m	-22,50°	19:55	0:04U	0,4 mag	17,4"	25,2°

Datum	Rektaszension	Deklination	Kulmination	Auf-/Untergang	Helligkeit	Scheibchendurchmesser	Ringöffnung
18.9.	19h00,3m	-22,51°	19:35	23:40U	0,4 mag	17,2"	25,2°
23.9.	19h00,4m	-22,52°	19:15	23:21U	0,5 mag	17,1"	25,2°
28.9.	19h00,7m	-22,52°	18:56	23:01U	0,5 mag	17,0"	25,2°
3.10.	19h01,1m	-22,52°	18:37	22:42U	0,5 mag	16,8"	25,2°
8.10.	19h01,7m	-22,51°	18:18	22:23U	0,5 mag	16,7"	25,2°
13.10.	19h02,5m	-22,50°	17:59	22:04U	0,5 mag	16,5"	25,2°
18.10.	19h03,4m	-22,48°	17:40	21:46U	0,5 mag	16,4"	25,1°
23.10.	19h04,5m	-22,46°	17:22	21:27U	0,6 mag	16,3"	25,1°
28.10.	19h05,8m	-22,44°	17:03	21:09U	0,6 mag	16,1"	25,0°
2.11.	19h07,2m	-22,41°	16:45	20:51U	0,6 mag	16,0"	24,9°
7.11.	19h08,7m	-22,37°	16:27	20:33U	0,6 mag	15,9"	24,9°
12.11.	19h10,4m	-22,33°	16:09	20:15U	0,6 mag	15,8"	24,8°
17.11.	19h12,2m	-22,29°	15:51	19:58U	0,6 mag	15,7"	24,7°
22.11.	19h14,1m	-22,24°	15:33	19:41U	0,6 mag	15,6"	24,6°
27.11.	19h16,2m	-22,19°	15:16	19:23U	0,6 mag	15,5"	24,5°
2.12.	19h18,3m	-22,13°	14:58	19:06U	0,6 mag	15,4"	24,4°
7.12.	19h20,5m	-22,06°	14:41	18:49U	0,6 mag	15,4"	24,3°
12.12.	19h22,8m	-22,00°	14:23	18:32U	0,6 mag	15,3"	24,1°
17.12.	19h25,1m	-21,92°	14:06	18:15U	0,6 mag	15,3"	24,0°
22.12.	19h27,5m	-21,85°	13:49	17:58U	0,6 mag	15,2"	23,9°
27.12.	19h30,0m	-21,77°	13:31	17:42U	0,6 mag	15,2"	23,7°
1.1.	19h32,4m	-21,68°	13:14	17:25U	0,5 mag	15,2"	23,6°

Uranus

Datum	Rektaszension	Deklination	Kulmination	Auf-/Untergang	Helligkeit	Scheibchendurchmesser
1.1.	1h47,1m	10,48°	19:27	2:24U	5,8 mag	3,6"
11.1.	1h47,1m	10,48°	18:47	1:45U	5,8 mag	3,6"
21.1.	1h47,4m	10,52°	18:08	1:06U	5,8 mag	3,5"
31.1.	1h48,0m	10,58°	17:30	0:27U	5,8 mag	3,5"
10.2.	1h48,9m	10,67°	16:51	23:46U	5,8 mag	3,5"
20.2.	1h50,2m	10,79°	16:13	23:08U	5,8 mag	3,4"
2.3.	1h51,6m	10,93°	15:35	22:31U	5,9 mag	3,4"
12.3.	1h53,3m	11,09°	14:58	21:55U	5,9 mag	3,4"
22.3.	1h55,2m	11,27°	14:20	21:18U	5,9 mag	3,4"
1.4.	1h57,3m	11,46°	13:43	20:41U	5,9 mag	3,4"
11.4.	1h59,4m	11,65°	13:06	20:05U	5,9 mag	3,4"
21.4.	2h01,6m	11,85°	12:29	19:30U	5,9 mag	3,4"
1.5.	2h03,8m	12,05°	11:52	4:50A	5,9 mag	3,4"
11.5.	2h06,0m	12,24°	11:14	4:12A	5,9 mag	3,4"
21.5.	2h08,1m	12,42°	10:37	3:34A	5,9 mag	3,4"
31.5.	2h10,0m	12,60°	10:00	2:55A	5,9 mag	3,4"
10.6.	2h11,9m	12,75°	9:22	2:17A	5,9 mag	3,4"
20.6.	2h13,5m	12,89°	8:45	1:39A	5,9 mag	3,4"
30.6.	2h14,9m	13,01°	8:07	1:00A	5,8 mag	3,5"
10.7.	2h16,1m	13,11°	7:29	0:21A	5,8 mag	3,5"

Datum	Rektaszension	Deklination	Kulmination	Auf-/Untergang	Helligkeit	Scheibchendurchmesser
20.7.	2h17,0m	13,18°	6:50	23:39A	5,8 mag	3,5"
30.7.	2h17,5m	13,22°	6:11	23:00A	5,8 mag	3,5"
9.8.	2h17,8m	13,24°	5:32	22:20A	5,8 mag	3,6"
19.8.	2h17,8m	13,24°	4:53	21:41A	5,7 mag	3,6"
29.8.	2h17,4m	13,20°	4:13	21:02A	5,7 mag	3,6"
8.9.	2h16,7m	13,14°	3:33	20:22A	5,7 mag	3,7"
18.9.	2h15,8m	13,06°	2:53	19:42A	5,7 mag	3,7"
28.9.	2h14,6m	12,96°	2:12	19:02A	5,7 mag	3,7"
8.10.	2h13,2m	12,84°	1:32	18:22A	5,7 mag	3,7"
18.10.	2h11,7m	12,71°	0:51	17:42A	5,7 mag	3,7"
28.10.	2h10,1m	12,57°	0:10		5,7 mag	3,7"
7.11.	2h08,6m	12,44°	23:25	6:32U	5,7 mag	3,7"
17.11.	2h07,0m	12,31°	22:44	5:51U	5,7 mag	3,7"
27.11.	2h05,7m	12,19°	22:04	5:10U	5,7 mag	3,7"
7.12.	2h04,5m	12,09°	21:23	4:29U	5,7 mag	3,7"
17.12.	2h03,5m	12,01°	20:43	3:48U	5,7 mag	3,6"
27.12.	2h02,9m	11,96°	20:03	3:08U	5,7 mag	3,6"
1.1.	2h02,7m	11,94°	19:43	2:48U	5,7 mag	3,6"

Neptun

Datum	Rektaszension	Deklination	Kulmination	Auf-/Untergang	Helligkeit	Scheibchendurchmesser
1.1.	23h02,8m	-7,16°	16:43	22:11U	7,9 mag	2,2"
11.1.	23h03,7m	-7,07°	16:04	21:33U	7,9 mag	2,2"
21.1.	23h04,7m	-6,96°	15:26	20:55U	7,9 mag	2,2"
31.1.	23h05,9m	-6,84°	14:48	20:18U	8,0 mag	2,2"
10.2.	23h07,1m	-6,70°	14:10	19:41U	8,0 mag	2,2"
20.2.	23h08,5m	-6,56°	13:32	19:03U	8,0 mag	2,2"
2.3.	23h09,8m	-6,42°	12:54	18:26U	8,0 mag	2,2"
12.3.	23h11,3m	-6,27°	12:16	6:43A	8,0 mag	2,2"
22.3.	23h12,6m	-6,13°	11:38	6:05A	8,0 mag	2,2"
1.4.	23h14,0m	-5,99°	11:00	5:26A	8,0 mag	2,2"
11.4.	23h15,3m	-5,86°	10:22	4:47A	8,0 mag	2,2"
21.4.	23h16,4m	-5,74°	9:44	4:09A	7,9 mag	2,2"
1.5.	23h17,5m	-5,64°	9:06	3:30A	7,9 mag	2,2"
11.5.	23h18,4m	-5,55°	8:27	2:51A	7,9 mag	2,2"
21.5.	23h19,1m	-5,48°	7:49	2:12A	7,9 mag	2,2"
31.5.	23h19,6m	-5,43°	7:10	1:33A	7,9 mag	2,2"
10.6.	23h20,0m	-5,40°	6:31	0:54A	7,9 mag	2,2"
20.6.	23h20,1m	-5,40°	5:52	0:15A	7,9 mag	2,3"
30.6.	23h20,1m	-5,41°	5:12	23:32A	7,9 mag	2,3"
10.7.	23h19,8m	-5,44°	4:33	22:52A	7,9 mag	2,3"
20.7.	23h19,4m	-5,50°	3:53	22:13A	7,8 mag	2,3"
30.7.	23h18,8m	-5,57°	3:13	21:33A	7,8 mag	2,3"
9.8.	23h18,0m	-5,65°	2:33	20:53A	7,8 mag	2,3"
19.8.	23h17,2m	-5,75°	1:53	20:14A	7,8 mag	2,3"

Datum	Rektaszension	Deklination	Kulmination	Auf-/Untergang	Helligkeit	Scheibchendurchmesser
29.8.	23h16,2m	-5,85°	1:13	19:34A	7,8 mag	2,3"
8.9.	23h15,2m	-5,96°	0:32	18:54A	7,8 mag	2,3"
18.9.	23h14,2m	-6,07°	23:48	5:26U	7,8 mag	2,3"
28.9.	23h13,2m	-6,17°	23:08	4:44U	7,8 mag	2,3"
8.10.	23h12,3m	-6,27°	22:27	4:04U	7,8 mag	2,3"
18.10.	23h11,5m	-6,35°	21:47	3:24U	7,8 mag	2,3"
28.10.	23h10,8m	-6,42°	21:07	2:43U	7,8 mag	2,3"
7.11.	23h10,3m	-6,47°	20:27	2:03U	7,9 mag	2,3"
17.11.	23h09,9m	-6,50°	19:48	1:23U	7,9 mag	2,3"
27.11.	23h09,8m	-6,51°	19:08	0:44U	7,9 mag	2,3"
7.12.	23h09,9m	-6,50°	18:29	0:04U	7,9 mag	2,2"
17.12.	23h10,2m	-6,46°	17:50	23:22U	7,9 mag	2,2"
27.12.	23h10,7m	-6,40°	17:11	22:43U	7,9 mag	2,2"
1.1.	23h11,0m	-6,36°	16:52	22:24U	7,9 mag	2,2"

Pluto

Datum	Rektaszension	Deklination	Kulmination	Auf-/Untergang	Helligkeit
1.1.	19h29,1m	-21,96°	13:10	17:19U	14,3 mag
11.1.	19h30,6m	-21,92°	12:32		14,3 mag
21.1.	19h32,0m	-21,89°	11:54	7:45A	14,3 mag
31.1.	19h33,4m	-21,85°	11:16	7:07A	14,3 mag
10.2.	19h34,8m	-21,82°	10:38	6:28A	14,3 mag
20.2.	19h36,0m	-21,78°	10:00	5:50A	14,3 mag
2.3.	19h37,2m	-21,76°	9:22	5:12A	14,3 mag
12.3.	19h38,1m	-21,74°	8:43	4:33A	14,3 mag
22.3.	19h38,9m	-21,72°	8:05	3:55A	14,3 mag
1.4.	19h39,5m	-21,72°	7:26	3:16A	14,3 mag
11.4.	19h39,9m	-21,72°	6:47	2:37A	14,3 mag
21.4.	19h40,1m	-21,73°	6:08	1:58A	14,3 mag
1.5.	19h40,1m	-21,74°	5:29	1:19A	14,3 mag
11.5.	19h39,9m	-21,77°	4:49	0:39A	14,3 mag
21.5.	19h39,5m	-21,80°	4:10	23:56A	14,3 mag
31.5.	19h38,9m	-21,84°	3:30	23:16A	14,2 mag
10.6.	19h38,2m	-21,89°	2:50	22:36A	14,2 mag
20.6.	19h37,3m	-21,94°	2:09	21:57A	14,2 mag
30.6.	19h36,4m	-21,99°	1:29	21:17A	14,2 mag
10.7.	19h35,4m	-22,05°	0:49	20:36A	14,2 mag
20.7.	19h34,3m	-22,10°	0:09	4:16U	14,2 mag
30.7.	19h33,3m	-22,15°	23:24	3:36U	14,2 mag
9.8.	19h32,4m	-22,20°	22:44	2:55U	14,2 mag
19.8.	19h31,5m	-22,25°	22:04	2:14U	14,2 mag
29.8.	19h30,8m	-22,29°	21:24	1:35U	14,3 mag
8.9.	19h30,2m	-22,33°	20:44	0:54U	14,3 mag
18.9.	19h29,8m	-22,35°	20:04	0:14U	14,3 mag
28.9.	19h29,6m	-22,37°	19:25	23:31U	14,3 mag

Datum	Rektaszension	Deklination	Kulmination	Auf-/Untergang	Helligkeit
8.10.	19h29,6m	-22,39°	18:45	22:51U	14,3 mag
18.10.	19h29,8m	-22,39°	18:06	22:12U	14,3 mag
28.10.	19h30,3m	-22,39°	17:27	21:34U	14,3 mag
7.11.	19h30,9m	-22,38°	16:49	20:55U	14,3 mag
17.11.	19h31,7m	-22,36°	16:10	20:16U	14,3 mag
27.11.	19h32,7m	-22,34°	15:32	19:39U	14,3 mag
7.12.	19h33,8m	-22,31°	14:54	19:00U	14,4 mag
17.12.	19h35,1m	-22,28°	14:16	18:22U	14,4 mag
27.12.	19h36,4m	-22,24°	13:38	17:45U	14,4 mag
1.1.	19h37,1m	-22,22°	13:19	17:26U	14,4 mag

Ceres

Datum	Rektaszension	Deklination	Kulmination	Auf-/Untergang	Helligkeit
1.1.	15h21,1m	-11,84°	9:02	3:57A	8,9 mag
6.1.	15h28,6m	-12,33°	8:50	3:48A	8,9 mag
11.1.	15h36,0m	-12,80°	8:38	3:38A	8,9 mag
16.1.	15h43,2m	-13,23°	8:25	3:28A	8,9 mag
21.1.	15h50,2m	-13,63°	8:13	3:17A	8,8 mag
26.1.	15h57,0m	-14,00°	8:00	3:06A	8,8 mag
31.1.	16h03,6m	-14,34°	7:47	2:55A	8,8 mag
5.2.	16h10,0m	-14,65°	7:34	2:43A	8,8 mag
10.2.	16h16,0m	-14,93°	7:20	2:31A	8,7 mag
15.2.	16h21,8m	-15,18°	7:06	2:18A	8,7 mag
20.2.	16h27,2m	-15,41°	6:52	2:05A	8,7 mag
25.2.	16h32,2m	-15,62°	6:37	1:52A	8,6 mag
2.3.	16h36,8m	-15,80°	6:22	1:38A	8,6 mag
7.3.	16h40,9m	-15,96°	6:06	1:23A	8,5 mag
12.3.	16h44,6m	-16,11°	5:51	1:08A	8,4 mag
17.3.	16h47,8m	-16,24°	5:34	0:52A	8,4 mag
22.3.	16h50,3m	-16,36°	5:17	0:35A	8,3 mag
27.3.	16h52,4m	-16,47°	4:59	0:18A	8,2 mag
1.4.	16h53,7m	-16,57°	4:41	0:01A	8,2 mag
6.4.	16h54,5m	-16,66°	4:22	23:39A	8,1 mag
11.4.	16h54,5m	-16,75°	4:02	23:20A	8,0 mag
16.4.	16h53,9m	-16,84°	3:42	23:00A	7,9 mag
21.4.	16h52,6m	-16,93°	3:21	22:39A	7,8 mag
26.4.	16h50,6m	-17,02°	3:00	22:18A	7,7 mag
1.5.	16h48,0m	-17,12°	2:37	21:56A	7,6 mag
6.5.	16h44,8m	-17,21°	2:14	21:34A	7,5 mag
11.5.	16h41,0m	-17,31°	1:51	21:11A	7,4 mag
16.5.	16h36,8m	-17,41°	1:27	20:48A	7,3 mag
21.5.	16h32,3m	-17,52°	1:03	20:24A	7,1 mag
26.5.	16h27,6m	-17,64°	0:39		7,0 mag
31.5.	16h22,7m	-17,76°	0:14		7,0 mag
5.6.	16h18,0m	-17,88°	23:47		7,1 mag

Datum	Rektaszension	Deklination	Kulmination	Auf-/Untergang	Helligkeit
10.6.	16h13,4m	-18,02°	23:22	3:57U	7,3 mag
15.6.	16h09,1m	-18,17°	22:58	3:33U	7,4 mag
20.6.	16h05,3m	-18,33°	22:35	3:08U	7,5 mag
25.6.	16h01,9m	-18,51°	22:12	2:44U	7,6 mag
30.6.	15h59,0m	-18,70°	21:50	2:20U	7,7 mag
5.7.	15h56,8m	-18,91°	21:28	1:58U	7,9 mag
10.7.	15h55,2m	-19,14°	21:06	1:35U	8,0 mag
15.7.	15h54,3m	-19,40°	20:46	1:13U	8,1 mag
20.7.	15h54,0m	-19,66°	20:26	0:51U	8,2 mag
25.7.	15h54,4m	-19,95°	20:06	0:30U	8,3 mag
30.7.	15h55,3m	-20,25°	19:48	0:10U	8,3 mag
4.8.	15h56,9m	-20,57°	19:29	23:46U	8,4 mag
9.8.	15h59,0m	-20,90°	19:11	23:27U	8,5 mag
14.8.	16h01,7m	-21,24°	18:54	23:08U	8,6 mag
19.8.	16h04,9m	-21,59°	18:38	22:49U	8,7 mag
24.8.	16h08,6m	-21,94°	18:22	22:30U	8,7 mag
29.8.	16h12,7m	-22,29°	18:06	22:13U	8,8 mag
3.9.	16h17,3m	-22,65°	17:52	21:56U	8,8 mag
8.9.	16h22,2m	-23,01°	17:37	21:39U	8,9 mag
13.9.	16h27,5m	-23,36°	17:22	21:22U	8,9 mag
18.9.	16h33,2m	-23,70°	17:08	21:06U	9,0 mag
23.9.	16h39,2m	-24,03°	16:55	20:50U	9,0 mag
28.9.	16h45,5m	-24,36°	16:41	20:34U	9,1 mag
3.10.	16h52,1m	-24,67°	16:28	20:19U	9,1 mag
8.10.	16h59,0m	-24,96°	16:15	20:04U	9,1 mag
13.10.	17h06,1m	-25,24°	16:02	19:50U	9,1 mag
18.10.	17h13,4m	-25,49°	15:51	19:36U	9,2 mag
23.10.	17h21,0m	-25,73°	15:38	19:22U	9,2 mag
28.10.	17h28,7m	-25,94°	15:26	19:09U	9,2 mag
2.11.	17h36,6m	-26,13°	15:15	18:55U	9,2 mag
7.11.	17h44,7m	-26,29°	15:03	18:43U	9,2 mag
12.11.	17h52,9m	-26,43°	14:51	18:30U	9,2 mag
17.11.	18h01,3m	-26,54°	14:40	18:18U	9,2 mag
22.11.	18h09,8m	-26,62°	14:29	18:06U	9,2 mag
27.11.	18h18,3m	-26,67°	14:18	17:55U	9,2 mag
2.12.	18h27,0m	-26,70°	14:07	17:44U	9,1 mag
7.12.	18h35,7m	-26,69°	13:56	17:33U	9,1 mag
12.12.	18h44,5m	-26,65°	13:45	17:22U	9,1 mag
17.12.	18h53,3m	-26,59°	13:34	17:12U	9,1 mag
22.12.	19h02,2m	-26,49°	13:23	17:02U	9,0 mag
27.12.	19h11,0m	-26,37°	13:12	16:52U	9,0 mag
1.1.	19h19,9m	-26,21°	13:02	16:42U	8,9 mag

Pallas

Datum	Rektaszension	Deklination	Kulmination	Auf-/Untergang	Helligkeit
1.1.	13h23,3m	-6,10°	7:05	1:32A	9,0 mag
6.1.	13h29,9m	-5,74°	6:52	1:17A	8,9 mag
11.1.	13h36,3m	-5,28°	6:39	1:01A	8,9 mag
16.1.	13h42,2m	-4,73°	6:25	0:45A	8,8 mag
21.1.	13h47,7m	-4,07°	6:10	0:27A	8,8 mag
26.1.	13h52,8m	-3,31°	5:56	0:09A	8,7 mag
31.1.	13h57,4m	-2,43°	5:41	23:46A	8,7 mag
5.2.	14h01,4m	-1,44°	5:26	23:26A	8,6 mag
10.2.	14h04,9m	-0,33°	5:09	23:04A	8,5 mag
15.2.	14h07,7m	0,90°	4:52	22:41A	8,4 mag
20.2.	14h09,9m	2,24°	4:35	22:17A	8,4 mag
25.2.	14h11,4m	3,69°	4:17	21:53A	8,3 mag
2.3.	14h12,2m	5,24°	3:58	21:26A	8,2 mag
7.3.	14h12,3m	6,86°	3:39	20:59A	8,1 mag
12.3.	14h11,7m	8,55°	3:18	20:30A	8,1 mag
17.3.	14h10,4m	10,27°	2:57	20:01A	8,0 mag
22.3.	14h08,4m	11,99°	2:35	19:30A	7,9 mag
27.3.	14h05,9m	13,69°	2:13	18:59A	7,9 mag
1.4.	14h02,8m	15,34°	1:51		7,9 mag
6.4.	13h59,4m	16,89°	1:28		7,9 mag
11.4.	13h55,7m	18,33°	1:04		7,9 mag
16.4.	13h51,8m	19,62°	0:41		8,0 mag
21.4.	13h47,9m	20,76°	0:17		8,1 mag
26.4.	13h44,1m	21,72°	23:51		8,1 mag
1.5.	13h40,6m	22,51°	23:27		8,2 mag
6.5.	13h37,4m	23,13°	23:04		8,4 mag
11.5.	13h34,6m	23,58°	22:42		8,5 mag
16.5.	13h32,3m	23,87°	22:20		8,6 mag
21.5.	13h30,5m	24,01°	21:59		8,7 mag
26.5.	13h29,3m	24,03°	21:38		8,8 mag
31.5.	13h28,6m	23,92°	21:17		8,9 mag
5.6.	13h28,6m	23,71°	20:58		9,0 mag
10.6.	13h29,0m	23,41°	20:38		9,1 mag
15.6.	13h30,1m	23,03°	20:20		9,2 mag
20.6.	13h31,6m	22,57°	20:01	4:07U	9,2 mag
25.6.	13h33,7m	22,06°	19:44	3:46U	9,3 mag
30.6.	13h36,1m	21,50°	19:27	3:25U	9,4 mag
5.7.	13h39,1m	20,90°	19:10	3:05U	9,5 mag
10.7.	13h42,4m	20,26°	18:54	2:44U	9,5 mag
15.7.	13h46,1m	19,60°	18:38	2:24U	9,6 mag
20.7.	13h50,1m	18,91°	18:22	2:04U	9,6 mag
25.7.	13h54,4m	18,20°	18:06	1:45U	9,7 mag
30.7.	13h59,1m	17,48°	17:52	1:26U	9,7 mag
4.8.	14h04,0m	16,76°	17:37	1:07U	9,8 mag
9.8.	14h09,2m	16,02°	17:23	0:48U	9,8 mag

Datum	Rektaszension	Deklination	Kulmination	Auf-/Untergang	Helligkeit
14.8.	14h14,6m	15,29°	17:08	0:30U	9,9 mag
19.8.	14h20,2m	14,56°	16:54	0:12U	9,9 mag
24.8.	14h26,0m	13,83°	16:40	23:51U	9,9 mag
29.8.	14h32,1m	13,11°	16:26	23:33U	10,0 mag
3.9.	14h38,2m	12,40°	16:12	23:16U	10,0 mag
8.9.	14h44,6m	11,71°	16:00	22:59U	10,0 mag
13.9.	14h51,1m	11,03°	15:46	22:42U	10,0 mag
18.9.	14h57,8m	10,36°	15:33	22:26U	10,1 mag
23.9.	15h04,6m	9,72°	15:20	22:09U	10,1 mag
28.9.	15h11,5m	9,10°	15:07	21:54U	10,1 mag
3.10.	15h18,5m	8,50°	14:55	21:38U	10,1 mag
8.10.	15h25,6m	7,93°	14:42	21:23U	10,1 mag
13.10.	15h32,9m	7,38°	14:30	21:08U	10,1 mag
18.10.	15h40,2m	6,87°	14:17	20:53U	10,1 mag
23.10.	15h47,6m	6,39°	14:05	20:38U	10,1 mag
28.10.	15h55,1m	5,94°	13:53	20:23U	10,1 mag
2.11.	16h02,6m	5,52°	13:41	20:09U	10,1 mag
7.11.	16h10,2m	5,14°	13:29	19:56U	10,1 mag
12.11.	16h17,9m	4,80°	13:17	19:42U	10,1 mag
17.11.	16h25,5m	4,50°	13:05	19:29U	10,1 mag
22.11.	16h33,2m	4,23°	12:53	19:15U	10,1 mag
27.11.	16h40,9m	4,01°	12:41	19:02U	10,1 mag
2.12.	16h48,7m	3,83°	12:29	18:49U	10,1 mag
7.12.	16h56,4m	3,69°	12:17	18:37U	10,2 mag
12.12.	17h04,1m	3,60°	12:04	18:24U	10,2 mag
17.12.	17h11,7m	3,55°	11:53	18:12U	10,2 mag
22.12.	17h19,4m	3,54°	11:41	18:00U	10,2 mag
27.12.	17h26,9m	3,58°	11:29	17:48U	10,2 mag
1.1.	17h34,4m	3,66°	11:17	17:37U	10,2 mag

Juno

Datum	Rektaszension	Deklination	Kulmination	Auf-/Untergang	Helligkeit
1.1.	3h34,5m	-2,42°	21:15	3:09U	8,2 mag
6.1.	3h35,6m	-1,71°	20:56	2:53U	8,3 mag
11.1.	3h37,5m	-0,93°	20:38	2:39U	8,4 mag
16.1.	3h40,1m	-0,09°	20:21	2:26U	8,5 mag
21.1.	3h43,5m	0,78°	20:05	2:14U	8,6 mag
26.1.	3h47,5m	1,68°	19:49	2:03U	8,7 mag
31.1.	3h52,1m	2,60°	19:34	1:52U	8,8 mag
5.2.	3h57,3m	3,52°	19:20	1:42U	8,9 mag
10.2.	4h03,1m	4,44°	19:06	1:33U	9,0 mag
15.2.	4h09,3m	5,35°	18:52	1:24U	9,1 mag
20.2.	4h16,0m	6,24°	18:39	1:15U	9,2 mag
25.2.	4h23,2m	7,11°	18:27	1:07U	9,2 mag
2.3.	4h30,7m	7,95°	18:14	0:59U	9,3 mag

Datum	Rektaszension	Deklination	Kulmination	Auf-/ Untergang	Helligkeit
7.3.	4h38,6m	8,76°	18:03	0:51U	9,4 mag
12.3.	4h46,8m	9,53°	17:52	0:43U	9,5 mag
17.3.	4h55,2m	10,26°	17:40	0:35U	9,5 mag
22.3.	5h04,0m	10,94°	17:29	0:28U	9,6 mag
27.3.	5h13,0m	11,58°	17:19	0:21U	9,6 mag
1.4.	5h22,1m	12,17°	17:08	0:13U	9,7 mag
6.4.	5h31,5m	12,71°	16:58	0:06U	9,8 mag
11.4.	5h41,0m	13,20°	16:47	23:54U	9,8 mag
16.4.	5h50,7m	13,63°	16:37	23:47U	9,9 mag
21.4.	6h00,5m	14,01°	16:27	23:39U	9,9 mag
26.4.	6h10,4m	14,34°	16:17	23:31U	9,9 mag
1.5.	6h20,4m	14,61°	16:07	23:23U	10,0 mag
6.5.	6h30,4m	14,82°	15:58	23:14U	10,0 mag
11.5.	6h40,5m	14,99°	15:49	23:05U	10,1 mag
16.5.	6h50,7m	15,10°	15:39	22:56U	10,1 mag
21.5.	7h00,8m	15,15°	15:29	22:47U	10,1 mag
26.5.	7h11,0m	15,16°	15:20	22:37U	10,1 mag
31.5.	7h21,1m	15,11°	15:10	22:27U	10,2 mag
5.6.	7h31,2m	15,02°	15:01	22:17U	10,2 mag
10.6.	7h41,3m	14,88°	14:51	22:07U	10,2 mag
15.6.	7h51,3m	14,69°	14:41	21:57U	10,2 mag
20.6.	8h01,3m	14,46°	14:31	21:46U	10,3 mag
25.6.	8h11,2m	14,19°	14:22	21:35U	10,3 mag
30.6.	8h21,1m	13,87°	14:12	21:23U	10,3 mag
5.7.	8h30,9m	13,52°	14:02	21:11U	10,3 mag
10.7.	8h40,6m	13,14°	13:52	20:59U	10,3 mag
15.7.	8h50,2m	12,72°	13:42	20:47U	10,3 mag
20.7.	8h59,7m	12,27°	13:32	20:34U	10,3 mag
25.7.	9h09,1m	11,79°	13:22	20:21U	10,3 mag
30.7.	9h18,5m	11,28°	13:11		10,3 mag
4.8.	9h27,7m	10,75°	13:01		10,3 mag
9.8.	9h36,8m	10,19°	12:50		10,2 mag
14.8.	9h45,9m	9,62°	12:39		10,2 mag
19.8.	9h54,8m	9,02°	12:29		10,2 mag
24.8.	10h03,6m	8,42°	12:18		10,2 mag
29.8.	10h12,4m	7,79°	12:07	5:27A	10,2 mag
3.9.	10h21,0m	7,16°	11:56	5:19A	10,3 mag
8.9.	10h29,5m	6,52°	11:45	5:11A	10,4 mag
13.9.	10h37,9m	5,87°	11:34	5:03A	10,4 mag
18.9.	10h46,2m	5,22°	11:22	4:54A	10,5 mag
23.9.	10h54,4m	4,57°	11:11	4:46A	10,5 mag
28.9.	11h02,5m	3,91°	10:59	4:38A	10,6 mag
3.10.	11h10,5m	3,26°	10:47	4:29A	10,6 mag
8.10.	11h18,4m	2,62°	10:35	4:20A	10,6 mag
13.10.	11h26,1m	1,98°	10:23	4:11A	10,7 mag
18.10.	11h33,7m	1,35°	10:11	4:02A	10,7 mag
23.10.	11h41,2m	0,73°	10:00	3:53A	10,7 mag
28.10.	11h48,5m	0,13°	9:47	3:44A	10,7 mag

Datum	Rektaszension	Deklination	Kulmination	Auf-/Untergang	Helligkeit
2.11.	11h55,7m	-0,46°	9:35	3:34A	10,8 mag
7.11.	12h02,8m	-1,03°	9:22	3:24A	10,8 mag
12.11.	12h09,7m	-1,57°	9:09	3:14A	10,8 mag
17.11.	12h16,4m	-2,09°	8:56	3:03A	10,8 mag
22.11.	12h22,9m	-2,59°	8:43	2:53A	10,8 mag
27.11.	12h29,3m	-3,05°	8:30	2:41A	10,8 mag
2.12.	12h35,4m	-3,49°	8:16	2:30A	10,8 mag
7.12.	12h41,3m	-3,89°	8:02	2:18A	10,8 mag
12.12.	12h46,9m	-4,25°	7:49	2:06A	10,7 mag
17.12.	12h52,3m	-4,57°	7:34	1:53A	10,7 mag
22.12.	12h57,4m	-4,84°	7:20	1:40A	10,7 mag
27.12.	13h02,2m	-5,07°	7:05	1:26A	10,7 mag
1.1.	13h06,6m	-5,25°	6:49	1:12A	10,6 mag

Vesta

Datum	Rektaszension	Deklination	Kulmination	Auf-/Untergang	Helligkeit
1.1.	21h12,3m	-20,11°	14:53	19:13U	8,1 mag
6.1.	21h22,3m	-19,43°	14:43	19:07U	8,1 mag
11.1.	21h32,2m	-18,71°	14:33	19:01U	8,1 mag
16.1.	21h42,1m	-17,96°	14:23	18:56U	8,0 mag
21.1.	21h52,0m	-17,19°	14:13	18:50U	8,0 mag
26.1.	22h01,7m	-16,39°	14:03	18:44U	8,0 mag
31.1.	22h11,4m	-15,57°	13:54	18:39U	8,0 mag
5.2.	22h21,1m	-14,73°	13:44	18:33U	8,0 mag
10.2.	22h30,7m	-13,87°	13:34	18:28U	8,0 mag
15.2.	22h40,2m	-13,00°	13:24	18:22U	8,0 mag
20.2.	22h49,7m	-12,12°	13:13	18:16U	7,9 mag
25.2.	22h59,0m	-11,22°	13:03	18:11U	7,9 mag
2.3.	23h08,4m	-10,32°	12:53		7,9 mag
7.3.	23h17,6m	-9,42°	12:43		7,9 mag
12.3.	23h26,8m	-8,50°	12:32		7,9 mag
17.3.	23h35,9m	-7,59°	12:22		7,9 mag
22.3.	23h45,0m	-6,68°	12:11		8,0 mag
27.3.	23h53,9m	-5,78°	12:00		8,0 mag
1.4.	0h02,9m	-4,88°	11:49		8,1 mag
6.4.	0h11,7m	-3,98°	11:38		8,1 mag
11.4.	0h20,5m	-3,10°	11:27		8,1 mag
16.4.	0h29,3m	-2,23°	11:16	5:24A	8,2 mag
21.4.	0h37,9m	-1,37°	11:05	5:09A	8,2 mag
26.4.	0h46,5m	-0,53°	10:54	4:54A	8,2 mag
1.5.	0h55,1m	0,30°	10:43	4:39A	8,2 mag
6.5.	1h03,6m	1,11°	10:32	4:24A	8,2 mag
11.5.	1h12,0m	1,89°	10:20	4:09A	8,3 mag
16.5.	1h20,3m	2,66°	10:09	3:54A	8,3 mag
21.5.	1h28,6m	3,40°	9:58	3:39A	8,3 mag

Datum	Rektaszension	Deklination	Kulmination	Auf-/Untergang	Helligkeit
26.5.	1h36,7m	4,11°	9:47	3:24A	8,3 mag
31.5.	1h44,8m	4,80°	9:35	3:09A	8,3 mag
5.6.	1h52,8m	5,46°	9:23	2:54A	8,3 mag
10.6.	2h00,7m	6,08°	9:11	2:39A	8,3 mag
15.6.	2h08,5m	6,68°	8:59	2:24A	8,3 mag
20.6.	2h16,1m	7,25°	8:47	2:10A	8,3 mag
25.6.	2h23,7m	7,78°	8:35	1:55A	8,2 mag
30.6.	2h31,0m	8,28°	8:23	1:40A	8,2 mag
5.7.	2h38,2m	8,74°	8:10	1:26A	8,2 mag
10.7.	2h45,2m	9,17°	7:58	1:11A	8,2 mag
15.7.	2h52,0m	9,55°	7:45	0:56A	8,2 mag
20.7.	2h58,6m	9,90°	7:32	0:41A	8,1 mag
25.7.	3h05,0m	10,22°	7:19	0:26A	8,1 mag
30.7.	3h11,0m	10,49°	7:05	0:11A	8,1 mag
4.8.	3h16,8m	10,72°	6:51	23:52A	8,0 mag
9.8.	3h22,2m	10,92°	6:37	23:37A	8,0 mag
14.8.	3h27,3m	11,07°	6:22	23:22A	7,9 mag
19.8.	3h31,9m	11,18°	6:07	23:06A	7,9 mag
24.8.	3h36,1m	11,26°	5:52	22:50A	7,8 mag
29.8.	3h39,8m	11,29°	5:36	22:34A	7,7 mag
3.9.	3h43,0m	11,29°	5:19	22:17A	7,7 mag
8.9.	3h45,7m	11,24°	5:02	22:01A	7,6 mag
13.9.	3h47,7m	11,16°	4:44	21:44A	7,5 mag
18.9.	3h49,1m	11,05°	4:26	21:26A	7,4 mag
23.9.	3h49,7m	10,90°	4:07	21:07A	7,3 mag
28.9.	3h49,7m	10,72°	3:48	20:49A	7,3 mag
3.10.	3h48,9m	10,51°	3:27	20:29A	7,2 mag
8.10.	3h47,4m	10,28°	3:06	20:09A	7,1 mag
13.10.	3h45,1m	10,03°	2:44	19:49A	7,0 mag
18.10.	3h42,2m	9,77°	2:21	19:28A	6,9 mag
23.10.	3h38,6m	9,50°	1:58	19:06A	6,8 mag
28.10.	3h34,4m	9,23°	1:34	18:43A	6,7 mag
2.11.	3h29,8m	8,97°	1:10	18:20A	6,6 mag
7.11.	3h24,8m	8,73°	0:45	17:57A	6,5 mag
12.11.	3h19,6m	8,51°	0:20	7:04U	6,5 mag
17.11.	3h14,4m	8,34°	23:53	6:38U	6,5 mag
22.11.	3h09,4m	8,21°	23:28	6:13U	6,6 mag
27.11.	3h04,6m	8,13°	23:03	5:48U	6,7 mag
2.12.	3h00,2m	8,10°	22:39	5:24U	6,8 mag
7.12.	2h56,3m	8,14°	22:15	5:01U	6,9 mag
12.12.	2h53,0m	8,24°	21:53	4:38U	7,0 mag
17.12.	2h50,4m	8,39°	21:31	4:16U	7,1 mag
22.12.	2h48,5m	8,61°	21:09	3:56U	7,2 mag
27.12.	2h47,3m	8,88°	20:48	3:37U	7,3 mag
1.1.	2h46,8m	9,20°	20:28	3:18U	7,4 mag

Saturnmonde

Januar

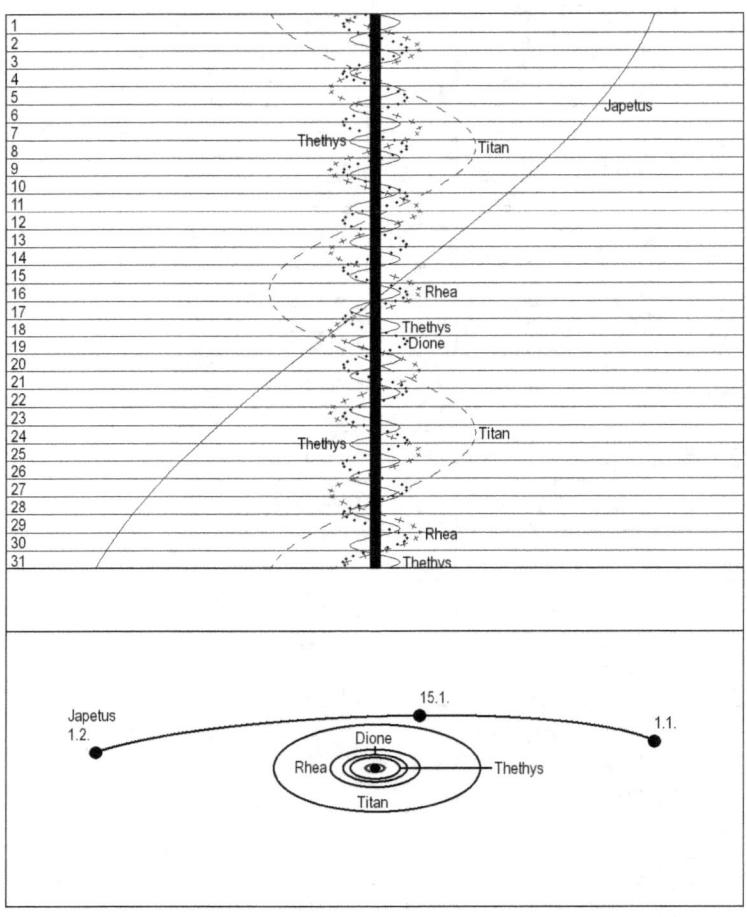

Februar

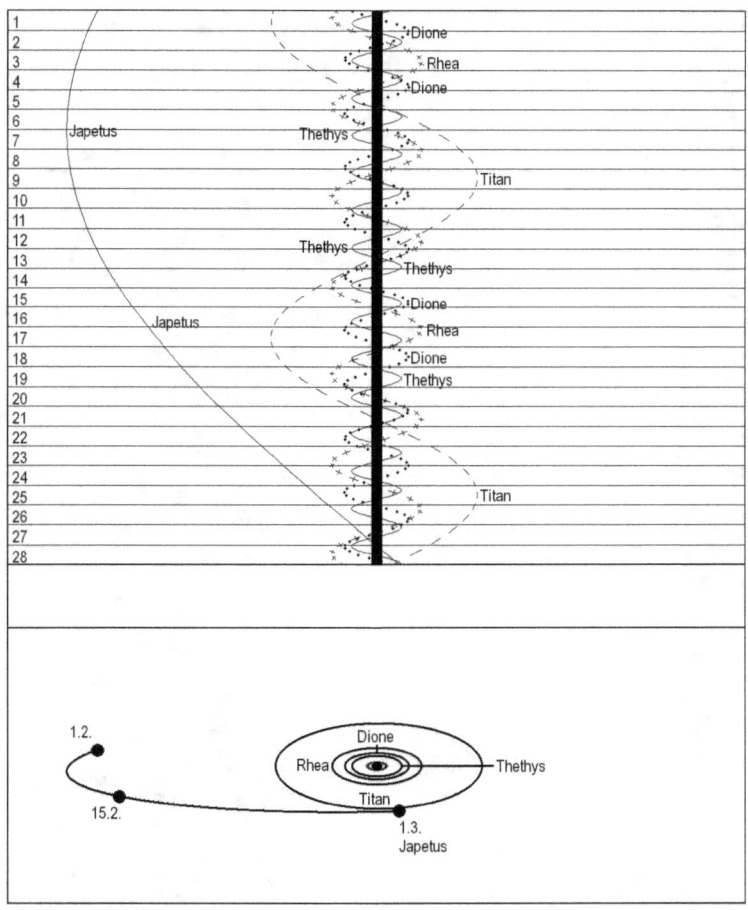

März

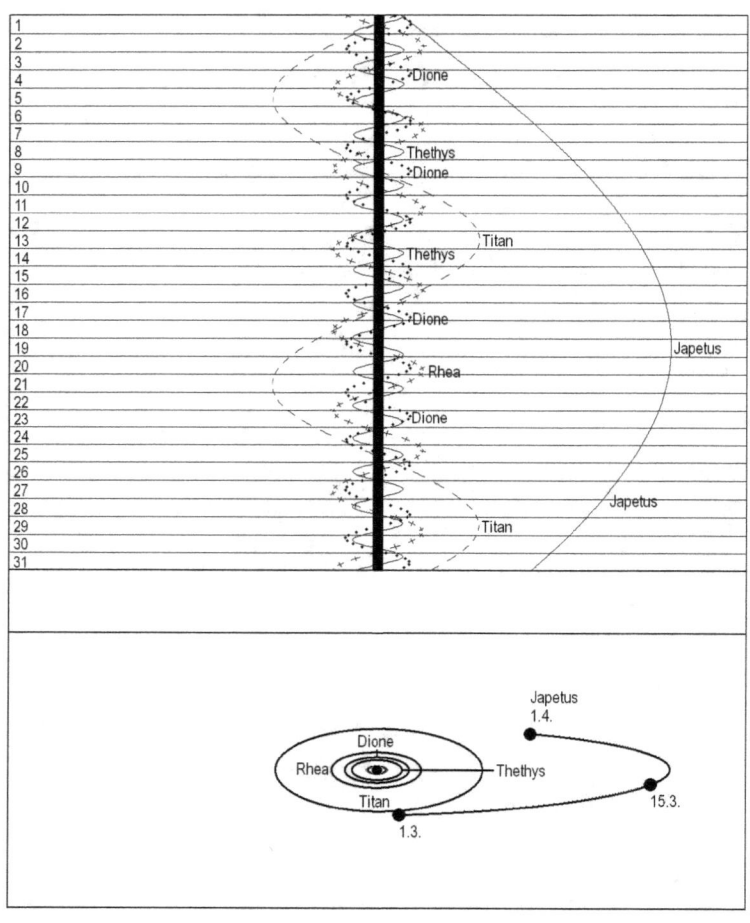

April

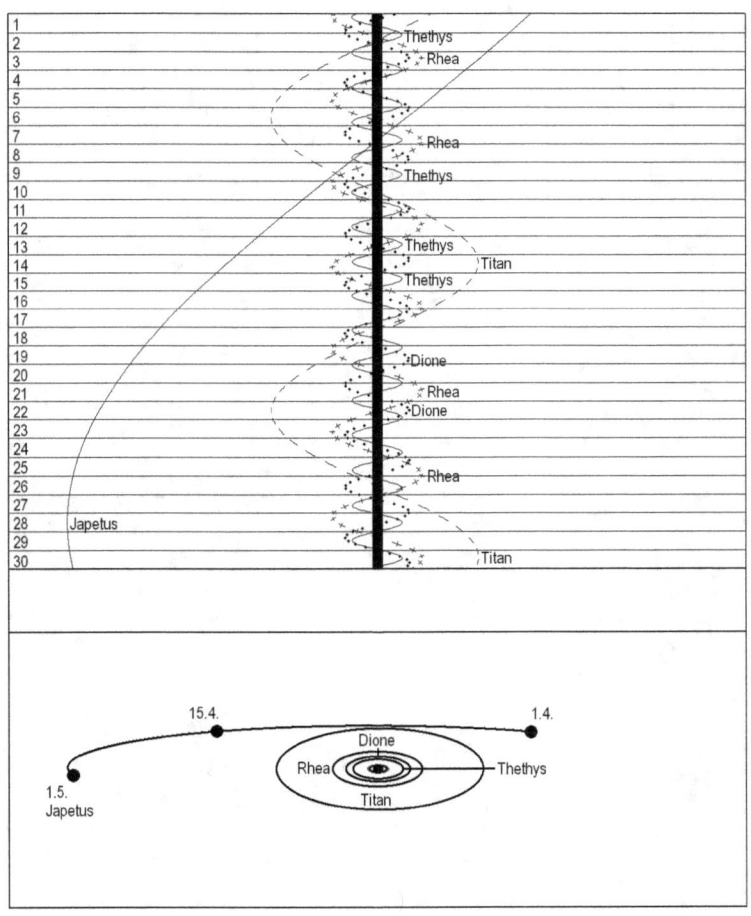

Mai

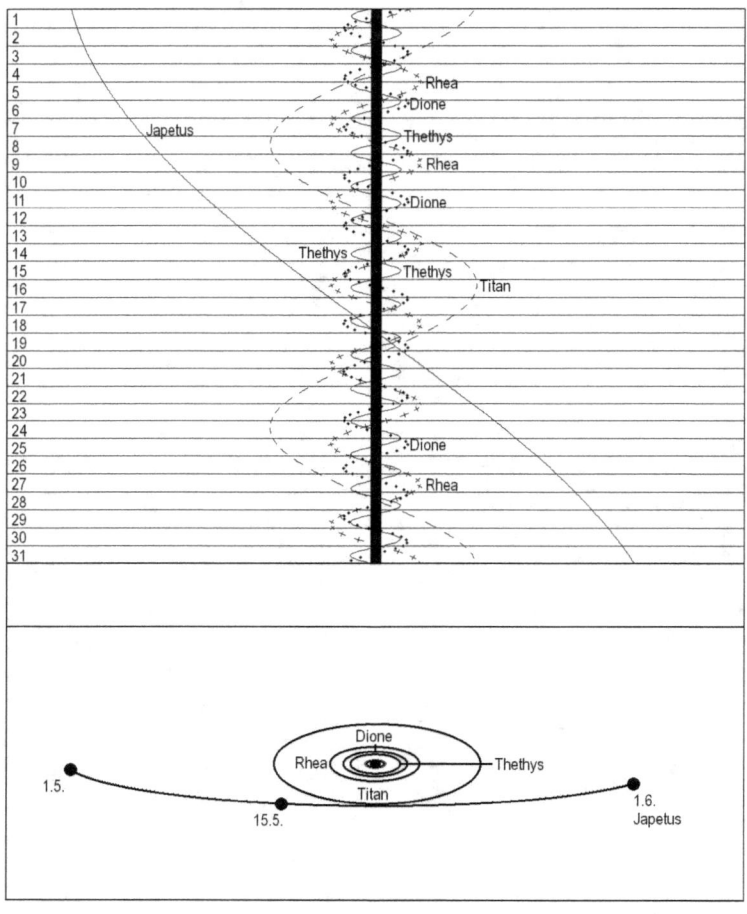

Juni

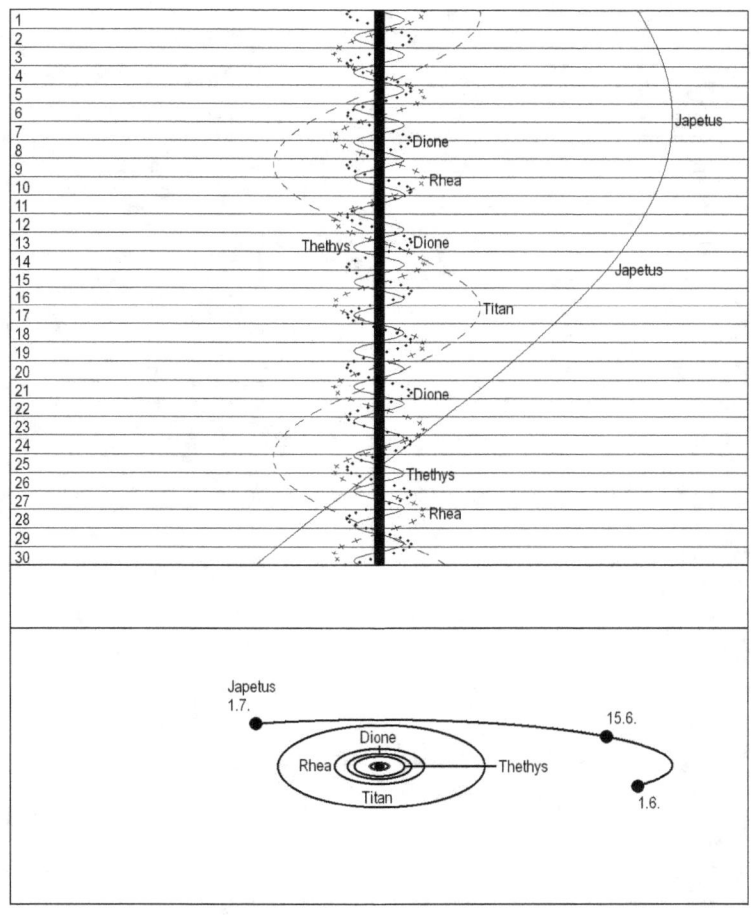

Juli

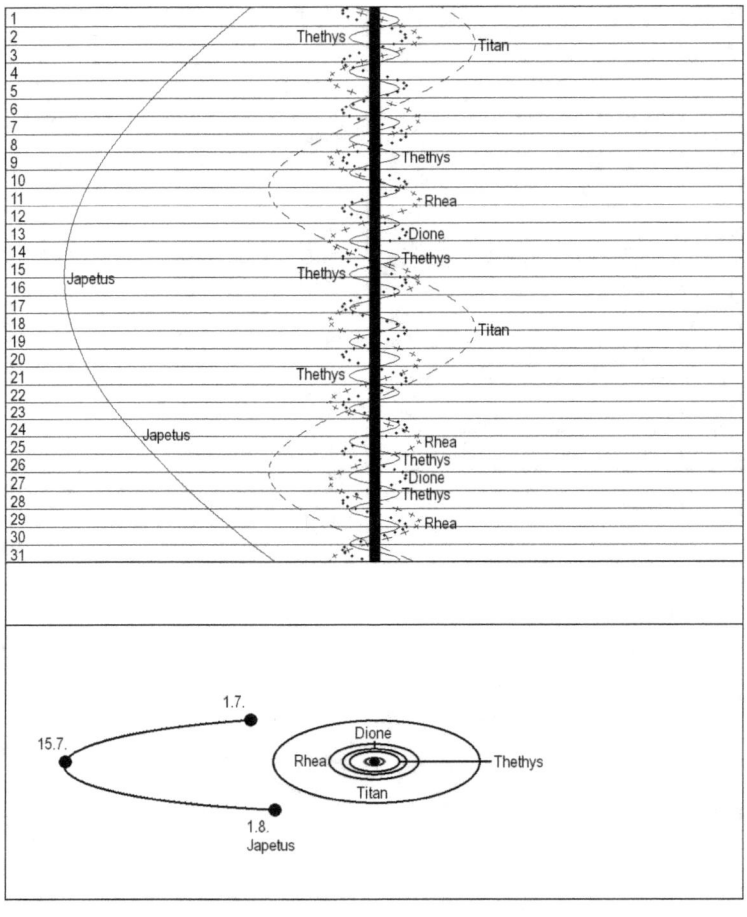

August

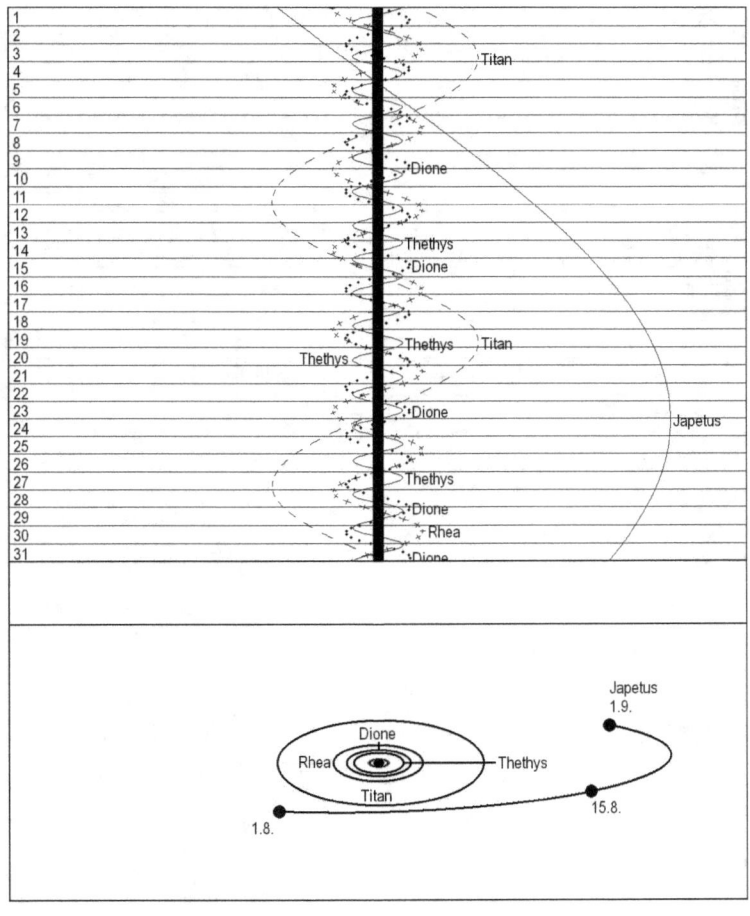

September

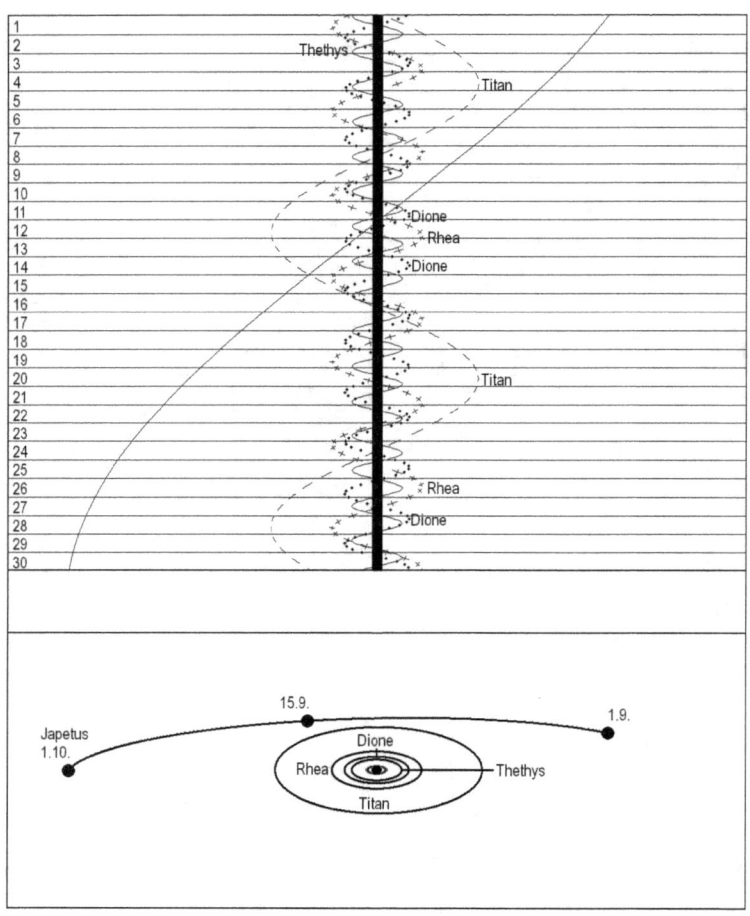

Oktober

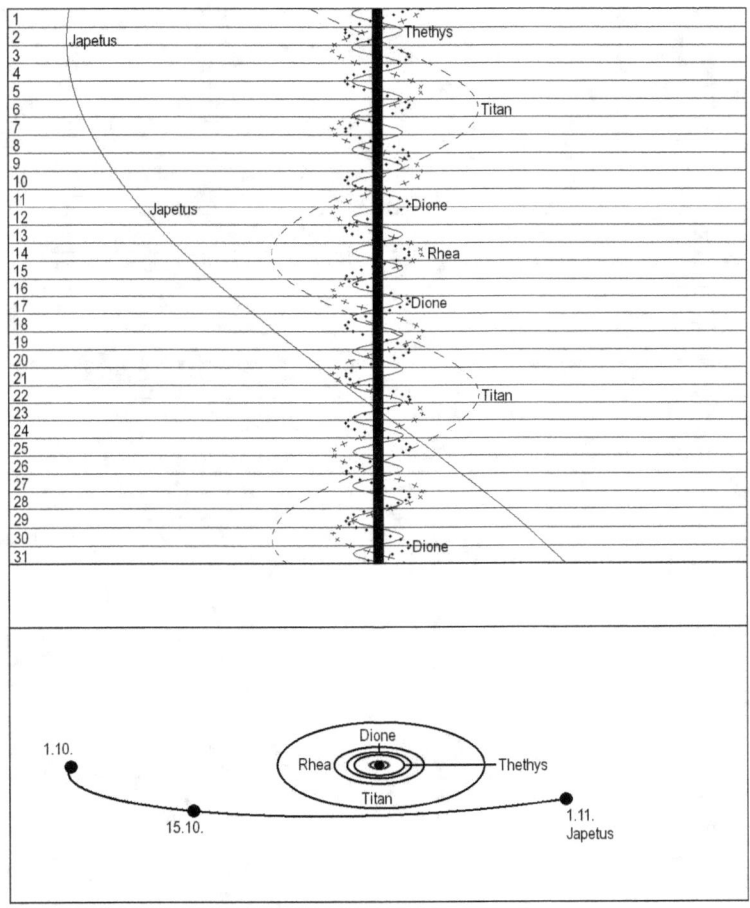

November

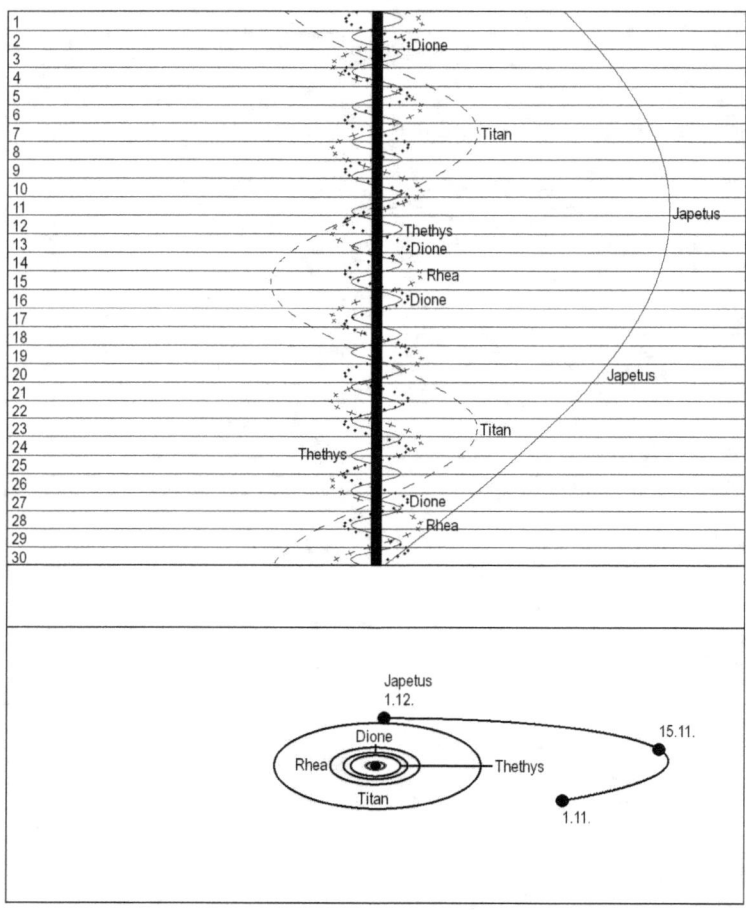

Sternzeit für 0 Uhr MEZ und 9° östlicher Länge

	J	F	M	A	M	J	J	A	S	O	N	D
1	6:17	8:19	10:10	12:12	14:10	16:13	18:11	20:13	22:15	0:14	2:16	4:14
2	6:21	8:23	10:14	12:16	14:14	16:17	18:15	20:17	22:19	0:18	2:20	4:18
3	6:25	8:27	10:18	12:20	14:18	16:20	18:19	20:21	22:23	0:21	2:24	4:22
4	6:29	8:31	10:22	12:24	14:22	16:24	18:23	20:25	22:27	0:25	2:28	4:26
5	6:33	8:35	10:26	12:28	14:26	16:28	18:27	20:29	22:31	0:29	2:32	4:30
6	6:37	8:39	10:30	12:32	14:30	16:32	18:31	20:33	22:35	0:33	2:36	4:34
7	6:41	8:43	10:34	12:36	14:34	16:36	18:35	20:37	22:39	0:37	2:39	4:38
8	6:45	8:47	10:37	12:40	14:38	16:40	18:38	20:41	22:43	0:41	2:43	4:42
9	6:49	8:51	10:41	12:44	14:42	16:44	18:42	20:45	22:47	0:45	2:47	4:46
10	6:53	8:55	10:45	12:48	14:46	16:48	18:46	20:49	22:51	0:49	2:51	4:50
11	6:57	8:59	10:49	12:52	14:50	16:52	18:50	20:53	22:55	0:53	2:55	4:54
12	7:01	9:03	10:53	12:55	14:54	16:56	18:54	20:56	22:59	0:57	2:59	4:57
13	7:05	9:07	10:57	12:59	14:58	17:00	18:58	21:00	23:03	1:01	3:03	5:01
14	7:09	9:11	11:01	13:03	15:02	17:04	19:02	21:04	23:07	1:05	3:07	5:05
15	7:12	9:15	11:05	13:07	15:06	17:08	19:06	21:08	23:11	1:09	3:11	5:09
16	7:16	9:19	11:09	13:11	15:10	17:12	19:10	21:12	23:14	1:13	3:15	5:13
17	7:20	9:23	11:13	13:15	15:13	17:16	19:14	21:16	23:18	1:17	3:19	5:17
18	7:24	9:27	11:17	13:19	15:17	17:20	19:18	21:20	23:22	1:21	3:23	5:21
19	7:28	9:30	11:21	13:23	15:21	17:24	19:22	21:24	23:26	1:25	3:27	5:25
20	7:32	9:34	11:25	13:27	15:25	17:28	19:26	21:28	23:30	1:29	3:31	5:29
21	7:36	9:38	11:29	13:31	15:29	17:31	19:30	21:32	23:34	1:32	3:35	5:33
22	7:40	9:42	11:33	13:35	15:33	17:35	19:34	21:36	23:38	1:36	3:39	5:37
23	7:44	9:46	11:37	13:39	15:37	17:39	19:38	21:40	23:42	1:40	3:43	5:41
24	7:48	9:50	11:41	13:43	15:41	17:43	19:42	21:44	23:46	1:44	3:47	5:45
25	7:52	9:54	11:45	13:47	15:45	17:47	19:46	21:48	23:50	1:48	3:50	5:49
26	7:56	9:58	11:48	13:51	15:49	17:51	19:49	21:52	23:54	1:52	3:54	5:53
27	8:00	10:02	11:52	13:55	15:53	17:55	19:53	21:56	23:58	1:56	3:58	5:57
28	8:04	10:06	11:56	13:59	15:57	17:59	19:57	22:00	0:02	2:00	4:02	6:01
29	8:08		12:00	14:03	16:01	18:03	20:01	22:03	0:06	2:04	4:06	6:04
30	8:12		12:04	14:06	16:05	18:07	20:05	22:07	0:10	2:08	4:10	6:08
31	8:16		12:08		16:09		20:09	22:11		2:12		6:12

- Änderung: 60,164 min/h
- Korrektur für Orte anderer geographischer Länge:
  (Länge des Orts − 9)* 4 min

Mittelmeridiane

Jupiter, System I

	J	F	M	A	M	J	J	A	S	O	N
1	193	44	143	358	58	277	338	193	46	97	305
2	351	202	301	156	216	75	136	351	203	255	103
3	149	360	99	314	14	233	294	149	1	53	260
4	307	157	257	112	172	31	92	307	159	210	58
5	104	315	55	270	330	189	249	105	317	8	216
6	262	113	213	68	128	347	47	263	114	166	13
7	60	271	11	226	286	145	205	61	272	323	171
8	218	69	168	24	84	303	3	218	70	121	329

	J	F	M	A	M	J	J	A	S	O	N
9	15	227	326	182	242	101	161	16	228	279	126
10	173	24	124	340	40	259	319	174	25	76	284
11	331	182	282	138	198	57	117	332	183	234	82
12	129	340	80	296	356	215	275	130	341	32	239
13	286	138	238	94	154	13	73	288	139	189	37
14	84	296	36	252	312	171	231	85	296	347	194
15	242	93	194	50	110	330	29	243	94	145	352
16	40	251	352	208	268	128	187	41	252	302	150
17	197	49	149	6	66	286	345	199	49	100	307
18	355	207	307	164	224	84	143	357	207	258	105
19	153	5	105	322	23	242	301	154	5	55	263
20	311	163	263	120	181	40	99	312	163	213	60
21	108	320	61	278	339	198	257	110	320	11	218
22	266	118	219	76	137	356	54	268	118	168	16
23	64	276	17	234	295	154	212	66	276	326	173
24	222	74	175	32	93	312	10	223	73	124	331
25	20	232	333	190	251	110	168	21	231	281	129
26	177	30	131	348	49	268	326	179	29	79	286
27	335	188	289	146	207	66	124	337	187	237	84
28	133	345	87	304	5	224	282	135	344	34	242
29	291		245	102	163	22	80	292	142	192	39
30	89		42	260	321	180	238	90	300	350	197
31	246		200		119		36	248		147	

Änderung: +36,58°/Stunde

Jupiter, System II

	J	F	M	A	M	J	J	A	S	O	N
1	142	116	1	340	171	153	345	324	300	123	94
2	292	266	152	130	321	304	135	114	90	273	244
3	82	56	302	281	111	94	286	265	240	63	34
4	232	206	92	71	262	244	76	55	30	213	184
5	22	357	242	221	52	35	226	205	180	3	334
6	172	147	33	12	203	185	17	355	330	153	124
7	323	297	183	162	353	336	167	146	121	303	274
8	113	87	333	312	143	126	317	296	271	93	64
9	263	237	123	103	294	276	108	86	61	243	214
10	53	28	274	253	84	67	258	236	211	33	4
11	203	178	64	43	235	217	48	26	1	183	154
12	353	328	214	194	25	8	199	177	151	333	304
13	143	118	4	344	175	158	349	327	301	123	94
14	293	268	155	134	326	308	139	117	91	273	244
15	83	58	305	285	116	99	290	267	241	63	34
16	234	209	95	75	267	249	80	57	32	213	184
17	24	359	246	225	57	40	230	208	182	3	334
18	174	149	36	16	207	190	20	358	332	153	124
19	324	299	186	166	358	340	171	148	122	303	274
20	114	89	336	317	148	131	321	298	272	94	64
21	264	240	127	107	299	281	111	88	62	244	214

	J	F	M	A	M	J	J	A	S	O	N
22	54	30	277	257	89	72	262	238	212	34	4
23	205	180	67	48	240	222	52	29	2	184	154
24	355	330	218	198	30	12	202	179	152	334	304
25	145	121	8	348	180	163	352	329	302	124	94
26	295	271	158	139	331	313	143	119	92	274	244
27	85	61	308	289	121	103	293	269	242	64	34
28	235	211	99	80	272	254	83	59	32	214	184
29	25		249	230	62	44	233	209	183	4	334
30	176		39	20	212	195	24	360	333	154	124
31	326		190		3		174	150		304	

Änderung: 36,26°/Stunde

Neigung der Jupiterachse zur Erde

	J	F	M	A	M	J	J	A	S	O	N
1	-2,8	-2,8	-2,8	-2,8	-2,8	-2,8	-2,7	-2,6	-2,5	-2,5	-2,3
2	-2,8	-2,8	-2,8	-2,8	-2,8	-2,8	-2,7	-2,6	-2,5	-2,4	-2,3
3	-2,8	-2,8	-2,8	-2,8	-2,8	-2,8	-2,7	-2,6	-2,5	-2,4	-2,3
4	-2,8	-2,8	-2,8	-2,8	-2,8	-2,8	-2,7	-2,6	-2,5	-2,4	-2,3
5	-2,8	-2,8	-2,8	-2,8	-2,8	-2,8	-2,7	-2,6	-2,5	-2,4	-2,3
6	-2,8	-2,8	-2,8	-2,8	-2,8	-2,8	-2,7	-2,6	-2,5	-2,4	-2,3
7	-2,8	-2,8	-2,8	-2,8	-2,8	-2,8	-2,7	-2,6	-2,5	-2,4	-2,3
8	-2,8	-2,8	-2,8	-2,8	-2,8	-2,8	-2,7	-2,6	-2,5	-2,4	-2,3
9	-2,8	-2,8	-2,8	-2,8	-2,8	-2,8	-2,7	-2,6	-2,5	-2,4	-2,3
10	-2,8	-2,8	-2,8	-2,8	-2,8	-2,8	-2,7	-2,6	-2,5	-2,4	-2,3
11	-2,8	-2,8	-2,8	-2,8	-2,8	-2,8	-2,7	-2,6	-2,5	-2,4	-2,3
12	-2,8	-2,8	-2,8	-2,8	-2,8	-2,8	-2,7	-2,6	-2,5	-2,4	-2,3
13	-2,8	-2,8	-2,8	-2,8	-2,8	-2,8	-2,7	-2,6	-2,5	-2,4	-2,3
14	-2,8	-2,8	-2,8	-2,8	-2,8	-2,8	-2,7	-2,6	-2,5	-2,4	-2,3
15	-2,8	-2,8	-2,8	-2,8	-2,8	-2,8	-2,7	-2,6	-2,5	-2,4	-2,3
16	-2,8	-2,8	-2,8	-2,8	-2,8	-2,8	-2,7	-2,6	-2,5	-2,4	-2,3
17	-2,8	-2,8	-2,8	-2,8	-2,8	-2,8	-2,7	-2,6	-2,5	-2,4	-2,3
18	-2,8	-2,8	-2,8	-2,8	-2,8	-2,8	-2,7	-2,6	-2,5	-2,4	-2,3
19	-2,8	-2,8	-2,8	-2,8	-2,8	-2,8	-2,7	-2,6	-2,5	-2,4	-2,3
20	-2,8	-2,8	-2,8	-2,8	-2,8	-2,8	-2,7	-2,6	-2,5	-2,4	-2,3
21	-2,8	-2,8	-2,8	-2,8	-2,8	-2,7	-2,7	-2,6	-2,5	-2,4	-2,3
22	-2,8	-2,8	-2,8	-2,8	-2,8	-2,7	-2,7	-2,6	-2,5	-2,4	-2,3
23	-2,8	-2,8	-2,8	-2,8	-2,8	-2,7	-2,7	-2,6	-2,5	-2,4	-2,2
24	-2,8	-2,8	-2,8	-2,8	-2,8	-2,7	-2,7	-2,6	-2,5	-2,4	-2,2
25	-2,8	-2,8	-2,8	-2,8	-2,8	-2,7	-2,7	-2,6	-2,5	-2,4	-2,2
26	-2,8	-2,8	-2,8	-2,8	-2,8	-2,7	-2,7	-2,6	-2,5	-2,4	-2,2
27	-2,8	-2,8	-2,8	-2,8	-2,8	-2,7	-2,7	-2,6	-2,5	-2,4	-2,2
28	-2,8	-2,8	-2,8	-2,8	-2,8	-2,7	-2,7	-2,6	-2,5	-2,4	-2,2
29	-2,8		-2,8	-2,8	-2,8	-2,7	-2,7	-2,6	-2,5	-2,4	-2,2
30	-2,8		-2,8	-2,8	-2,8	-2,7	-2,7	-2,6	-2,5	-2,3	-2,2
31	-2,8		-2,8		-2,8		-2,7	-2,6		-2,3	

Korrektur der Auf- und Untergangszeiten

Korrektur für geographische Länge:
(Geographische Länge des Orts – 9°)*4 Minuten

Korrektur für geographische Breite:
Deklinationsabhängiger Korrekturwert für die geographische Breite des Beobachtungsorts von der Aufgangszeit für 50° nördliche Breite subtrahieren und zur Untergangszeit zu addieren.

Deklination / Geographische Breite	47°	48°	49°	50°	51°	52°	53°	54°
-30°	21	15	8	0	-8	-17	-27	-38
-29°	20	14	7	0	-8	-16	-25	-34
-28°	19	13	7	0	-7	-15	-23	-32
-27°	18	12	6	0	-7	-14	-21	-29
-26°	16	11	6	0	-6	-13	-20	-27
-25°	15	11	5	0	-6	-12	-18	-25
-24°	15	10	5	0	-5	-11	-17	-24
-23°	14	9	5	0	-5	-10	-16	-22
-22°	13	9	4	0	-5	-10	-15	-21
-21°	12	8	4	0	-4	-9	-14	-19
-20°	11	8	4	0	-4	-9	-13	-18
-19°	11	7	4	0	-4	-8	-12	-17
-18°	10	7	3	0	-4	-7	-11	-16
-17°	9	6	3	0	-3	-7	-11	-15
-16°	9	6	3	0	-3	-6	-10	-14
-15°	8	5	3	0	-3	-6	-9	-13
-14°	7	5	3	0	-3	-6	-9	-12
-13°	7	5	2	0	-3	-5	-8	-11
-12°	6	4	2	0	-2	-5	-7	-10
-11°	6	4	2	0	-2	-4	-7	-9
-10°	5	4	2	0	-2	-4	-6	-8
-9°	5	3	2	0	-2	-4	-5	-7
-8°	4	3	1	0	-2	-3	-5	-7
-7°	4	3	1	0	-1	-3	-4	-6
-6°	3	2	1	0	-1	-2	-4	-5

Deklination / Geographische Breite	47°	48°	49°	50°	51°	52°	53°	54°
-5°	3	2	1	0	-1	-2	-3	-4
-4°	2	2	1	0	-1	-2	-3	-3
-3°	2	1	1	0	-1	-1	-2	-3
-2°	1	1	0	0	0	-1	-1	-2
-1°	1	1	0	0	0	-1	-1	-1
0°	0	0	0	0	0	0	0	-1
1°	0	0	0	0	0	0	0	0
2°	-1	0	0	0	0	0	1	1
3°	-1	-1	0	0	0	1	1	2
4°	-2	-1	-1	0	1	1	2	2
5°	-2	-1	-1	0	1	2	2	3
6°	-3	-2	-1	0	1	2	3	4
7°	-3	-2	-1	0	1	2	3	5
8°	-4	-2	-1	0	1	3	4	6
9°	-4	-3	-1	0	1	3	5	6
10°	-5	-3	-2	0	2	3	5	7
11°	-5	-3	-2	0	2	4	6	8
12°	-6	-4	-2	0	2	4	6	9
13°	-6	-4	-2	0	2	5	7	10
14°	-7	-5	-2	0	2	5	8	11
15°	-7	-5	-3	0	3	5	8	11
16°	-8	-5	-3	0	3	6	9	12
17°	-9	-6	-3	0	3	6	10	13
18°	-9	-6	-3	0	3	7	11	14
19°	-10	-7	-3	0	4	7	11	16
20°	-11	-7	-4	0	4	8	12	17
21°	-11	-8	-4	0	4	8	13	18
22°	-12	-8	-4	0	4	9	14	19
23°	-13	-9	-4	0	5	10	15	21
24°	-14	-9	-5	0	5	10	16	22
25°	-15	-10	-5	0	5	11	17	24
26°	-15	-11	-5	0	6	12	19	26

Deklination / Geographische Breite	47°	48°	49°	50°	51°	52°	53°	54°
27°	-17	-11	-6	0	6	13	20	28
28°	-18	-12	-6	0	7	14	21	30
29°	-19	-13	-7	0	7	15	23	32
30°	-20	-14	-7	0	8	16	25	35

Veränderliche Sterne

Algol

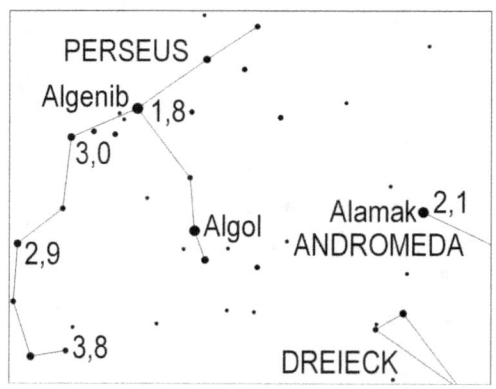

Aufsuchkarte für Algol. Die Dezimalzahlen bezeichnen die Helligkeitswerte (in mag) von Vergleichssternen zur Helligkeitsbestimmung

Algol ist der bekannteste bedeckungsveränderliche Stern. Er hat eine Helligkeit von 2,1 mag. Alle 2,8673 Tage wird der hellere der beiden Sterne vom schwächeren bedeckt, wobei seine Helligkeit innerhalb von 5 Stunden auf 3,4 mag zurückgeht, um anschließend wieder im gleichen Zetraum auf den ursprünglichen Wert anzusteigen. Nach einer halben Periode bedeckt die hellere Komponente des Algol-Systems die schwächere wodurch ein Nebenminimum entsteht. Dieses hat einen Betrag von unter 0,1 mag und kann mit bloßem Auge nicht erkannt werden.

Algol-Minima 2019

Es sind nur diejenigen Minima aufgeführt, die während der Nachtstunden stattfinden und bei denen Algol eine Höhe von mehr als 15° über dem Horizont hat. Alle aufgeführten Minima sind Hauptminima. (Zeiten in MEZ).

3.1.2019 17:47, 18.1.2019 1:52, 20.1.2019 22:41, 23.1.2019 19:30

10.2.2019 0:23, 12.2.2019 21:12, 15.2.2019 18:01

4.3.2019 22:55, 7.3.2019 19:44, 27.3.2019 21:27

19.4.2019 19:59, 9.5.2019 21:42, 9.7.2019 2:51, 29.7.2019 4:34

1.8.2019 1:23, 21.8.2019 3:06, 23.8.2019 23:55

10.9.2019 4:49, 13.9.2019 1:38, 15.9.2019 22:27

3.10.2019 3:20, 6.10.2019 0:09, 8.10.2019 20:58, 23.10.2019 5:03, 26.10.2019 1:52, 28.10.2019 22:41, 31.10.2019 19:30

12.11.2019 6:46, 15.11.2019 3:35, 18.11.2019 0:24, 20.11.2019 21:13, 23.11.2019 18:02

5.12.2019 5:18, 8.12.2019 2:07, 10.12.2019 22:56, 13.12.2019 19:45, 16.12.2019 16:34, 25.12.2019 7:01, 28.12.2019 3:50, 31.12.2019 0:39

β (Beta) Lyrae

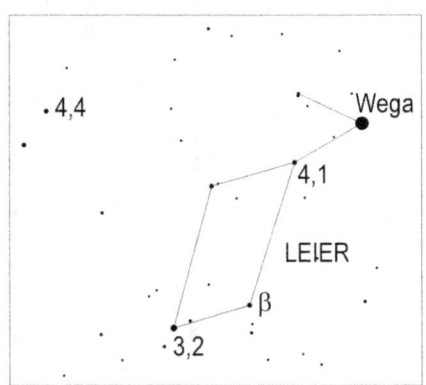

Aufsuchkarte für β Lyrae Die Dezimalzahlen bezeichnen die Helligkeitswerte (in mag) von Vergleichssternen zur Helligkeitsbestimmung

Die Helligkeit des bedeckungsveränderlichen Sterns β Lyrae schwankt mit einer Periode von 12,9075 Tagen zwischen 3,4 mag und 4,6 mag. Im Unterschied zu Algol ist bei β Lyrae das Nebenminimum gut beobachtbar, bei dem die Helligkeit auf 3,9 mag zurückgeht. Es gibt bei β Lyrae auch keinen Zeitraum mit konstanter Helligkeit, sondern Haupt- und Nebenminimum folgen direkt aufeinander.

Das System von β Lyrae besteht nicht nur aus den beiden, sich gegenseitig bedeckenden Sternen, sondern auch noch aus zwei Sternen, die im Fernglas bzw. Fernrohr beobachtet werden können. Ersterer hat eine Helligkeit von 7,1 mag und befindet sich in südsüdöstlicher Richtung vom Hauptsystem in 45,7" Abstand, letzterer steht 85,8" nordnordöstlich des Hauptsystems und hat eine Helligkeit von 10,6 mag.

Hauptminima von β Lyrae 2019

Es sind nur diejenigen Hauptminima aufgeführt, die während der Nachtstunden stattfinden und bei denen β Lyrae eine Höhe von mehr als 15° über dem Horizont hat. (Zeiten in MEZ).

18.1.2019 18:50, 31.1.2019 17:27, 10.6.2019 3:36, 23.6.2019 2:13, 6.7.2019 0:50

18.7.2019 23:27, 31.7.2019 22:04, 13.8.2019 20:41, 26.8.2019 19:18

8.12.2019 8:13, 21.12.2019 6:50

Nebenminima von β Lyrae 2019

Es sind nur diejenigen Nebenminima aufgeführt, die während der Nachtstunden stattfinden und bei denen β Lyrae eine Höhe von mehr als 15° über dem Horizont hat. (Zeiten in MEZ).

12.1.2019 7:32, 25.1.2019 6:09, 7.2.2019 4:46, 20.2.2019 3:23

5.3.2019 1:59, 18.3.2019 0:36, 30.3.2019 23:13, 12.4.2019 21:50, 25.4.2019 20:27

15.9.2019 5:13, 28.9.2019 3:50, 11.10.2019 2:27, 24.10.2019 1:04, 5.11.2019 23:41

18.11.2019 22:18, 1.12.2019 20:55, 14.12.2019 19:32

δ (Delta) Cephei

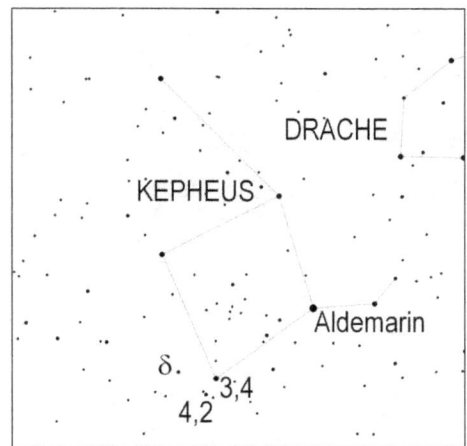

Aufsuchkarte für δ Cephei. Die Dezimalzahlen bezeichnen die Helligkeitswerte (in mag) von Vergleichssternen zur Helligkeitsbestimmung

Die Helligkeit des physikalisch-veränderlichen Sterns δ Cephei, der der Prototyp einer Klasse veränderlicher Sterne ist, schwankt zwischen 3,5 mag und 4,4 mag mit einer Periode von 5,36643 Tagen. Die Lichtkurve ist stark asymmetrisch: der Abfall von der Maximalhelligkeit zur Minimalhelligkeit dauert 4 Tage, während der Anstieg zum Maximalwert nur 1,36 Tage lang andauert.

δ Cephei hat einen 6,4 mag hellen Begleiter in 41" Abstand, der schon im Feldstecher gesehen werden kann.

Maxima von δ Cephei 2019

Es sind nur diejenigen Maxima aufgeführt, die während der Nachtstunden stattfinden. Für Beobachter in Mitteleuropa hat δ Cephei immer eine zur Beobachtung ausreichende Höhe über dem Horizont. (Zeiten in MEZ).

1.1.2019 18:46, 7.1.2019 3:34, 17.1.2019 21:09, 23.1.2019 5:57

2.2.2019 23:32, 19.2.2019 1:54

1.3.2019 19:29, 7.3.2019 4:17, 17.3.2019 21:52

3.4.2019 0:14, 19.4.2019 2:37, 29.4.2019 20:12

15.5.2019 22:35, 1.6.2019 0:57, 17.6.2019 3:20, 27.6.2019 20:55

13.7.2019 23:18, 30.7.2019 1:40, 15.8.2019 4:03, 25.8.2019 21:38

11.9.2019 0:00, 27.9.2019 2:23

7.10.2019 19:58, 13.10.2019 4:46, 23.10.2019 22:21

9.11.2019 0:43, 19.11.2019 18:18, 25.11.2019 3:06

5.12.2019 20:41, 11.12.2019 5:28, 21.12.2019 23:04, 27.12.2019 7:51

Mira

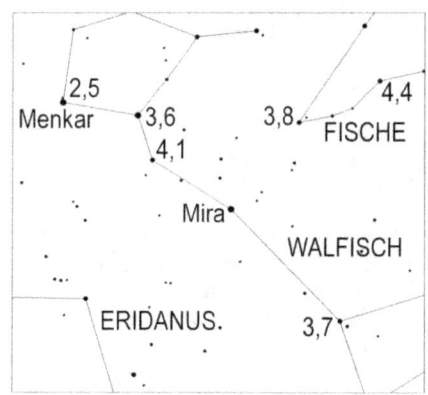

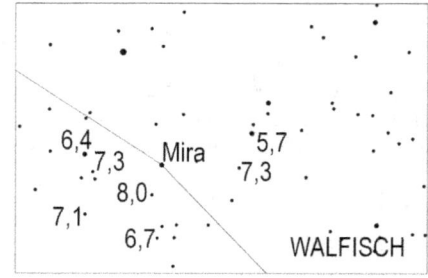

Aufsuchkarte für Mira Die Dezimalzahlen bezeichnen die Helligkeitswerte (in mag) von Vergleichssternen zur Helligkeitsbestimmung

Miras Helligkeit schwankt mit einer Periode von 332 Tagen zwischen 2,0 mag und 10,1 mag. Sie ist somit im Maximum mit bloßem Auge als auffälliger Stern zu sehen, während es im Minimum ein Fernrohr benötigt, um sie zu sehen. Allerdings erreicht Mira nicht in jedem Maximum 2,0 mag. Es wurden schon Maxima mit einer Helligkeit von nur 4,9 mag registriert. Miras Minimalhelligkeit fällt manchmal auch größer als der Maximalwert aus und erreichte in manchen Jahren nur 8,6 mag. Mira erreicht ihr Minimum am 12.5.2019 und ihr Maximum am 25.10.2019.

χ (Chi) Cygni

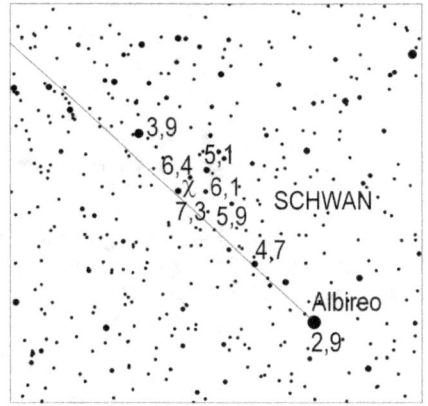

Aufsuchkarte für χ Cygni Die Dezimalzahlen bezeichnen die Helligkeitswerte (in mag) von Vergleichssternen zur Helligkeitsbestimmung

χ Cygni gehört zu den pulsationsveränderlichen Sternen mit dem größten Lichtwechsel, denn dieser Veränderliche vom Mira-Typ mit einer Periode von 408,7 Tagen kann im Maximum eine Helligkeit von 3,4 mag erreichen, während sie im Minimum auf 14,2 mag zurückgeht. Man kann ihn somit im Maximum gut mit dem freien Auge sehen, während zu seiner Beobachtung im Minimum ein Fernrohr von 30 cm-Durchmesser erforderlich ist. Wie bei Mira erreicht auch χ Cygni nicht in jedem Minimum und jedem Maximum die oben genannten Werte. Die mittlere Maximalhelligkeit von ◻ Cygni beträgt 4,8 mag, die mittlere Minimalhelligkeit 13,4 mag. Es wurden schon Maxima mit einer Helligkeit von 6,5 mag registriert. χ Cygni erreicht sein Minimum am 19.6.2019 und sein Maximum am 9.1.2020.

R Hydrae

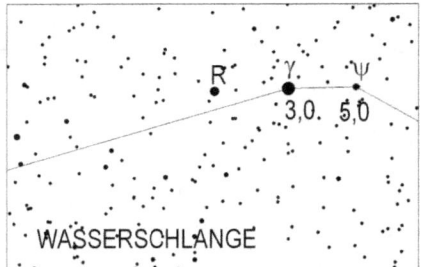

Aufsuchkarte für R Hydrae Die Dezimalzahlen bezeichnen die Helligkeitswerte (in mag) von Vergleichssternen zur Helligkeitsbestimmung

R Hydrae ist ein weiterer leicht beobachtbarer Mirastern, dessen Helligkeit mit einer leicht veränderlichen Periode von 389 Tagen zwischen 3,5 mag und 10,9 mag schwankt. R Hydrae erreicht sein Minimum am 4.5.2019 und sein Maximum am 14.11.2019.

R Leonis

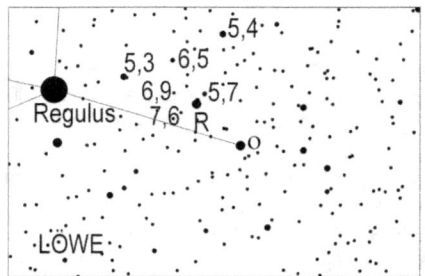

Aufsuchkarte für R Leonis Die Dezimalzahlen bezeichnen die Helligkeitswerte (in mag) von Vergleichssternen zur Helligkeitsbestimmung

R Leonis ist ein Mirastern im westlichen Teil des Sternbildes Löwe. Seine Helligkeit schwankt mit einer Periode von 312 Tagen zwischen 4,3 mag und 11,7 mag. R Leonis erreicht sein Minimum am 31.3.2019 und sein Maximum am 3.9.2019.

Herstellung und Verlag:
BoD - Books on Demand, Norderstedt
ISBN 978-3-7528-7898-1

www.ingramcontent.com/pod-product-compliance
Lightning Source LLC
Chambersburg PA
CBHW071205240526
45470CB00018B/1505